コロナ社創立 80 周年記念出版
〔創立 1927 年〕

電子・通信・情報の基礎コース 7

電子・通信・情報のための
量子力学

工学博士 堀 裕和 著

コロナ社

刊行のことば

　電子・通信・情報分野の技術の高度化，多様化が継続的に進行しています。また，本分野の学際化も急速に進展しています。したがって，本分野を志す学生にとって，本来的な専門分野における学習項目が増えているのに加え，境界領域に関する学習内容も増えています。加えて，一般に高校時代に学ぶ内容も減少傾向にあり，大学での総学習時間も減っているのが現状です。

　以上のような多層的な理由により，学生が基礎を習得するための学習時間が大幅に減少しているものと思われます。しかし，学問分野の変化に対応するために重要となるのは基礎力であり，学生は限られた時間数の中で基礎をしっかりと身につけることが要求されています。このような現状を踏まえ，電子・通信・情報分野における学部専門必修科目（学部 2, 3 年程度）の中で今後数十年は本分野の揺るぎない基礎となるような科目を精選し，それらの科目の重要事項をしっかりと学べる教科書シリーズの発刊を企画いたしました。本シリーズの特徴をまとめるとつぎのようになります。

- 大学に入ってくる学生が高校時代に学ぶ学習内容が減少していることを踏まえて解説する。結果として，高専の学生にも好適な教科書とする。
- 内容項目を厳選し，取り上げた項目については徹底的に解説し深く理解させる。そのために，取り上げた項目については多層的に解説し，わかりやすく，かつ深く理解させる味わい深い教科書をめざす。
- 図・表や例，例題を多く使い，基本的事項を解説する。
- ハードカバーで座右の書として親しまれる装丁とする。

　以上のような趣旨を実現するには，優れた研究者であるとともに教育に熱心に携わってこられた著者の協力が必要ですが，幸いにも，執筆陣はその分野において優れた研究成果をあげ，またその分野に造詣が深く，長きにわたり情熱

に燃えて教育に携わってこられたたいへん優れた先生方にお願いすることができました。

　こうして万態整い，この分野の書籍の出版に長年の実績と功績があるコロナ社の創立80周年記念出版の事業の一つとして，本シリーズを次代を担う学生諸君に贈ることができるようになったことはたいへん意義深いものであると考えます。

2007年11月

　　　　　　編集・企画世話人　　大石　進一（早稲田大学教授・工学博士）

まえがき

　現代の多様性の中で，人は多くのことを知って生きていかなくてはならない。特に現代科学は，生活の至るところに浸透し，これを把握せずに現代を思慮深く生きることは難しい。20世紀に生み出され，科学をそこまでもっていったのは，相対性理論と量子力学である。生み出されて百年近く経ったいまも，その深みが失われるどころか，ますます輝きを増しつつ，またその底知れない淵ものぞかせているのは，まさに優れた芸術と同じである。

　しかし，多忙な現代人としては，あふれる情報と，ますます増える現代の多様な問題に取り組むために，手っ取り早く，科学の奥義から技巧まで習ってしまわなくてはならない。そうしたうえで，改めて，これらを創出した時代の盛上り，これらを生み出した人々の思想の深さを理解し，これを鑑賞し，そこから，この宇宙とはいったい何なのか，私とはいったい何なのかを，ゆっくり考えていくという過程をとってみるのも，よいのではないかと思われる。

　量子力学は，恐らく，深い思想が何をとらえようとしたか，という，ある程度の哲学的側面を理解することなしには，把握することが不可能である。それは，量子力学が，私たち人間の脳は，経験によって直接知ることができないミクロな世界でも，これを素晴らしく正確に記述し，また私たちの生活のために利用することができる，という驚くべきことを明らかにしたからである。

　本書は，プラトンや老荘に比肩しうる奥深き名著のあまたある中で，量子力学という思想と要点となる技巧について，現代人一般に向けての簡潔な入門書となるべく構成したものである。量子力学において要点となる技巧というものは，経験によって直接知ることができないミクロな世界であるにもかかわらず，そこにおいてなにかを表現したいという意思が形をとったものである。量子力学の面白さ，有用さは，結果としての理論的構造よりも，この驚くべき思想の

ほうにあることを考えつつ，読み進めていただきたい。

　簡潔に理解しようといっても，学問に王道なしとは古来から言うとおりである。本書はこれを克服するために，現代人が得意とし，しかし20世紀初頭の人々は持ち合わせていなかったところの，ある能力を利用することを意図している。それは，現代人が，さまざまなバーチャルなものに囲まれて生きており，古典力学についての知識などよりは，これら仮想世界についての経験のほうがはるかに上回っているという点である。非経験的世界を思考と数学の力によって記述し把握しようとする量子力学にとって，現代人の世界体験はむしろ好都合ではないだろうか。まず，さまざまなバーチャル世界を構成する一般法則を考察し，そこから，実験によって得られるこの宇宙に関する知識に基づいて，どのような世界をこの宇宙のミクロな記述として採用すればよいか，そしてそれをどう理解すべきかを，選択すればよいのである。

　こういう思考方法によって，量子力学という世界を構築し，理解し，基本的な技巧を身に付けることは，現代人にとってはむしろ容易なことなのではないだろうか，と考えるのが本書である。そして，さまざまな経験を積んだうえで，そのすべてを援用して，宇宙とは何なのか，私とは何なのかという思考を深めていくことについては，いまも昔も変わりないのである。

　量子力学発見の感動的な物語，その思想的意義の哲学的分析，発展の歴史，技術的応用展開の解説，どれ一つとっても本格的に取り扱えば大部の著作を必要とするだろう。それほど，量子力学の発見と展開は，人の知的活動の素晴らしさを明らかにし，現代のあらゆる科学技術の基盤となっている大きな文化，文明の流れとなっているのである。それゆえ，量子力学を講じるときには，なんとかほんの少しでもこの感動を伝えたいと思うのだが，かなりの時間を割いたとしても，それは中途半端なものとならざるを得ない。

　構築以来80年が経ち，その姿もおよそ固まったところで，量子力学とは何かをコンパクトな形にして，現代の学生たちが，そこから出発してこれを使いこなしながら，その意味づけや意義を考えるための土台を提供するという通路があってもよかろう。すなわち，量子力学に関するさまざまな観点において，深

く掘り下げる長旅の道しるべとなる名著は，すでにたくさんあるのである。

　本書は，量子力学と歴史をほぼ一にするコロナ社の創立80周年を記念して，現代人たる大学学部の2年生，あるいは3年生のための教科書としての利用を意図して構成したものである。「電子・通信・情報のための」というタイトルは，シリーズの意図であると同時に，分野を問わず，広く現代科学の知識を必要とする人たちに，現代人の科学リテラシーとしての量子力学を学習することにおいて，役に立てればという願いを表したものである。

　「電子・通信・情報のための」というタイトルは，もう一つ，あまた名著のある中で，本書が科学の展開という観点において，いく分なりとも意味をもつであろう事項とも関係している。それは，情報というものが方向性のある流れを意味するものであり，これを成立させる散逸過程というものが，その根底にあることである。量子力学においては，観測の問題として現れる散逸をどう制御するかということが，現代科学技術がどのような方向に展開するかの鍵を握っているといっても過言ではないだろう。現代科学技術の最先端では，量子効果がマクロな系で現れ，ミクロな系が古典的に振る舞うようになってきている。そのどちらを決めるのも，散逸をいかに制御するかということである。すでに量子力学を熟知している読者にとっても，この点において本書がなんらかのお役に立てれば幸いである。

　本書の構成においては，試みとしての無理や不完全さも随所に見られるかと思うが，現代人の直感を駆使して，その意図をくみ取っていただき，まずは現代を生きるために役に立てていただくこと，さらに次世代科学技術を拓(ひら)くための，深い学習や思考へとつなげていただくことを願っている。

　新時代に向けて本シリーズの企画編集の労をとり，本書の執筆を勧めて下さった大石進一博士に厚くお礼申し上げるとともに，本書の原稿を詳しく閲読し，有益なご助言をいただいた小林潔博士，成瀬誠博士，お世話になったコロナ社の各位に深く感謝する。量子現象と量子力学に取り組むための基盤を，理論，実験の両面において授けていただいた恩師，小川徹先生，藪崎努先生，北野正雄先生，深い洞察に基づく議論によって，さまざまな貴重な示唆を与えていただ

いた Hans Dehmelt 先生，北原和夫先生，安久正紘先生，小出昭一郎先生，塚田捷先生，大津元一先生，田邉國士先生，根城均博士，井上哲也博士に，厚くお礼申し上げる．ものごとの多様な側面を探究する環境と，刺激，励ましを与え続けてくれる，家族，同僚と友人達に，心からの謝意を表したい．世界のさまざまなものごとについてゆっくり語り合う間もなく，本書の完成直前に遷化した無二の友，飯沼恵照和尚に，本書を捧げる．

2008 年 1 月

堀　　裕和

目　　次

1. 量子力学と量子力学的な世界の見方

1.1　空間時間と物質 …………………………………………………… 2
1.2　宇宙をどう構成するか ……………………………………………… 3
　1.2.1　空間を決めること ……………………………………………… 3
　1.2.2　ものさしを決めること ………………………………………… 5
　1.2.3　この宇宙の構造とその表現 …………………………………… 6
　1.2.4　物体の運動とその表現 ………………………………………… 9
　1.2.5　位相というものさし …………………………………………… 11
　1.2.6　運動の表現に適した変数 ……………………………………… 15
　1.2.7　適した変数で運動を記述するハミルトンの力学 …………… 16
　1.2.8　ハミルトニアンと運動のものさし …………………………… 20
1.3　世界をどうとらえどう表現するか ………………………………… 22
　1.3.1　経験的古典力学的な世界のとらえ方とその表現 …………… 23
　1.3.2　ミクロな量子力学的世界のとらえ方とその表現 …………… 27
1.4　量子力学的世界と古典力学的世界はどう違うか ………………… 32
　1.4.1　量子力学的な世界のイメージと描像 ………………………… 32
　1.4.2　量子力学の解釈と観測という問題 …………………………… 34

2. 量子力学的状態と操作

- 2.1 系の状態と操作 ……………………………………………… *39*
  - 2.1.1 系 と 状 態 ……………………………………………… *39*
  - 2.1.2 系 と 操 作 ……………………………………………… *40*
  - 2.1.3 状 態 の 表 現 ……………………………………………… *40*
  - 2.1.4 操 作 の 表 現 ……………………………………………… *40*
  - 2.1.5 操作を受けた系の状態とその表現 ……………………… *40*
  - 2.1.6 量子力学的状態の表現と操作 …………………………… *41*
  - 2.1.7 状 態 の 確 認 ……………………………………………… *42*
  - 2.1.8 状態を確認した系の状態 ………………………………… *42*
  - 2.1.9 状態の重ね合せと直交性 ………………………………… *43*
  - 2.1.10 重ね合せ状態の操作 ……………………………………… *43*
  - 2.1.11 操作の重ね合せ …………………………………………… *44*
  - 2.1.12 演算子の代数 ……………………………………………… *44*
  - 2.1.13 部分空間と射影演算子 …………………………………… *45*
  - 2.1.14 恒等演算子と部分空間 …………………………………… *46*
  - 2.1.15 部分状態による系の状態の展開 ………………………… *46*
  - 2.1.16 表現を変えること ………………………………………… *47*
  - 2.1.17 一連の操作を加えること ………………………………… *49*
- 2.2 物理系の状態と表現 …………………………………………… *51*
  - 2.2.1 演算子と固有状態 ………………………………………… *51*
  - 2.2.2 演算子と物理量 …………………………………………… *52*
  - 2.2.3 多くの可能な状態をもつ系の一般的表現 ……………… *53*
  - 2.2.4 重ね合せ状態とその観測 ………………………………… *54*
  - 2.2.5 観測についての考察 ……………………………………… *56*

2.2.6　多くの可能な状態をもつ系の物理量とその期待値 ･････････ 58

3.　量子力学的状態の変化と運動

3.1　状態の変化と運動 ･････････････････････････････････････ 61
　3.1.1　状態のわずかな変化を表現する ･････････････････････ 61
　3.1.2　状態の連続的な変化を表現する ･････････････････････ 63
3.2　不連続な状態とスピンによる表現 ･････････････････････････ 66
　3.2.1　不連続な状態の変化と量子という考え方 ･･････････････ 66
　3.2.2　二つの箱の描像 ･･････････････････････････････････ 67
　3.2.3　スピン空間による表現 ････････････････････････････ 69
　3.2.4　スピン空間と2準位系 ････････････････････････････ 71
　3.2.5　スピン空間での状態の変化 ････････････････････････ 74
　3.2.6　スピンとスピノール ･･････････････････････････････ 77
3.3　粒子の出し入れという描像 ･･････････････････････････････ 82
　3.3.1　粒子が一つだけ入る箱の量子力学的状態 ･･････････････ 82
　3.3.2　複数の粒子の出し入れと交換 ･･････････････････････ 85
3.4　多数の粒子の入る箱の描像 ･･････････････････････････････ 89
3.5　とびとびの状態の間の遷移と遷移確率 ･････････････････････ 94
　3.5.1　量子力学的状態の変化と遷移確率 ･･････････････････ 94
　3.5.2　遷移振幅と遷移確率 ･･････････････････････････････ 96
　3.5.3　観測と状態の遷移の切り離せない関係 ･･･････････････ 98
3.6　舞台裏まで考慮した状態の記述 ･･････････････････････････ 100

4. 量子力学的運動と状態の観測

- 4.1 量子力学的な運動と観測の表現 ……………………………… *106*
  - 4.1.1 運動の始状態と終状態 ……………………………… *106*
  - 4.1.2 量子力学的な運動 ……………………………… *107*
  - 4.1.3 量子力学的な観測 ……………………………… *108*
  - 4.1.4 観測過程と遷移振幅 ……………………………… *109*
  - 4.1.5 観測の物理的意味 ……………………………… *110*
- 4.2 量子力学的な運動はどのようなものか ……………………………… *112*
  - 4.2.1 古典的な運動と量子力学的な運動 ……………………………… *112*
  - 4.2.2 2重スリットの問題 ……………………………… *114*
  - 4.2.3 量子力学的干渉 ……………………………… *116*
  - 4.2.4 量子力学的ヤングの実験 ……………………………… *119*
  - 4.2.5 ホイヘンスの原理と量子力学的干渉 ……………………………… *121*
  - 4.2.6 古典的運動と量子力学的運動；物理的解釈 ……………………………… *124*
  - 4.2.7 古典的運動と量子力学的運動；数学的表現 ……………………………… *126*
- 4.3 量子力学的運動に課される制約：量子力学的運動方程式 ……………………………… *130*
  - 4.3.1 一様な時間空間の中でのミクロな粒子の運動 ……………………………… *130*
  - 4.3.2 ハミルトニアンと運動量演算子 ……………………………… *131*
  - 4.3.3 ミクロな粒子の運動方程式 ……………………………… *132*
  - 4.3.4 ドブロイ波とシュレーディンガー方程式を取り扱う座標系 ……………………………… *133*
  - 4.3.5 抽象表現での計算とハイゼンベルグの不確定性原理 ……………………………… *135*
  - 4.3.6 エネルギーと運動量の固有状態 ……………………………… *139*
  - 4.3.7 演算子の時間変化とハイゼンベルグ方程式 ……………………………… *140*
  - 4.3.8 相互作用表示 ……………………………… *144*
  - 4.3.9 密度演算子の運動方程式 ……………………………… *145*

4.3.10　相対論的量子力学の運動方程式 ･････････････････････････ 146
4.4　空間の回転と角運動量 ･････････････････････････････････････ 148

5. 波動関数による量子力学の表現

5.1　関数による状態の表現 ･････････････････････････････････････ 152
5.2　量子力学的状態の関数表現と操作 ･･･････････････････････････ 156
　5.2.1　量子力学的波動関数に課される条件 ･････････････････････ 157
　5.2.2　波動関数に対応する演算子 ･････････････････････････････ 159
　5.2.3　離散スペクトルと連続スペクトル ･･･････････････････････ 164
5.3　状態に対する操作と微分演算子 ･････････････････････････････ 166
　5.3.1　平行移動と運動量演算子 ･･･････････････････････････････ 167
　5.3.2　時間発展とハミルトニアン ･････････････････････････････ 171
5.4　エネルギーと運動量の固有値と固有関数 ･････････････････････ 173
　5.4.1　運動量の固有状態と固有関数 ･･･････････････････････････ 173
　5.4.2　ハイゼンベルグの不確定性原理 ･････････････････････････ 179
　5.4.3　エネルギーの固有状態と固有関数 ･･･････････････････････ 183
　5.4.4　エネルギーと時間の不確定性原理 ･･･････････････････････ 185
　5.4.5　ローレンツ分布のエネルギー固有状態の重ね合せ ････････ 186
5.5　波動関数に対する量子力学の方程式 ･････････････････････････ 188
　5.5.1　シュレーディンガー方程式 ･････････････････････････････ 188
　5.5.2　保存則と確率の流れ ･･･････････････････････････････････ 190
5.6　相対論的波動方程式とスピノール ･･･････････････････････････ 191
　5.6.1　相対論的波動方程式と非相対論的近似 ･･･････････････････ 191
　5.6.2　ディラック方程式とスピノール ･････････････････････････ 194
　5.6.3　電磁相互作用とスピンハミルトニアン ･･･････････････････ 197
5.7　多数の粒子の波動関数と第二量子化 ･････････････････････････ 203

6. 基本的な量子力学系とその振舞い

- 6.1 箱の中に閉じ込められた粒子 ……………………………………… *206*
  - 6.1.1 井戸型ポテンシャル中の粒子の状態 ……………………… *207*
  - 6.1.2 箱に閉じ込められた粒子とノーマルモード ……………… *214*
  - 6.1.3 状態の重ね合せと古典的な粒子の描像 …………………… *216*
- 6.2 浅い井戸に閉じ込められた粒子の状態とトンネル現象 ………… *218*
- 6.3 外乱を受けたときの量子力学的な系の状態の変化 ……………… *223*
  - 6.3.1 波動関数の対称性と外界との相互作用の特徴 …………… *224*
  - 6.3.2 時間変化する外乱を受けたときの量子力学的状態の変化 ……… *226*

引用・参考文献 ………………………………………………………… *234*
索　　　引 ……………………………………………………………… *236*

1 量子力学と量子力学的な世界の見方

　量子力学は，現代科学技術の最も重要な道具である．同時に，人がいかにしてミクロな世界の現象を理解しうるかという，世界観あるいは思想でもある．量子力学においては，形式的な側面を勉強するのと同時に，それを構成している考え方を把握することが重要である．なぜなら，量子力学は，人が日常経験において直接認識することのできないミクロの世界を，思考の力によって記述し，把握しようという，自然科学の中でも風変わりな，人の能力の新たな可能性を示す体系だからである．思想をある程度把握できれば，その形式はむしろ古典力学よりも難しくない．

　不思議なことだが，量子力学がミクロな系の状態や振舞いを非常に高い精度で記述し，それを用いて数値的な予測をすることが可能であるにもかかわらず，ミクロな世界の出来事を完全に理解することは，実は誰にもできていない．しかし，どんな経験を通じても直接知り得ないことが前提であるミクロな世界というものを，人間の脳が正確に記述し，その振舞いについて予測を立てることができるというのは，私たちにとってなんと素晴らしいことであろう．

　このような点から，量子力学を習うことは，なぜ人は考えることができるのか，また，なぜ人は物理法則に完全に従って振る舞う物質から構成されていながら，物理法則を知らずに生まれてくるのか，などという不思議を目の当りにする機会でもある．あるいは，自然科学は宇宙がそれによって構成されている法則なのか，それとも人間が自然界を理解するために生み出した文化であるのか，という問いかけはまた，量子力学の思想的な意義と面白さをいっそう深めるだろう．

ここではまず，量子力学とはどのような考え方によって構成されるものなのか，を大きくつかむことにしよう．その準備として，この章では，まず古典物理学における世界の記述の方法を知り，量子力学はそれをどのように用い，またどのように異なる世界の把握の仕方をするのかを考察し，量子力学の不思議さ，面白さを把握しよう．

1.1　空間時間と物質

人は，宇宙の成り立ちを知りたいと思う心，そして私とはいったい何なのかを知りたいと思う心をもち，知ることに基づいて自己表現をし，また生活環境を変える営みを積み重ねて，さまざまな文化，文明を生み出している．どんなことを勉強するにしても，まずこれが基本である．

宇宙を知るための形式は空間と時間であり，物質は，実体として空間と時間の一部を占め，たがいに作用を及ぼし合うことによって，この宇宙にさまざまな現象をもたらしている．

宇宙が意味をもったものとして構成されるためには，物質やその相互作用の単純さと安定性が必要となるだろう．また，相互作用の結果は，宇宙で起こる現象の多様性を生み出す豊かさをもたなくてはならない．物理学，そしてあらゆる科学は，単純さと複雑さの両面から，この宇宙で起きる諸現象を記述し，理解するための道筋を探究する．

科学技術はさらに，空間と時間，物質と相互作用についての知識に基づいて，さまざまな新しい道具を生み出す．これによって私たちの目に，それまで気づかなかった世界の様相を見せる．

20世紀においては，このような科学技術の発展的連鎖が，それまでのどの時代よりも活発に起きた．活発というよりもむしろ爆発的であった．この科学技術の展開は，革命的な自然科学思想としての，相対性理論と量子力学によってもたらされた．

相対性理論は，宇宙の形式としての空間，時間と，それを占める物質とはなに

かを明確にし，そして量子力学は，物質と相互作用の本質をミクロな世界において解明した．さらに，これらは融合して，宇宙そのものを理解する物理を生み出そうとしている．探究の道筋で，物質の集団の振舞いや，その相互作用が多様性を生み出す仕組み，あるいは科学における観測という行為やそこに現れる人間存在の意味など，きわめて多様な科学技術における展開がもたらされた．

量子力学の基礎として，まず科学の基礎となる空間と時間の取扱い，そしてそれを占める物質の振舞いについて簡単に考察しよう．そこから量子力学の考え方とその意味について考察し，ミクロな世界を記述し，これを理解する試みの序としよう．

1.2 宇宙をどう構成するか

空間と時間の構造について，相対性理論に基づいて勉強する代わりに，この本のやり方と決めた，現代人的な方法に沿って考察を進めよう．

コンピューターグラフィックスのようなバーチャル世界をつくり，そこにこの世界で活躍する主役となるオブジェクトを置いて，それをきっちりした法則によって動かしたいとすれば，どのような条件が必要なのかを考えてみる．これは，どちらかというと数学的な世界である．そのうえで，私たちの住む宇宙がそのような条件をどう実現しているか，あるいは考えうる世界のうちどれがこの宇宙かを考えよう．それが正しいかどうかを，この宇宙と考えた世界と現実との比較，すなわち実験に基づいて確認するのが，自然科学としての物理の世界である．

ここでは，時間と空間をひとまとめにして，バーチャル世界を構成するための空間と呼ぶことにしよう．空間は，座標というパラメーターと，これを測る尺度によって把握されることがキーである．

1.2.1 空間を決めること

バーチャル世界を構成するために，まずコンピューター上に，必要な次元数

と広がりをもった空間を考えよう。

必要な次元数は，なにをその空間の点によって表したいかによって決まるが，例えば空間と時間だけを考えれば 4 次元であるが，そこに置かれるオブジェクトの内部状態なども含めれば，さらに多くの次元が必要になる。

例えば，空間を占めるあるキャラクターをオブジェクトとして，その手の動き，足の動き，体の傾き，体のねじれ具合，顔の動きや表情などを要素として加えようとするならば，その様子や運動を書き表すための多次元空間を用意して，その空間の 1 点によって，そのキャラクターがいつどこでどんな様子であるかを指定すればよい。

この空間の中でなにかをしようとすれば，まず，ある点を指し示すことが必要となる。そのためには，まずこの空間に，どこでなにが起こっているかを書き表すもとになる，ところ番地，すなわち座標系を書き込まなくてはならない。このようなところ番地は，どのようにして構成できるだろうか。まず，図 **1.1** のように，どこか空間の 1 点をとって基準とし，そこからまわりを眺めて物事を決めることにしよう。適当な隣の点を選べば，基準点から見たその点の方向と，その点までの距離が決まる。これを同じ方向に移動させればつぎの点が決まり，そこまでの距離が決まる。これを平行移動という。これは，平行に移動させるからそういうのではなく，空間に沿ってものさしを自然に当てることによって移動したら，それを平行移動というのである。このように延長していって基準線を引けば，その上に最初とった点までの距離をものさしとして，自然に

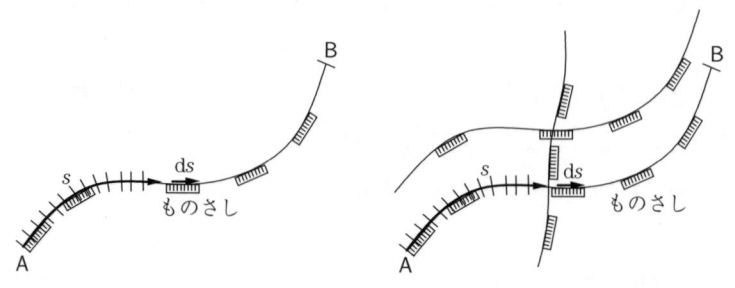

図 **1.1**　空間とものさしと計量

目盛りを刻むことができ，この線の上ではところ番地が指定できるようになる。

そこでつぎに，基準点から先ほどとは異なる方向に点を選び，これをまたその方向に延長してみれば新しい基準線と目盛りができる。こうしてすべての方向に目盛りの付いた基準線が引けてしまったら，こんどは，それらの基準線の上のどこかの点を基準として，そこから異なる方向に目盛りの付いた基準線を引く作業を根気よく続ける。そうすれば，空間全体に目盛りの刻まれた基準線が縦横に走り，これを参照して空間の各点を指し示すことができるようになる。これは，実際そういう作業を世界全体が埋め尽くされるまで根気よくやらなくても，頭の中でならあっという間にできてしまうのが，人間の不思議なところである。実際に，この地表にそれを書き込もうとすると，測量が必要になる。コンピューターの中はというと，根気よく，ところ番地の記録に必要なメモリー割当てのための初期化という作業が，実際必要になる。コンピューターのような機械は，このような根気の要る仕事は得意で，またその作業は人に比べてはるかに迅速である。

1.2.2 ものさしを決めること

ここで，ある問題に気づくことになる。異なる基準線は，それぞれ異なる方向に延長していった線である。それらの上に置かれたものさしの長さを，どうして比べることができるだろうか，という問題である。ふだんは何気なくやっているが，たがいに異なる方向を向いているものさしを比べることは，よく考えてみるとできない相談である。例えば，直交する二つの軸を決めて，その上のものさしをそのまま比べようとしても，直交しているものさしでは長さを比べようがない。片方のものさしをもう一方の軸の上に動かしてみると，それは他方の軸を測るものさしであるから，動かす間に長さが変わっていないとはかぎらない。

しかし，ものさしの長さが基準線ごとにばらばらであるとすると，この空間の中で，なにか意味のあるような物事を起こすことは，とてもできそうもない。そこで，この空間を有意義なものにするためには，空間全体で，ものさしを統

一する法則を定める必要がある。これは当り前のようであるが，よく考えてみると，この宇宙を測るにしても，バーチャル世界を創るにしても，最も基本的で重要なことなのである。

宇宙全体の尺度を決めるものさしを与えることを，計量を与えるという。このように座標系と計量が定まってはじめて，コンピューター上のバーチャル世界でも，現実の宇宙でも，世界のあるときあるところにオブジェクトを置いて，そのさまざまな振舞いをスタートさせることができるのである。

基準線の上の目盛りは等間隔でなければならないかというと，必ずしもそうではない。ものさしを決めるルールを守りながら，目盛りのとり方を場所ごとに連続的に変えてみれば，あちこちゆがんだ面白い空間をつくることができる。例えば，曲面状の鏡に映った景色や，水滴を通して眺めた世界のようなゆがんだ空間にものさしを当てて目盛りを入れてみれば，目盛りは伸びたり縮んだりするように見えるだろう。このように見かけの目盛りが変わって見える空間は，注目するオブジェクトが，それを取り巻く環境から受ける影響や，他のオブジェクトからの作用を考察するときに役に立つ。

1.2.3 この宇宙の構造とその表現

私たちが実際住んでいる宇宙では，どのように空間が構成され目盛りが振られているのだろう。20世紀初頭に，これを深く考察したのがアインシュタインである。アインシュタインは，空間と時間をセットで考えることに思い至った。そしてまず，ゆがんでいない空間では，一様に進む時間の刻み dt を光の速さ c で距離に換算した目盛り cdt と，ゆがんでいない空間に平行移動で引いたまっすぐな基準線に沿って，座標を刻む目盛り dx, dy, dz をとり

$$ds^2 = c^2 dt^2 - dx^2 - dy^2 - dz^2 \tag{1.1}$$

を，宇宙のどこでも変わらないものさしとしなければ，この宇宙に意味を見出すことができないことに気づいた。これが特殊相対性理論である。

ここで，なぜ光速が出てきたかと不思議に思うかもしれないが，実は，時間を

計る尺度を秒単位，空間を測る単位をメートル単位と決めたのは，人間の勝手である．時間と空間を別々の単位で書き表したために，これらを関係づける定数が必要になったに過ぎない．最初からバーチャル世界をつくるなら，きっと $c=1$ にとることを選択したに違いない．しかし，実際は，このようにとったときの時空の尺度は，私たちが直感的あるいは日常的に測ることのできる，1秒というときの流れと1メートルという空間尺度の組合せとは，あまりにもかけ離れたものになってしまう．そこで私たちは，あえて1秒と1メートルを物理の世界においても時空の尺度として使うことにして，$c = 299\,792\,458$ m/s をその尺度の変換係数と定義したのである．宇宙の成立ちや，高エネルギーの素粒子を扱う物理学者は，そういう場合には便利な $c=1$ という単位を用いている．

このようにメートルと秒の変換係数を定義したので，時空を測る尺度を決めるためには，なにか現実的な基準を参照して，メートルか秒かどちらか一方のものさしを定義することが必要である．私たちは，決まった場所で計れる秒のほうを決めることにしている．時間の流れをくり返し刻むものが時間のものさしである．したがってくり返し起こることの周期によって時間を計ることになる．量子力学がさまざまな応用を生み出した中でも，最も精度の高い測定に貢献しているのが，ほかならぬこの時間の尺度である．原子量133のセシウム原子 ^{133}Cs の最も安定な量子力学的状態において，その最も外側にある電子のもつ磁気モーメントが原子核の磁気モーメントのつくる磁場に対して行う歳差運動が，9 192 631 770 回くり返される時間間隔を1sと定義する．これをセシウム原子時計という量子装置を用いて測定し，これによって水晶振動子の振動周期を補正して，私たちが通常用いる時計の基準にしている．メートルについては，光速を，レーザーという光のきれいな波をつくり出す量子装置を用いてきわめて精密に決めることができたので，光速と秒を参照しながら，レーザー装置の出す光の波長を用いて，実際の空間を測るものさしを決めている．このように，知っていても知っていなくても，現代人の生活は，相対性理論と量子力学という20世紀の物理の展開をその基盤としているのである．

さて，さらにアインシュタインは，空間がゆがんでいたらどうなるかという一

般化をして，それでもものさしが変わらない，意味のある世界が構成できることを示した．そしてこのゆがみを重力と解釈し，一般相対性理論を提唱し，その考えが正しいことが精密な実験で確かめ続けられている．アインシュタインの一般相対性理論は，最初に，太陽の重力によって，その背後にある星から来る光が曲がって見えるということを観測することによって，証明された．光はどこでもまっすぐ進んでいるつもりなのであるが，空間が曲がっているから，その運動の道筋も曲がって見えるということである．これは驚くべきではあるが，しかし私たちがもともと曲がった地面の上に住んでいるのに，水平や鉛直などということを使っているし，地表をまっすぐ歩いて行けば，自然に地表の曲がりに沿って目的地にたどり着くことを考えれば，もっともなことである．一般相対性理論というと，天体現象のような，日常とはかけ離れた世界で出てくる話と思うかもしれない．しかし，いまや GPS (global positioning system) を利用して地球の上を動き回っている現代人は誰でも，実は，意識しているかどうかは別として，人工衛星から来る電波に地球の重力でゆがんだ時空間の補正を加えてはじめて目的の場所に正しく導かれる，という事実を日々利用することによって，アインシュタインの一般相対性理論が正しいことを確かめているのである．このように，文字どおり天文学的スケールで起きるようなことが私たちの日常生活で活用されているのは，不思議なことに思えるかもしれないが，これが現代科学の一つの重要な側面なのである．量子力学によって，原子などのミクロな物質の安定性が明らかになり，時間や空間を測るものさしの精度がどんどん高くなってくると，日常的な出来事のほんのわずかな差異に，時空間のひずみや原子核の中でしか起こらない出来事のわずかな影響が現れてくるのである．それゆえ，現代の科学技術は，天文学的なスケールの現象や，またそれに対応する高いエネルギー状態の現象を探究すると同時に，たった一つの原子において起こるきわめてわずかな変化をも，同じ思想に基づいて探求しているのである．

　このように，私たちが物理で取り扱う空間は，計量というものを決めることのできる空間であり，これに対応するものさしという物理的な量が保存される

ような空間である．そのようなものであってはじめて，意味のある運動を取り扱うことができるようになるのである．

1.2.4　物体の運動とその表現

このようにして立派に構成することができた空間に，なにか実体と見える主人公を，私たちが注目するオブジェクトとして置く．これを，空間の中で，どの基準線に沿って何目盛り移動させるかを指示することによって，構成したバーチャル世界での活動を生み出すことができる．

一般に，その主人公は物体あるいは物質であり，その移動が運動である．物質は空間の一部を占めることでその世界の存在となり，空間を移動することで運動を生み出す．空間の一つの方向を時間であると考えれば，運動とはどれだけの時間の刻みにおいて，どれだけの空間の刻みを移動するかということである．

ここで，先ほど空間を構成したときと同様の問題が出てくる．すなわち，もしある物体が運動するとき，それが空間の目盛りを参照しながら，それ固有の決まったやり方で空間を刻んでいくのでなければ，その運動に意味を見出すことはできなくなるだろう．すなわち，計量の定まった意味のあるものさしによって目盛りの付けられた空間を，物体がどのような刻みで測りながら運動するのかということは，その物体の固有の性質でなくてはならないのである．

アインシュタインは，ゆがんでいない空間では，一様な時間を物体が刻む尺度となる物理量 $\mathcal{E}$ を，光の速さ c で空間を刻む物理量に換算した刻み $\mathcal{E}/c$ と，ゆがんでいない空間に平行移動で引いた，まっすぐな基準線がつくる3次元の座標 (x, y, z) を物体が刻む尺度となる物理量 (p_x, p_y, p_z) に対して

$$m^2 c^2 = \frac{\mathcal{E}^2}{c^2} - p_x^2 - p_y^2 - p_z^2 \tag{1.2}$$

を，物質を特徴づける，宇宙のどこでも変わらない尺度としなければ，この物質の存在に意味を見出せないことに気づいた．この物体固有の尺度が，実は物質の質量なのである．

ここで，物体の運動に関係した時空間を刻む尺度を表す物理量と，わざと抽

象的にいってみたのは，先入観なしに，物事の本質を考えるためである．私たちは，物体の運動を表すための基準となる，一様な時間を物体が刻む尺度である物理量 $\mathcal{E}$ をエネルギー，ゆがんでいない空間に平行移動で引いた，まっすぐな基準線がつくる3次元の座標 (x, y, z) を物体が刻む尺度である物理量を運動量 (p_x, p_y, p_z) と呼んでいる．

時間の刻みに相当するエネルギーと，空間の移動の刻みに相当する運動量は，四つセットで考えるべき量であるという意味で，これを4元ベクトルという．このベクトルという名前は，ただ単にいくつかの量が集まっていればベクトルというわけではなく，どんな座標系をとってそれを書き表すかによらず，決まっている一組の量を表す言葉である．いい換えれば，座標系を取り換えて，それを表す数値の組合せが変化しても，そのもの自体は変わらない物理的意味をもつ量をベクトルというのである．例えば，ある国ある都市ある街の三丁目5番地という住所は，地球に引いた座標では北緯35度19分26秒，東経137度8分5秒かもしれない．しかし，そこに住んでいる人が，いつものお店に買い物に行くときにどのぐらい移動するかは，住所や座標の表示の仕方によらず，例えば北に5.3キロメートル，西に2.6キロメートルである．この実際の移動を，住所の違いで書き表しても，経度緯度の違いで書き表しても，北と西とは別の向きを基準にして書き表しても，実際に移動する方向と距離は変わらない．こういう，表現の仕方によって変わらない性質を持った量を，ベクトルという．

運動量 (p_x, p_y, p_z) が mc に比べて十分小さいとき，すなわち $|\boldsymbol{p}| \ll mc$ のとき，エネルギーと運動量の関係は

$$\mathcal{E} = mc^2 + \frac{1}{2m}\left(p_x^2 + p_y^2 + p_z^2\right) \tag{1.3}$$

と近似できる．このような場合を非相対論的であるという．質量が決めるエネルギー mc^2 という値は，c がおよそ 3×10^8 m/s であるから，とてつもなく大きい値であるので，通常はこれは変わらないものと横によけてエネルギーを考えている．また，運動量を質量と速度の組合せで書き表して $\boldsymbol{p} = m\boldsymbol{v}$ として，$\mathcal{E} = \boldsymbol{p}^2/2m = m\boldsymbol{v}^2/2$ を運動エネルギーと呼んでいるが，特に量子力学では運

動量が空間を測る尺度であることを意識して，速度 v ではなく運動量 p を用いて運動を表現する。

1.2.5　位相というものさし

一定の尺度を決めるものさしを繰り返し適用することが，ものごとを計測することである。そして，それができることを保証するのが，ものさしを比べる決まり，すなわち計量である。この繰り返し適用されるというものさしの性質を，位相という概念で表すことがたいへん便利である。

繰り返し同じことが起こるということを表す形式の代表は，振動や波である。あるパラメーターに対して，繰り返し同じ振舞いを与える関数の代表が，正弦関数と余弦関数，すなわち $\sin\theta$, $\cos\theta$ である。これらの関数は，その名前からもわかるとおり一対のものであって，図 1.2 のように，2 次元平面上に描い

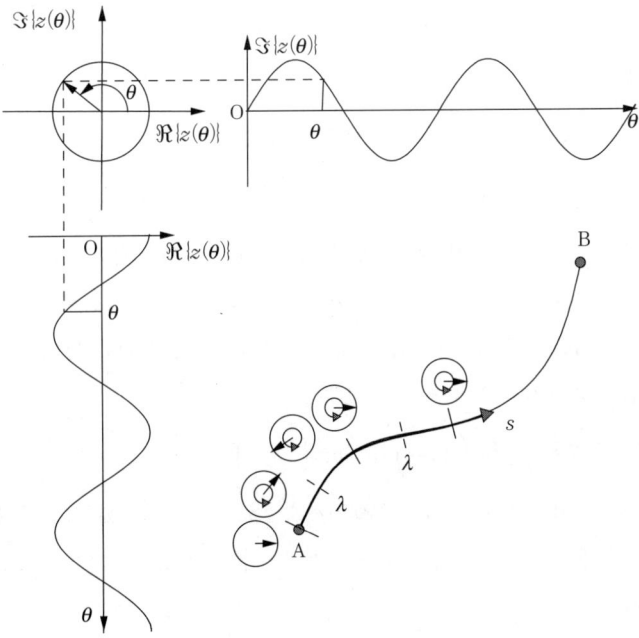

図 1.2　複素数と位相による空間の計量

た半径 1 の円周上を，ある基準となる点から角度 θ だけ点の位置が移動したとき，その 2 次元空間の直交軸上のそれぞれへの点の射影がどのように動くのかを示す関数の一組である．

　この正弦関数と余弦関数に対応する一組の量を表すのに，複素数という概念がたいへん役に立つ．すなわち，この 2 次元空間を，$i^2 = -1$ である虚数単位 i を用いて，一つの複素数 z の実数部と虚数部を表現する空間と見なし，$\sin\theta$ と $\cos\theta$ をセットにして

$$z(\theta) = e^{i\theta} = \cos\theta + i\sin\theta \tag{1.4}$$

のように書き表すやり方である．いま角度 θ というパラメーターを含んでいるから，これは複素関数 $z(\theta)$ になっている．このときのパラメーター θ を位相という．三角関数の性質からわかるように，ある位相 θ を 2π の整数 n 倍だけ移動した，位相 $\theta + 2n\pi$ において，この複素関数は同じ値をとる．

　ここで，反対まわりに位相を測る複素共役な関数

$$z^*(\theta) = e^{-i\theta} = \cos\theta - i\sin\theta \tag{1.5}$$

を用いて，三角関数を書き表すことができる．

$$\cos\theta = \frac{1}{2}\left(e^{i\theta} + e^{-i\theta}\right), \quad \sin\theta = -\frac{i}{2}\left(e^{i\theta} - e^{-i\theta}\right) \tag{1.6}$$

　この位相という考えを用いることで，繰り返し空間を測るということを表現することができる．例えば空間を測るための基準線を先ほどのように決めて，その道のりを s で測ることにしたとき，s がものさし λ だけ変化するごとに同じことが繰り返されることを

$$e^{i\theta} = e^{2\pi i \frac{s}{\lambda}} = \cos\left(2\pi\frac{s}{\lambda}\right) + i\sin\left(2\pi\frac{s}{\lambda}\right) \tag{1.7}$$

と表現することができる．あとでわかるように，このような位相で表される移動は，どんな細かい s の変化 ds に対しても一様である，ということを表していることになる．

　ここで，私たちの宇宙のように，時間と空間のセットになった 4 次元空間を考えよう．s を，例えば空間の x 方向の目盛りとすると，これを測る尺度 λ_x は

波長と呼んでいる尺度である．s を，例えば時間の t 方向の目盛りとすると，これを測る尺度 λ_t は周期と呼んでいる尺度となる．またもし，ものごとの様子が，時間的な道のりに連動して空間的な道のりが変わる，というような尺度で測ることができるようなものであれば，これを特に波動と呼んでいる．波動の代表的な例は，空間 x と時間 t が連動するようなものごとの様子である．それがメートルと秒のそれぞれ異なる単位で計測される目盛りをもつ基準線であれば，波長を λ，周期を T と区別して，つぎの式のように書き表すことができる．

$$\begin{aligned}\psi(x,t) &= e^{2\pi \mathrm{i}\left(\frac{x}{\lambda}-\frac{t}{T}\right)} \\ &= \cos\left\{2\pi\left(\frac{x}{\lambda}-\frac{t}{T}\right)\right\} + \mathrm{i}\sin\left\{2\pi\left(\frac{x}{\lambda}-\frac{t}{T}\right)\right\}\end{aligned} \quad (1.8)$$

波動を，さらに時間と連動した 3 次元空間に拡張することができるが，その式の表現をより簡潔にして

$$\psi(x,y,z,t) = \psi(\boldsymbol{r},t) = e^{\mathrm{i}(k_x x + k_y y + k_z z - \omega t)} = e^{\mathrm{i}(\boldsymbol{k}\cdot\boldsymbol{r} - \omega t)} \quad (1.9)$$

のように書き表すとき，k_x，k_y，k_z をそれぞれ，x，y，z 方向の波数，ω を角周波数あるいは簡単に周波数という．また，波数をセットにした (k_x, k_y, k_z) を波数ベクトルという．ベクトルなので，位相の測り方は，実際，どのように座標系をとるかによらないことに注意しよう．

もし，より一般的な空間を考えて，s が，空間内のある点 A とある点 B をつなぐ，ある曲線をたどって動くように基準線を決めたとしても，その曲線上の道のり $s[A, B]$ に対してものさしをくり返し当てて空間を測る作業を，位相を用いて表すことができる．その尺度を h とすれば，位相は

$$\psi(s[A,\ B]) = e^{2\pi \mathrm{i}\frac{s[A,\ B]}{h}} \quad (1.10)$$

のように表現することができる．ここで道のりというのは，単に空間的な道のりをメートル単位で測ったものではなく，もっと一般的に，オブジェクトの運動などの様子を測る尺度でよい，ということに注意しよう．運動を表すのに適したパラメーター s が決まれば，それに沿ってものさしで道のりを測り，これを位相で表すことができる．

これで，空間をつくってオブジェクトを運動させることについてのルールがほぼ整ったので，つぎにそのオブジェクトがなぜそういう風に運動しなくてはならないのか，ということについて，節を改めて考えてみよう。

コンピューターグラフィックスにしても実際の宇宙にしても，空間が決まってそこに置くオブジェクトの性質が決まったならば，つぎはそのオブジェクトにどのような運動をさせるかという環境設定が問題となる。オブジェクトをお芝居の主人公に例えるならば，環境設定というのは，主人公が活動する舞台装置がどのようなものか，他のオブジェクトとはどのような相互関係をもつかに相当し，また忘れてはならないのが，舞台裏と観客まで含むという点である。これまで勉強してきたことでいい直すと，前の二つは，ある空間に置かれた物体が，ある時刻ある場所においてどのように位相を測りながら運動するかということを，それが置かれた空間の性質と周囲の物質との相互作用によって決めることである。物理では，これら位相の測り方に時刻と場所に依存する特徴をもたせることを，ポテンシャルの問題などと呼んで取り扱っている。忘れてはならない舞台裏の問題は，同じ舞台装置で同じ主人公に演出や振り付けをするにしても，能舞台や閉じたスペースのように舞台の端があって逃げ場がないのか，それとも普通の劇場のように広大な舞台裏があって，舞台の上で整然と進むストーリーがどのようなものであっても，そのために必要なことはすべて舞台の袖から舞台裏でつじつまを合わせてしまうのか，というような環境に応じて主人公の演技も違ってくるという問題である。これは，物理の世界では，ものごとのようすを決める境界値問題，あるいは非平衡開放系の問題などと呼んで取り扱っているものである。後で改めてこの問題を取り上げよう。そして最後に出てくるのは観客の問題である。観客が舞台をどう見るか，それをどうとらえるかによってその評価が決まること，さらに観客の反応が演技を変えてしまうという問題を含んでいる。量子力学では，これを特別に観測の問題というほど，核心にある微妙な問題であるので，この章の最後の節でしっかりと考察することにする。

1.2.6 運動の表現に適した変数

ある物体の運動，すなわち設定された空間でのあるオブジェクトの振舞いは，それが置かれた環境，すなわち舞台設定と，そこに置かれた物体相互の作用によって決まる。このように環境によって決まるある物体の運動を記述するのに適した変数は，時間とともに進行する粒子の運動に沿って空間を刻んでいくのに適したものさしを与えるようなものである。

例えば，まっすぐ進む物体の運動を記述するには，空間にまっすぐ引かれた1本の直線上の道のり s が，空間を刻むのに適した目盛りを刻むための基準線になるだろう。また，振り子の運動を記述するならば，糸の先端に付けられた重りの軌跡を3次元の座標で追うことではなく，重りをつり下げている糸の角度を θ というパラメーターで追うこと，あるいは長さ l の糸につながれた重りの運動が描く，曲がった軌道の上の弧としての道のり $s = l\theta$ が，運動の記述に適したものとなるだろう。また，例えば，回転するこまの上に固定された点状のオブジェクトを考えるとすれば，その位置がこまの軸から見てどの角度 θ にあるかが，運動を記述するのに適した変数と考えられる。こまの軸の運動を記述するなら，例えば，こまの軸の鉛直からの傾きとその方位というような，二つの角度 (θ, ϕ) の組合せで書き表すのがよいだろう。地球の表面に住む，私たちの運動を記述するならば，宇宙の固定された1点から眺めたときの3次元の座標によってではなく，曲がった地球の表面に引いた緯度や経度を基準にして，運動を測る尺度を取り扱うのがよいだろう。

ここに例を挙げた例のうち，曲がった軌道の上を進むような運動は，曲がった道のり s に沿って目盛りを刻む ds によって，正しく把握することができる。例えば，北海道に居る人と，沖縄に居る人が，どちらも真上に手を挙げているとしよう。このとき，曲がった地表を運動する私たちは，この二人の手の向きを平行だと思うであろう。二人が水平方向北向きに手を挙げているとすると，これも平行といってよいと考えるだろう。ところがこれを月から眺めたら，二人の手の向きは異なっていると思うであろう。ところが地表を運動する私たちには，これが平行なのである。これをよく考えると，曲がった地表で運動すると

いう，環境の制約を受ける私たちの運動を記述するならば，平行に移動するということも，地表の曲がり具合という環境の制約に応じて，変えていかなくてはならないということである．

さらに，地球の自転と地球が太陽の周りを回りながら運動することを考えると，地表に静止している私たちの運動は，大きな楕円型のドーナッツの上に，螺旋状に巻き付くような軌道の上を運動しているのだから，地表で平行だと思っている向きは，この軌道の上で複雑に変化しているのである．したがって，曲がった空間で平行であることを決めるためには，そういう空間の曲がりに応じた平行の定義の変更が必要になるのである．例えば，地表に立って考えるなら，場所を移動するごとに，平行という関係が示す向きを取り替えなくてはならない．平行な向きがどれだけ変わるかは，地表の曲がり具合，すなわち曲率によって決まるのである．

1.2.7 適した変数で運動を記述するハミルトンの力学

曲がった空間のような複雑な世界まで取り扱うとすれば，運動を取り扱う数学的技巧を十分高めてから取り組まなくてはならないだろう．そこで，運動を記述するのに適した変数というのはどのようなもので，それを用いた運動の表現の仕方はどのようになるのかを，ここで簡単に紹介しておこう．これは，たいへん数学的な取扱いで，ハミルトンの力学と呼ばれている．数学的であるというのを抽象的であるといい換えると，どんな込み入った運動でもそれをきっちり取り扱う形式がつくれる，ということを示しているわけである．それゆえ，具体的な運動のイメージがわかないような，複雑なこの宇宙での運動を取り扱うのにも，あるいはコンピューターの世界でバーチャルな運動をきちんと取り扱うのにも，むしろ適しているのである．イメージがわかない数式というものは，見方を変えれば，イメージがわかないほど複雑なものごとでも表現できる道具なのである．これは，例えばコンピューターグラフィックスで，たいへん複雑な振舞いをするキャラクターを生み出すプログラムのようなものであると思えばよい．プログラムだけ眺めたら，それはたいへん複雑であるだろうが，要

するに使いこなせばよいのである。

　このような運動の表現においては，微分を使いこなすという技巧が要点となるので，微分が苦手な人こそ，この辺でじっくり読んで基礎体力をつけておこう。微分はまあわかるという人は，ここがよくわからなくても後で困ることはないので，とりあえずスキップして困ったら読むということにしてもよいだろう。

　微分という考え方の基本はきわめてシンプルである．すなわち，ある量 F がパラメーター u, v, w の関数であるならば，パラメーターがごくわずかな量 du, dv, dw 変化したときの F の変化 dF は，du, dv, dw にそれぞれ比例するという考え方である．これを式に表して

$$dF = D_u du + D_v dv + D_w dw \tag{1.11}$$

のように書く．この式を完全微分といい，ここに出てくるつぎの形の比例係数を，それぞれの変数についての偏微分と呼んでいる．

$$D_u = \left(\frac{\partial F}{\partial u}\right), \quad D_v = \left(\frac{\partial F}{\partial v}\right), \quad D_w = \left(\frac{\partial F}{\partial w}\right) \tag{1.12}$$

ここでは，係数であることを示すために，わざと括弧を付けておいた．ここではパラメーターが3個の例を挙げたが，これはいくつでも同じである．偏微分がここに出てきたのではなく，ここに出てきた比例係数が偏微分である点に納得がいけば，微分が難しいということはなくなるだろう．物理で出てくる方程式などは，たいていこの完全微分を書いているにすぎない．それに解釈を与えることが物理なのである．すなわち，ある物理的な状態や運動を表す量がなにをパラメーターとしているか，ということを探究するのが物理であり，これがいったん解決したら，もう数学的な形式はすべて用意されてるといってもよいのである．そこで本題に入ろう．

　まず，それぞれの状況に応じて，運動を記述するのによい変数となるような位置を表す一般的な変数 q，およびこれに対応する平行移動のものさしとして運動量 p を導入したとすれば，時間 t とこれらの変数によって決まる関数 $F(q, p, t)$ によって，その運動の様子は表されるはずである．このような関数を力学変数

と呼んでいる。ここで位置と運動量を単純に q, p と書いたが，表すべき運動の様子に応じて複数の位置変数が必要になる場合には，これはその数の次元をもったベクトルとなる。このように，たいへん抽象的に考えてこそ，この宇宙も含んでしまうようなバーチャル世界をつくり出せるのである。

ハミルトンは，力学をきわめて一般的に書き表すために，きわめて数学的に運動というものをとらえ直し，力学変数 F の時間変化 dF/dt が，運動を記述するのに適した位置 q と運動量 p によって

$$\frac{dF}{dt} = \frac{\partial F}{\partial t} + \frac{\partial F}{\partial q}\frac{\partial \mathcal{H}}{\partial p} - \frac{\partial F}{\partial p}\frac{\partial \mathcal{H}}{\partial q} \tag{1.13}$$

と書き表されるような関数 $\mathcal{H}(q, p, t)$ を導入した。これを現在では，ハミルトンに敬意を表して，ハミルトニアンと呼んでいる。

第2項と第3項の位置と運動量の微分の組合せは，ポアソン括弧式と呼ばれており，これを記号で

$$\{A, B\} = \frac{\partial A}{\partial q}\frac{\partial B}{\partial p} - \frac{\partial A}{\partial p}\frac{\partial B}{\partial q} \tag{1.14}$$

のように書き表すことにしている。したがって，力学変数の時間変化は

$$\frac{dF}{dt} = \frac{\partial F}{\partial t} + \{F, \mathcal{H}\} \tag{1.15}$$

のように，ポアソン括弧式で書かれる。一般に，なにかルールを決めると覚えておくことが増えるけれども，それによってものごとの表現はより簡潔になる。

このようなハミルトニアンとはどんなものだろう。まず第一に，ハミルトニアンが時間 t を直接含まないときには，ハミルトニアンそのものを力学変数として時間変化の式に代入してみると

$$\begin{aligned}\frac{d\mathcal{H}}{dt} &= \frac{\partial \mathcal{H}}{\partial t} + \{\mathcal{H}, \mathcal{H}\} \\ &= \frac{\partial \mathcal{H}}{\partial t} + \frac{\partial \mathcal{H}}{\partial q}\frac{\partial \mathcal{H}}{\partial p} - \frac{\partial \mathcal{H}}{\partial p}\frac{\partial \mathcal{H}}{\partial q} = 0\end{aligned} \tag{1.16}$$

となり，ハミルトニアンは運動によって時間変化しない力学変数であることがわかる。これまで考察してきたように，時間の流れが一様な宇宙では一定の時

間の刻みに対応する変わらない物理量があり，これがエネルギーであるから，ハミルトニアンはエネルギーに対応する力学変数であることになる．

つぎに，位置 q と運動量 p を力学変数として時間変化の式に代入してみると

$$\left. \begin{aligned} \frac{dq}{dt} &= \frac{\partial q}{\partial t} + \{q, \mathcal{H}\} = \frac{\partial \mathcal{H}}{\partial p} \\ \frac{dp}{dt} &= \frac{\partial p}{\partial t} + \{p, \mathcal{H}\} = -\frac{\partial \mathcal{H}}{\partial q} \end{aligned} \right\} \tag{1.17}$$

であることがわかる．すなわち，ハミルトニアンを運動の記述に適した変数の組み合わせで偏微分したものが，たがいにそれらの変数の時間変化を与える，という形式になっている．この方程式のセットを正準方程式といい，これを満たすような q と p の組合せが，運動を表すのに適した変数となっている条件を与える．正準方程式を構成するような変数であるから，このような q と p の組合せを正準変数といい，q を一般化座標，p をそれに共役な運動量と呼んでいる．

運動する質量 m の粒子のハミルトニアン，すなわちエネルギーを，古典力学でよく知られている運動量エネルギーと位置エネルギーの和で書けば

$$\mathcal{H} = \frac{p^2}{2m} + V(q) \tag{1.18}$$

であるから，このときの正準方程式は

$$\left. \begin{aligned} \frac{dq}{dt} &= \frac{p}{m} \\ \frac{dp}{dt} &= -\frac{\partial V(q)}{\partial q} \end{aligned} \right\} \tag{1.19}$$

となる．この式を，普通の力学の知識を使って読み解いてみれば，第1項は，運動量は質量を速度に掛けたものであることを表し，第2項は，運動量の時間変化，すなわち力を表していることになるので，位置エネルギーの空間的な傾きが力であるというよく知られた関係を表しており，これはまさにニュートンの運動方程式を与えていることがわかる．

さて，正準方程式を参照すると，力学変数のところに出てくるハミルトニアンの偏微分は，正準変数としての一般化座標 q の時間変化と，それに共役な運動量 p の時間変化を用いて置き換えられることがわかる．

$$\frac{dF}{dt} = \frac{\partial F}{\partial t} + \frac{\partial F}{\partial q}\frac{dq}{dt} + \frac{\partial F}{\partial p}\frac{dp}{dt} \tag{1.20}$$

この式の両辺に時間の微小変化 dt を掛けてみれば

$$dF = \frac{\partial F}{\partial t}dt + \frac{\partial F}{\partial q}dq + \frac{\partial F}{\partial p}dp \tag{1.21}$$

となり，これは力学変数 F の完全微分であるので，力学変数 F が，時間 t と運動を記述するのに適した一般化座標 q，およびこれに共役な運動量 p によって決まる関数 $F(q, p, t)$ である，という最初の前提を満たしていることがわかる。なんだ，元にもどっただけじゃないか，と思うかもしれないが，このように，理論全体がつじつまが合っているということが最も重要なことである。こうして，力学というものが数学的に立派に構成できたという意味で，ここに出てくる変数や方程式に正準という言葉を付けて表しているのである。

このように，物理の体系というものは，最初決めた取決めが最後に出てくるような論理でできているものである。これは，リアルであろうとバーチャルであろうと，その世界がきちんと構成されていることである。そのようにきちんとつくり上げた世界がリアルかバーチャルかの判断は，つくった体系がこの宇宙の出来事と合っているかどうかという，ただその点のみに依存している。

それでは，このような立派な力学において出てくるハミルトニアンを時間を計る尺度に据え，世界を構成していこう。

1.2.8　ハミルトニアンと運動のものさし

ここで，時間 t とデカルト座標で表した位置 $\boldsymbol{r} = (x, y, z)$，これに共役な運動量 $\boldsymbol{p} = (p_x, p_y, p_z)$ を用いて運動を書き表した場合を考えよう。ハミルトニアンはこれらの変数によって

$$\mathcal{H} = \mathcal{H}(\boldsymbol{r}, \boldsymbol{p}, t) \tag{1.22}$$

のように書かれる。

ハミルトニアン $\mathcal{H}$ は，注目するオブジェクトのエネルギー $\mathcal{E}$ と，それを取り巻く環境からの影響を含んだ時間を計る尺度である。一般に，オブジェクトの

1.2 宇宙をどう構成するか

運動エネルギーを $\mathcal{E}$,環境からの影響をポテンシャル V として,ハミルトニアンを $\mathcal{H} = \mathcal{E} + \mathsf{V}$ のように書き表す。これを書き換えて,$\mathcal{H} - \mathsf{V} = \mathcal{E}$ としてみればわかるように,時間の刻みに対応するハミルトニアンに環境からの影響に相当する補正 V を加えれば,環境からの影響がない場合と同等な時間を計るものさしが得られるはずである。

同様に,運動量 $\boldsymbol{p}$ に対しても,環境からの影響がある空間を移動する際に,その効果を 3 次元の空間のそれぞれの成分ついて補正するようなポテンシャルの組,すなわちベクトル A を考えて,$\boldsymbol{p} - \mathsf{A} = \boldsymbol{\mathcal{P}}$ のようにしておけば,環境からの影響がない場合と同様に,平行移動によって空間を測るものさしが得られるはずである。

V は数値,すなわちスカラー量であるので,スカラーポテンシャルと呼ばれる。これに対して,A は 3 次元空間に対応した数の組,すなわちベクトルであるので,ベクトルポテンシャルと呼ばれる。光速 c を尺度変換の係数として,(cdt, dx, dy, dz) を 4 次元時空を刻む 4 元ベクトルとして運動を表現するときには,$(\mathsf{V}/c, \mathsf{A}_x, \mathsf{A}_y, \mathsf{A}_z)$ のようにまとめて 4 元ポテンシャルという。

このような考察から,例えば非相対論的な場合のエネルギーと運動量の関係が,均質で等方的な時空で

$$\mathcal{E} = mc^2 + \frac{1}{2m}\left(p_x^2 + p_y^2 + p_z^2\right) \tag{1.23}$$

と書き表せるならば,環境の影響を受けている場合にも

$$\mathcal{E} - \mathsf{V} = mc^2 + \frac{1}{2m}\left\{(p_x - \mathsf{A}_x)^2 + (p_y - \mathsf{A}_y)^2 + (p_z - \mathsf{A}_z)^2\right\} \tag{1.24}$$

のように書き表すことができるはずである。

位相によって書き表された時間と空間の刻みを考えると,環境からの影響に対してものさしの補正を考えるということは,時間と空間の各点ごとに,位相を測る基準を補正することに対応する。量子力学を記述する準備が十分整ってからこの問題に取り組むことにするが,量子力学では,位相を測る基準をどの

ように選ぶかという自由度から，環境からの影響がどのように物体に働くかという性質が決まってくるという，この宇宙の構造の見事さが明らかになってくることを紹介しておこう。

1.3 世界をどうとらえどう表現するか

さて，これまでは，私たちが創造者となって宇宙を構成し，そこにオブジェクトを置いて，それをどう運動させるかというバーチャルな世界創造を頭の中に描きながら，それではこの宇宙はどうであるかということを，20世紀に展開した物理に基づいて考察してきた。

バーチャル世界にしても，この宇宙の出来事にしても，それをつくった，あるいはそれがあるというだけでは，私たちにとって意味があるものとはならない。その世界を体験してみる私，あるいは誰かがいてはじめて，それは把握され享受されることになり，面白さや有用さなどの意味が生ずることになる。さらに，このように把握されたことが言葉や文字や数式などによって表現されることによって，人から人に伝わり，人間共通の知識となって，文化，文明を創造するのである。

特に，この宇宙の場合は，私たちはその構成員であり，それをつくったわけではないし生まれる前にそれについて習ってきたわけではないので，まず五感によって宇宙を体験し，経験をつんで把握し，それを表現する，というように世界を楽しみ，恐れ，うまく利用し，生きていかなければならない。そうして，世界についての認識を深め，さまざまな道具を生み出し，それを利用してさらに認識を深めてきた。そして，ついに，私たちそのものを構成する物質の構造や安定性がどこから来るのか，その振舞いはどのようなものか，というミクロな世界をも把握したいと思うようになった。文化，文明がそういうことを考えるのが可能になるほど発展した20世紀になって，そのようなミクロな領域にまで認識が及ぶことになったわけである。

そこで，この節では，量子力学的な世界の把握がどのようなものであり，そ

の記述はどのようなものになるか，ということを考えてみよう。

量子力学の世界，すなわちミクロな世界が私たちが直接には経験できないものであるとすれば，その把握の仕方も表現の仕方も，奇妙なものになるかもしれない。

そもそも，経験もできないことを把握するなどということは可能なのか，などということまで問題になりそうである。さまざまなバーチャル世界を創造し，これを楽しむことができる能力を私たちがもっていることについては，バーチャルなものに囲まれて生きる現代人にとってなんの疑いもないだろう。

この節では，まず経験によって知ることができる古典的な世界の把握とその表現について，その仕組みを分析し，量子力学がどのようにこれと異なるのかを考察する。

1.3.1 経験的古典力学的な世界のとらえ方とその表現

まず，経験的に物事を知り，それを理解して表現するという，古典的世界の認識の仕組みを分析しておこう。

古典的世界では，認識の一方にその対象である宇宙そのものがあり，もう一方にそれを経験によって把握する私の内的世界がある。私たちの認識は，私たちが生きていること全体で成り立っているが，それもなにか曖昧な感じであるから，とりあえずそれを「経験的な脳の世界」と呼んでおくことにする。そうすると，認識するということは，実際の宇宙で起きているものごとを五感を通じて経験し，経験的な脳の世界にそれに対応するものを再構成すること，すなわちイメージをつくることである。このような，実際の世界と経験的な脳の世界の対応が，認識である。

数学では，ある集合の要素を別の集合の要素に対応させることを，写像と呼んでいる。その英語である "mapping" が意味するように，写像とは地図をつくることと同じである。現実の世界はどうあろうとそこにあるものである。これに対して，地図というのは1枚の紙に描かれた絵であるが，現実の世界は地図の上の点に写像されており，地図の上のある点に対応して現実の世界である場

所に居るという出来事があり，そこから地図の上でつぎつぎに道をたどって動くことに対応して，現実の世界での運動が存在する．また，現実の世界である道筋を通って移動することは，地図上の点の動きに対応する．このように，地図の上での出来事と，実際の世界での出来事が完全に対応しているならば，これはよい地図であり，地図の世界は現実の世界と同等なのである．

このように考えると，経験的認識というのは，実際の宇宙で起きているものごとの地図を経験的な脳の世界の中で再構成することであり，また実際の宇宙で起きているものごとを経験的な脳の世界の中に写像することである．ここで，私とはなにかという問題が生ずるが，恐らくこれに答えることに成功した人は誰もいないので，とりあえず私を除くすべてを認識の対象とすることにする．

頭の中を整理するために，式で書き表してみよう．図 **1.3** のように，まず宇宙で起きているものごとの集合を A，私の経験的な脳の認識状態，つまりものごとのイメージの集合を B として，その間の写像，すなわちマッピングを考えよう．

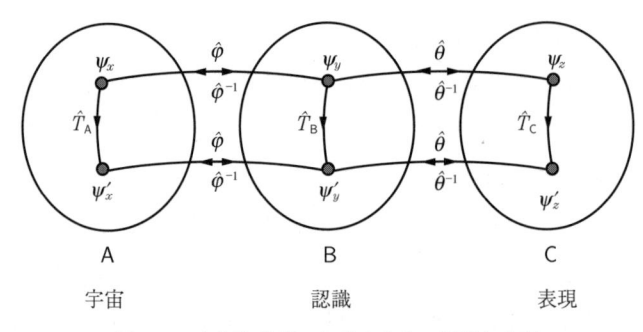

図 **1.3** 古典物理学における宇宙の認識と表現

宇宙で起きているものごとである A の要素を ψ_x，イメージである B の要素を ψ_y としよう．A が含むものごと，すなわち集合 A の要素 ψ_x を，B の要素 ψ_y に対応させるマッピングを，$\hat{\varphi}$ と書き表そう．ここで，φ はファイ，ψ はプサイと読むギリシア文字である．変換を書き記すルールとして，数式ではこれを右から左に順番に書き連ねることにしている．A の要素である ψ_x の集まりを $\{\psi_x : \psi_x \in A\}$ と書き表せば

1.3 世界をどうとらえどう表現するか

$$\{\psi_y \, : \, \psi_y \in \mathsf{B}\} \xleftarrow{\hat{\varphi}} \{\psi_x \, : \, \psi_x \in \mathsf{A}\} \tag{1.25}$$

$$\psi_y = \hat{\varphi}\psi_x \tag{1.26}$$

$\hat{\varphi}$ は，ものごとから経験によってイメージを作る操作を表すことになる。これは，コンピューターのような機械ならセンサーを使って外界を測定し，これをメモリー上に展開して外界を再構築することである。また，B のある認識の状態に対応する要素を A の要素に対応させる逆マッピングを，$\hat{\varphi}^{-1}$ と書き表そう。

$$\{\psi_y \, : \, \psi_y \in \mathsf{B}\} \xrightarrow{\hat{\varphi}^{-1}} \{\psi_x \, : \, \psi_x \in \mathsf{A}\} \tag{1.27}$$

$$\hat{\varphi}^{-1}\psi_y = \psi_x \tag{1.28}$$

$\hat{\varphi}^{-1}$ は，イメージから実際のものごとを想像することを表す。上の式と比べれば

$$\hat{\varphi}^{-1}\psi_y = \hat{\varphi}^{-1}\hat{\varphi}\psi_x = \psi_x, \quad \hat{\varphi}^{-1}\hat{\varphi} = 1 \tag{1.29}$$

であるから，マッピングと逆マッピングの合成は，ものごとを変えない変換をつくる。

ここで，認識，すなわちマッピングがどのようなレベルかが問題になる。もしマッピングか完全ならば，A の要素 ψ_x と B の要素 ψ_y はそれぞれ 1 対 1 に対応し，実際の宇宙で起きるものごと一つにイメージが一つだけ対応する。また反対に，イメージの一つには，実際の宇宙で起きるものごとの一つが対応する。もし，マッピングが完全でないならば，このような 1 対 1 の対応関係がつくれないような認識となる。

つぎに，ものごとの変化とそのイメージについて考察しよう。実際の宇宙でものごとが変化するということは，A の要素の一つ ψ_x が別の要素 ψ_x' に変わるということである。これは，集合 A の中である要素を別の要素に変換するという操作であるので，これに相当する操作を $\hat{T}_\mathsf{A}$ という記号で表そう。

$$\{\psi_x' \, : \, \psi_x' \in \mathsf{A}\} \xleftarrow{\hat{T}_\mathsf{A}} \{\psi_x \, : \, \psi_x \in \mathsf{A}\} \tag{1.30}$$

$$\psi_x' = \hat{T}_\mathsf{A}\psi_x \tag{1.31}$$

実際の宇宙でものごとが変化するとき，これに対応する経験的な脳の世界でも，変化の前の要素と後の要素に対応する B の要素 ψ_y, ψ'_y があるだろう。このときの B の中での要素の変換を，記号 $\hat{T}_B$ で表そう。

$$\{\psi'_y : \psi'_y \in B\} \xleftarrow{\hat{T}_B} \{\psi_y : \psi_y \in B\} \tag{1.32}$$

$$\psi'_y = \hat{T}_B \psi_y \tag{1.33}$$

そして，このような変化の前後でも，実際の宇宙のものごとと，経験的な脳の世界のイメージとが，完全に対応しているのだとすると，私たちは経験的な脳の世界の中で，宇宙のものごとおよびその変化を，完全に認識したことになる。これを式で追ってみると，どのようなことかがはっきりする。

上に書いた変換と式の関係を組み合わせてみよう。経験的な脳の世界 B の要素の一つ ψ_y が，経験的な脳の世界での運動である変換 $\hat{T}_B$ の作用によって，別の要素 ψ'_y に変わったとする。このとき，ψ_y に対応する A の要素 ψ_x が，実際の世界での運動である変換 $\hat{T}_A$ の作用によって変化して，別の要素 ψ'_x になり，それに対応する経験的な脳の世界 B の要素がちゃんと ψ'_y になっているならば，経験的な脳の世界で起きたイメージの変化と，実際の世界で起きたものごとの変化は，同等である。

言葉で書くとこのようにややこしいことが，式で書くとすっきりする。

$$\psi'_y = \hat{T}_B \, \psi_y \tag{1.34}$$

$$\psi'_y = \hat{\varphi} \, \hat{T}_A \, \hat{\varphi}^{-1} \, \psi_y \tag{1.35}$$

これが，あらゆる要素について成り立っているならば，写像と変換だけの等式が成り立つことになる。

$$\hat{T}_B = \hat{\varphi} \, \hat{T}_A \, \hat{\varphi}^{-1} \tag{1.36}$$

この簡単な関係式が，実際の世界でのものごとおよびその変化が，経験的な脳の世界のイメージおよびその変化と完全に対応していることであり，完全な認識を表す条件となる。こういう認識が確立すれば，イメージの世界と実際の世界には，どちらが本物であるという区別もなくなる。

1.3 世界をどうとらえどう表現するか

これはさらに，経験的な脳の世界が，これと完全に対応関係にある言葉や数式の世界に写像されるときも同じである。このような，言葉や数式の世界に写像することを表現という。表現の世界を C とし，経験的な脳の世界から表現の世界への写像を $\hat{\theta}$ とし，その逆写像を $\hat{\theta}^{-1}$ としよう。θ は，シータと読むギリシャ文字である。そうすると，表現の世界のあるものが別のものに移ること，すなわち C の中での要素の変換を，記号 $\hat{T}_\mathsf{C}$ で表そう。もし完全な認識に対して完全な表現が作られたならば

$$\begin{aligned}\hat{T}_\mathsf{C} &= \hat{\theta}\ \hat{T}_\mathsf{B}\ \hat{\varphi}^{-1} \\ &= \hat{\theta}\ \hat{\varphi}\ \hat{T}_\mathsf{A}\ \hat{\varphi}^{-1}\ \hat{\theta}^{-1}\end{aligned} \qquad (1.37)$$

であり，こういう表現が確立すれば，表現の世界と実際の世界には，どちらが本物であるという区別もなくなる。

古典物理においては，こういう完全な世界の認識と表現がどのようにして得られるかを探究していたので，物理法則は，まさにこの宇宙がどのようにできているかという法則と同等であった。

量子力学になると，原理的に経験的な認識のできないミクロな世界を把握し，これを表現しなければならなくなるという問題に直面し，物理は，私たちが宇宙をどう把握するかという課題を研究する分野となった。すなわち，視点が，神様から私に変わったのである。

1.3.2 ミクロな量子力学的世界のとらえ方とその表現

量子力学で取り扱うミクロな世界は，私たちが直接経験することのできない世界である。20 世紀の初頭，その原因をよく考えた物理学者たちは，ミクロなシステムは，それについて私たちが認知できる情報を得るような測定を行うと，その影響が系の状態を大きく変えてしまうようなものである，という根源的な問題に気づいたのである。これが量子力学という世界を理解する始まりであった。

例えば，あるミクロな粒子の位置を測ろうとすると，これを直接見たり触ったりすることができないので，波長の短い光や細かい粒子などを当ててその反

射を観測するなどの方法が必要になる。このとき，位置を測定するという実験は，観測対象の粒子に衝撃を与え，この結果粒子の運動量が大きく変わってしまう。この実験の反作用がもし無視できる程度であれば，粒子の状態に影響を及ぼさずに測定できると考えてよいけれども，ミクロな粒子の場合にはそうはいかないのである。このように，例えば粒子の位置と運動量を同時に決められないとなると，古典力学的な運動の記述も，またその運動の測定も，できないことになる。その結果，どんな実験を行ったときにも，その系について得られる情報は不完全なものでしかないので，ミクロな世界を完全に認識するというのは不可能なように思われる。

その一方で，ミクロな世界のものごとを理解したい，ミクロな世界は不思議なものだ，などと科学者たちが興味をもち，疑問に思い始めたきっかけとなったのは，ミクロな世界における物質の構成要素としての原子がたいへん安定した構造をもっていることである。最初に述べたように，世界がきちんと構成されるためには，空間を占める実体である物質をどんどん細かく分けていったときに，その基本構造として現れる，それ以上分けられないものという意味の「アトム」と呼ぶべきものが，きわめて安定な性質をもっていなくてはならないのである。基本構成要素であるそのようなミクロな物体が，どうしてそのような安定な状態にあるのだろうか，という疑問がミクロな世界を考え始めたきっかけであった。

それでは，実験からは完全な情報は得られないけれど，実際はたいへん安定な性質をもったミクロな世界を完全に把握する方法はないのだろうか，ということを追究して生まれたのが量子力学である。

あとで詳しく議論するけれども，ミクロな世界を把握しようとするとき，いかなる実験においても，同時に高精度で測ることが原理的に許されない物理量の組合せがある。これを相補的な量という。例えば，先ほど例に出した位置と運動量の組合せ，角度と角運動量の組合せ，そして時間間隔とエネルギーの組合せなどである。これらの相補的な量に対してどちらか一方の量の測定を行うと，その測定の精度に応じて，実験後のミクロな粒子の状態は，他方の量が異

なるさまざまな値を同時にもつような状態になってしまう。このように，古典的にはどれか一つの値しか取り得ない物理量について，いろいろな値を一度にもつようになってしまったミクロな粒子の状態を，重ね合せ状態という。たった一つの粒子が，異なる物理量の値をもつ状態を同時にいくつも占めているように見えるようになるのである。そこで，今度はその重ね合せになっている物理量について測定を1回だけ行うと，その重ね合わせられている量の平均値などが得られるのではなく，どれか一つの値が偶然測定されるように見える。そして測定された後の状態は，また新たにその観測結果からスタートした状態として振る舞い，いま測定した量の相補的な量である量が，今度は重ね合せのように見える状態になってしまう。

このようにミクロな粒子の状態の測定は，つねに，いろいろな状態の重ね合せのように見えるミクロな粒子の振舞いを，そのどれかに決めてしまい，その量に相補的な量を重ね合せ状態にしてしまうようなものである。これが量子力学的な，すなわちミクロな粒子の振舞いに対して，実験したり思考したりすることによって得られた20世紀初頭の知識であった。それゆえ，量子力学的な観測の過程は，観測結果に対応する粒子の状態に，その粒子の状態を射影してしまうこと，あるいはプロジェクションしてしまうこと，であるというように表現される。

これを先ほどの古典的世界のように数式で書き表しておくことにする。**図1.4**のように，まず実際のミクロな世界のものごとの集合を A とし，相補的な物理

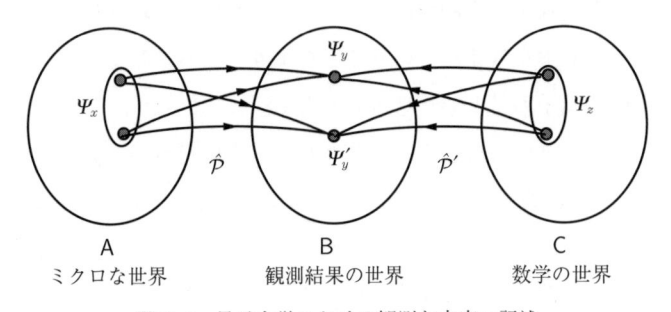

A ミクロな世界　　B 観測結果の世界　　C 数学の世界

図 1.4 量子力学における観測と宇宙の記述

量の組合せを q, p としよう．物理量の組合せ q, p に対して，いくつかの異なる値をもつ状態の重ね合せになっている状態を，A の要素 $\Psi_{q,p}$ としよう．このとき観測を行うということは，これらの状態を観測結果に対応する物理量をもつ状態に射影してしまうことであるから，観測結果を r として，その結果へのプロジェクションの操作を $\hat{\mathcal{P}}_r$ とする．観測の過程で，ミクロな系の情報が部分的に欠落してしまうので，観測結果を表すシンボルは一つしかないことに注意しよう．これに対応して相補的な物理量は存在するので，それを q_r, p_r とする状態が，物理量 r を観測してしまった結果として生み出されるミクロな粒子の状態である．これを状態を表す要素として書き表せば，Ψ_{q_r,p_r} である．このように準備すると，測定の過程は

$$\Psi_{q_r,p_r} = \hat{\mathcal{P}}_r \Psi_{q,p} \tag{1.38}$$

となる．

　実験などを通じて知ることができる量子力学的な観測の結果は，1 回ごとに見るとまったく偶然生じているようであるけれども，繰り返し同じ実験をやってみると，特徴が現れることがわかった．どういうことかというと，同じ状態のミクロな粒子を用意して，それに対して同じ測定を行うという，1 回，1 回リセットするような実験をがんばって繰り返すと，その結果，測定値 r が得られ，観測結果が Ψ_{q_r,p_r} になった，といえる状況が，ある分布をもって確率的に現れるという規則があるということであった．このような性質から，経験的には知ることのできない量子力学的状態や運動というものを，繰り返し同じ実験を行うということと確率を考えるということをよりどころにして，完全に把握したいと思ったのが量子力学という考え方である．

　いったいどのようにしてこういうことができるのだろう．実は，もし私たちの脳の世界が，経験的なものごとのみによって構成されているとすると，その根本的な性質としてミクロな世界を認識することはできない．それでは，私たちの脳は，経験的な部分のみでなく，経験によって得られないようなものごとまで理解できるのであろうか．この問いに答えるのは簡単である．私たちは，現

1.3 世界をどうとらえどう表現するか

実には起こらないバーチャル世界をいくらでも空想し，しかもそれを論理的にきっちりとつくり上げることすらできるのである。

このことは，量子力学の時代でなくても，さまざまな文化を生み出す想像力の中に容易に見てとることができるのであるが，それが経験によっていないとは必ずしも言い切れないかもしれない。もっと構造的にはっきりしたものとして，数学や論理の世界を考えることができる。例えば，数学においては，公理を定めてつぎつぎに新しい空間を創造し，そこでさまざまな定理やその帰結を導きながら世界をきっちりと構築していく。これは建築のような確固とした世界であるが，そのほとんどはこの現実の世界に対応するものがない。このようなバーチャル世界は，コンピューターグラフィックスを縦横に使いこなす現代人にとっては，きわめて日常的なものである。これらがもし経験によって構成されるものでないとするならば，それは脳の構造があらかじめ内在させているなにかであるので，プラトン流にいえば，それは「生まれる前に見てきたもの」ということになる。

そこで，このようなバーチャル世界をいろいろつくってみて，そこにもし量子力学的観測と同じように，いくつかの量が重ね合せになった状態からプロジェクションという操作を行うことによって不完全な情報を生成し，これが示す確率的な分布に関する十分な数の実験事実と矛盾する点がまったくないバーチャル世界を見つけ出すことができたとしたら，どうなるだろう。このとき私たちは，量子力学と，その観測過程と矛盾のないバーチャル世界が，完全な対応関係をもったものであると考えてよいことになる。そうすると，実験結果からは不完全な情報しか得られないような系でも，その完全な理論的表現をつくり出すことができるのである。量子力学においては，数学の世界ではすでに知られていたヒルベルト空間という世界を，確率解釈という思想を通じて，この宇宙のミクロな世界に対応させることができることが明らかになった。そして，基本的な系に関してその理論体系から導かれる特徴的な帰結を，これに対応する精密な実験を行って確認することによって，量子力学という体系が実際のミクロな世界と同一と見なせるという結論に達したのである。

量子力学は，このように，私たちが日常，経験を通じてさまざまなことを知り，これを理解して表現するのとはたいへん異なる思考の道筋をとる認識の体系をもつ。それゆえ，なにかすでにわかっていることを説明する言葉を習ったり，それをしっかり記述する原理や数式を勉強するというのとは違って，見たことも聞いたこともないミクロな世界についての記述の仕方を，まず数学的な体系として勉強し，その後で，これを頭の中で解きほぐしながら，この宇宙で起きているミクロな現象の理解というものを，頭の中の非経験的な脳の世界において構成していかなくてはならないのである。

1.4　量子力学的世界と古典力学的世界はどう違うか

このようにして，量子力学という理論体系によって，ミクロな粒子の振舞いが完全に表現できるようになった。本書で勉強することになるのは，この数学的体系に基づいてミクロな世界のものごとを記述する量子力学である。量子力学では，ものごとの考え方，とらえ方が日常経験の世界とは異なることを理解し，まずその数学的体系を勉強し，身に付けてしまわなくてはならないことをよく了解しておこう。

しかし，その数学的記述のみによるのでは，ミクロな世界についてなにかを理解したということにはならない。

この節では，ミクロな物体の運動とそれを取り巻く環境，そしてそれを乱して観測するという行為によってのみミクロな系との接点をもつことができる私たち，これらすべてが微妙にかかわる系を取り扱う量子力学が，どのような点で私たちの世界観や科学技術を変えてしまうような特徴ある現象を生み出すのかを考察しよう。

1.4.1　量子力学的な世界のイメージと描像

量子力学的世界は，経験を通じて把握することができない世界であるために，私たちは，数学的な表現，記述の方法を先に手に入れてしまって，それを後か

ら理解するという認識の道筋をたどることになる。量子力学を理解するためには，経験からは得ることのできないイメージを，非経験的な脳の中に創造しなくてはならない。

　このために，量子力学には，内容が同等でも，さまざまな異なるイメージがある。これを量子力学では，「描像」という日常では使わない特別な言葉で呼んでいる。この描像を生み出すことこそ，私たちに与えられた，最も素晴らしい能力なのではないだろうか。一つの描像は，量子力学のある側面を際立たせ，別の描像はまた別の特徴を明らかにする。私たちはさまざまな描像によって量子力学を取り扱い，それを体現する実験を考案し，実行して理論的予測の検証を行うと同時に，その不思議に触れることによって，なにか脳や思考の奥底に眠っているものを呼び起こして，量子力学とはなにかというイメージを育てているのである。この反面，量子力学は，古典力学のような宇宙がそれによって構成される法則ではなくなり，私たちという思考するマクロな存在が，ミクロな世界を表現し，理解する方法となったのである。これは，物理学あるいは自然科学における大きな思想的転換であった。

　このような背景にもかかわらず，量子力学という理論が導く帰結はきわめて精密なものである。例えば塩を大さじ一杯すくってみると，そこにはおよそ1兆の1兆倍ぐらいの途方もない数の原子が入っていることになる。1兆の1兆倍という数字はどのぐらい想像し難いものかは，例えば私たちがエクササイズのためにもち上げることのできる10キログラムの鉄アレーを，1兆の6千億倍の個数，すなわちアボガドロ数ほど集めると，地球の質量とほぼ同じになる，という事実を把握し得ないのと同じぐらい想像を絶するのである。ところが，その大さじ一杯をすくった塩の中のただ一つのナトリウム原子，あるいは塩素原子の性質は，量子力学の知識によってきわめて精密に記述できるのである。これをスケールアップしてみると，日常生活では地球ほど大きなものごとを見聞きして暮らしている私たちが，その上に転がっている鉄アレー一組の状態を数字で10けたも精密に取り扱うことができる，というようなレベルに達しているのである。

実際，このような実験がデーメルトによって最初に実行されている。デーメルトは，バリウム原子から電子が一つとれた1価の原子イオンをたった1個だけ，ポールトラップという電気の力でイオンを捕まえる装置の中に閉じ込めて，それが外から青いレーザー光で励起されたときに散乱する光を実際に肉眼で見ることによって，原子の量子力学的状態がいまどのようになっているかをいうことができる，という信じがたい装置をつくってみせた。デーメルトはまた，電子をたった1個だけ捕まえるペニングトラップという装置をつくって，電子1個の磁気的性質を精密に測り，人が行った最も高い精度の測定というレベルで，その値と量子力学の計算とが完全に一致することを示した。このように，現在では，量子力学の測定が出す実験値も理論が予測する値も十数けたの数値になるというレベルの正確さをもつようになっている。これと同時に，デーメルトの実験では，大きな超伝導磁石を使って捕まえた，たった1個の電子に，原子と同じような量子力学的振舞いをさせることができた。これは，私たちが，マクロな人工物を原子核のような電子を捕まえる環境として用いることによって，原子と同じ振舞いをする人工的な物理系を生み出すことができるようになったことを意味する。このようなマクロなスケールの原子核をもつ人工的な原子について考察を広げると，そこには観測を含む量子力学の新たな問題が現れる。量子力学では，このように実験と思考が絡み合う中で，ミクロな世界の問題発見とその理解が展開しているのである。

1.4.2 量子力学の解釈と観測という問題

　量子力学は，いまのところ，数学的にミクロな世界のものごとを完全に記述する理論的体系と，観測という不完全な情報を生み出す過程との，二元的概念に基づいて構成されているように見える。私たちよりももっと広い視点から眺めると，観測は，エネルギーあるいは情報をその系を取り囲む環境系に捨てるような仕組みを含む，不可逆な情報の流れに基づいて起こる過程である。これが散逸という仕組みである。散逸，あるいは散逸のある非平衡開放系という問題を，量子力学の数学的記述とどう整合させるかについては，現在もさまざま

な研究が進められているところである。

　また，量子力学のこのような根本的性質から，私たちはつねに最新のテクノロジーを駆使して量子力学における観測を最新のものとし，それでも量子力学は成り立っているかとつねに確認しなければならない。このために，科学技術はまた飛躍的に進歩し，現在の科学技術に大きく依存する世界を生み出したのである。

　それでは，量子力学的な状態，量子力学的な振舞い，量子力学的な運動はどのような特徴をもつのだろうか。これについて私たち人類がこれまでどのような考え方を創造したかということは，この本を通じてじっくり勉強することであるが，ここでかいつまんで紹介しておこう。

　まず，量子力学的であるということの本質は，私たちマクロな存在が観測し，その様子を知ろうとすると，観測の影響によってそのミクロな系の状態や運動の様子，振舞いが大きく変わってしまうような系である，という点にある。量子力学は，ミクロなものごとの力学であると考えてはいけない。ミクロなものごとを，マクロな観測を通じて知り，表現する方法である。すなわち，私たち人間というもの，あるいはもしかしたら私一人と，ミクロな系のかかわり合いの力学である。その結果，量子力学はきわめて精密であるが，そこから導かれるものは，観測を行った場合にどのような結果が出るかという確率分布である。確率分布とはいっても，これを上手に利用することによって現代のテクノロジーの多くが構成されているのである。それで，量子力学は現代を生きる人にとって不可欠な素養となるのである。

　このような意義に立つ量子力学の顕著な性質は，私たちが点状の粒子としてしか観測できないような物体が，量子力学的にはどのような振舞いをするかと考えた場合に，同時刻に，異なる空間的な場所で，なにか関連のある振舞いをいっぺんにやっているように記述せざるを得ないということである。これは非局所性，あるいは時空相関というような言葉で表現される。観測して捕まえてみると，それは点のような粒子なのだけれども，どこで捕まるかは確率の問題に過ぎず，粒子そのものの量子力学的状態は空間的に広がっていると考えるし

かない，というのが量子力学な取扱いである．

このような量子力学的考察によって，さまざまなことが明らかになってくる．まず第一に，私たちが粒子を観測するという前提に立つとき，それは，その粒子が点状のかたまりとして観測されたときはじめて粒子を観測したと結論づけるような，粒子測定系を用いて測定を行うことを意味しているのである．すなわち，粒子を測るという測定は，空間的に広がった粒子の量子力学的状態を，観測結果のような状態にしてしまうことである．このような，観測という行為を正しく評価するようになったことが，量子力学を知ることによって得られた最も重要な知見である．すこし重々しくいえば，物理的な把握の仕方や認識の恣意性が対象それ自体を特徴づける，ということが科学においても顕著になったのである．このような測定を行うために，粒子の完全な振舞いを記述するのに必要な情報の一部が失われることになる．それでは粒子という考え方がよくないのかというと，そうではない．この章でバーチャル宇宙を構成する方法として考察したように，宇宙に存在するもの，すなわち物質というのは，ある尺度で空間を測りながら運動するものである，という点が本質であり，その安定性は，つくり上げた宇宙における出来事がしっかりしたものであることを保証するために必要なのである．この本では，物質の生成消滅をも含む相対論的量子力学の一端にもふれるが，そこでの物質の記述は場というものに置き換わる．この理論については，現在，その完成版を求めて，まだまだ研究を推し進めている状況にある．

このような量子力学的振舞いの非局所性や時空相関を的確な表現で説明したのが，この本でも量子力学の説明の基礎とする，ファインマンの経路の考え方である．これは，量子力学というものが，観測から観測の間の，外界から遮断された状況でのミクロな粒子の振舞いを記述するものであるが，実はその間に，ミクロな粒子は可能な経路をすべていっぺんにたどって運動している，という考え方である．粒子は，それぞれの経路を粒子固有のものさしで時空を測りながらたどって行くので，経路ごとの運動にはこれを位相で測った重みづけがなされることになる．そしてある測定器に粒子が入るかどうかを計算するならば，

1.4 量子力学的世界と古典力学的世界はどう違うか

このような位相で重みづけられたあらゆる経路の運動をすべて足し合わせ、その量子力学的干渉の効果によって実際の運動が決まったように見える、というように考えればよいというのである。これによって、物理的な運動というものがきわめて明快になったといえる。すなわち、粒子は、宇宙を支配する物理法則というものが課す、なにか複雑な方程式を解いて運動しているのだというよりも、可能な経路をすべてたどってみたらそういう運動になったというほうが自然である。それを一般法則にして書いてみると、物理法則や運動方程式が導かれるというわけである。

それでは、この考え方がニュートンの運動方程式に従うとされる古典的運動の場合には、どのように解釈されるのであろうか。私たちが古典力学で取り扱うようなマクロな物体の場合は、その質量がきわめて大きいために、時空を測るものさしはきわめて短くて、少しでも異なる経路を通るとそれに重みづけする位相が大きく変わってしまうことになる。そうすると、ある場所から別の場所へとたどる経路のうち、位相の差が最小になる経路しか残らないように見える、ということによって量子力学から古典力学への移行は説明がつくことになる。この位相の差が最小になる経路を選ぶ法則が、古典力学における運動方程式なのである。実はこの考え方は、量子力学以前にすでにつくられていた、解析力学という、運動法則を数学的に非常に一般化した形式によって知られていたことであった。

このように、量子力学的な世界観は、きわめて不思議ではあるが、この宇宙で起きている出来事の記述を基本的なところでは簡単にしたように思われる。ところが、これとは対照的に、精密に表現された量子力学系は、観測という行為によってのみ意味をもつものとなるという、実は、実験装置のすべて、それにエネルギーを供給する仕組み、そこからでた熱を捨てる仕組み、そしてその結果を見て考える私たち、という量子力学の対象となっている系のまわりのすべてにかかわるような途方もないマクロな実体を、その解釈の中に入れてしまったのである。このような観測の問題と非平衡開放系の取扱いはたいへん複雑であるけれども、たいへん実り多い世界を生み出すことがわかっている。この本

で量子力学の基本的なものごとを勉強してその発展に進む人，その応用に進む人など，今後さまざまな展開が待っているけれども，このような複雑な問題をあらゆる科学技術と文化を基盤として研究する人も，少なからずその中から出てくるのではないかと期待している．

　たいへん長い序論となったが，いよいよ量子力学とはなにかという中身に進むことにしよう．

2 量子力学的状態と操作

　わたしたちが経験によって把握することのできない，ミクロな粒子の状態とその運動を，量子力学はいったいどのようにして記述するのだろう。そのイメージをつかむために，身近なブラックボックスの代表として，コンピューターを例にとって考え，そこから量子力学的な系の状態とその操作がどう記述されるのかを勉強してみよう。

　キーワードは，状態（ステート）と操作（オペレーション）である。

2.1　系の状態と操作

状態と操作の表現は，基本的に五つのルールから構成される。

2.1.1　系と状態

　コンピューターは，電気的スイッチの組合せによって生み出される，把握しがたいほど複雑な機能から構成されている。その全体を系（システム）と呼ぶ。

　コンピューターを構成するすべての電気的スイッチがとりうる状態の組合せは，きわめてたくさんある。そのうちのどの組合せになっているかを，系の状態（ステート）という。

　系がいまどんな状態をとっているかを正確に把握することは，ほとんど不可能である。そのうえ，コンピューターが現在どういう状態にあるかを知ろうとすると，さまざまなプロセスを一時中断して，処理中の情報をどこかに保存しつつ処理の状況をアウトプットしなくてはならない。それゆえ，コンピューター

の状態は，それを知ろうとすると変わってしまうような性質のものである．コンピューターの状態と量子力学的状態は，本質的には違うけれども，この点において似通った性質をもっていると記憶しておこう．

2.1.2 系 と 操 作
システムがある状態にあるとき，これに操作（オペレーション）を加えて，状態を変化させることができる．

2.1.3 状態の表現
コンピューターの内部のさまざまなパーツや要素はとても多く，複雑に絡み合っているが，その状態を全体として，記号で表してしまうことができるはずである．これを

$$|\text{状態 } A\rangle \tag{2.1}$$

あるいは，簡単に $|A\rangle$ と表すことにしよう．これが一つ目のルールである．

2.1.4 操作の表現
つぎに，コンピューターのあるキーを押す，プログラムを起動する，途中で割り込む，計算結果を表示する，などといった操作（オペレーション）を，オペレーションの頭文字をとって

$$\hat{O} \tag{2.2}$$

と表すことにする．オペレーションには特別な目印として，山形の記号 ^ を付けておくことにする．$\hat{O}$ はオーハットと読む．これが二つ目のルールである．

2.1.5 操作を受けた系の状態とその表現
操作の結果，コンピューターの状態が $|\text{状態 } B\rangle$ となったとすれば，この過程を数式によって

$$|\text{状態 } B\rangle = \hat{O}|\text{状態 } A\rangle \tag{2.3}$$

のように書くことができるだろう．右側に置いた状態に，操作がその左側から作用するという順番に書き表すこと，これが三つ目のルールである．

2.1.6　量子力学的状態の表現と操作

量子力学でも，これと同じように，ミクロな粒子あるいは系（システム）の状態を $|\text{状態} \Psi\rangle$ のように書いて，これをケットベクトルという．量子力学的状態を一般的に表すときには，よく Ψ というギリシア文字が使われ，これはプサイと読む．括弧という英語の読みはブラケットだから，その右側にあたる記号を使ったのでケットという．ベクトルという呼び名は，系の一つの状態はたくさんのとりうる状態の一つであるので，多元的なもののうちのある状態を指すものとして，量子力学的状態はベクトルなのである．

ブラケットの左側に当たるブラベクトル $\langle \text{状態} \Psi |$ は，ケットベクトルのアジョイント（随伴）と呼ばれ，ブラベクトルとケットベクトルのペアで，その状態を測るものさし，すなわち計量を決める演算

$$\langle \text{状態 } \Psi | \text{状態 } \Psi \rangle \tag{2.4}$$

が定義され，このブラケットを内積と呼ぶ．これが，四つ目のルールである．これは，状態やそれに関する操作を，抽象的に書き表したものである．コンピューターを操作するときのプログラム，あるいはコマンドのような一連の手続きに相当すると考えるとよい．

量子力学は，このものさしに特別な意味を与えることで，ミクロな世界を記述することに成功した．すなわち，このブラケットを，それに対応する現象が観測される確率に結び付けたのである．これはコペンハーゲン解釈と呼ばれる．序論でも述べたように，この解釈が，それまでの物理学と量子力学に決定的な違いをもたらし，非経験的なことを完全に記述し，起こりうることを確率的に予測できるという点において，私たちの知的活動の意味を格段に高めることになり，私たちが日常的に使う道具においても革命をもたらしたのである．この

ように書かれた量子力学が成功しているかどうかは，量子力学に基づいて考案された装置を用いた実験の結果と，量子力学の確率的予測がぴったり合っているかどうかというテストによってなされる．この仕組みは，序論に述べたとおりである．

量子力学においても，粒子あるいは系の状態に加える操作を $\hat{O}$ のように書いて，量子力学的オペレーターあるいは演算子という．操作を加えることを数学で書き表すならば，状態に対して演算を行うことになるからである．

2.1.7 状態の確認

そこで，話をもとに戻して，状態の操作に関するもう一つの発展を考える．いま，考えているコンピューターすなわちシステムが，たくさんある状態のうちのある特定の状態 |状態 A⟩ にあるかどうかを確かめるという操作を考えて，その操作を状態 |状態 A⟩ のアジョイントであるブラベクトル ⟨状態 A| を用いて

$$\langle 状態\ A||状態\ A\rangle \tag{2.5}$$

のように書く．途中の縦線がだぶるので，普通はこれを省略して

$$\langle 状態\ A\ |\ 状態\ A\rangle \tag{2.6}$$

のように書くことにしている．内積は，ケットベクトルで表される状態がブラベクトルで表される状態であるかどうかを測る尺度でもある．これが五つ目のルールである．

これでルールがすべて出そろった．これ以降はルールの展開である．

2.1.8 状態を確認した系の状態

状態 |状態 A⟩ が状態 |状態 A⟩ にあることを確かめたら，それは状態 |状態 A⟩ になっているはずであるから，これを

$$|状態\ A\rangle\langle 状態\ A\ |\ 状態\ A\rangle \tag{2.7}$$

のように書くことができる．これはもとと変わらないので

$$|状態 A\rangle = |状態 A\rangle \langle 状態 A | 状態 A\rangle \tag{2.8}$$

となる．ある状態をその状態であると確かめることを表す $\langle 状態 A | 状態 A\rangle$ は，状態を変えないこと，すなわち $\langle 状態 A | 状態 A\rangle = 1$ としておくのがよいということになろう．

2.1.9 状態の重ね合せと直交性

そこで，もっと一般に状態 $|状態 S\rangle$ を考え，それが部分として状態 $|状態 A\rangle$ を含み，また部分として状態 $|状態 B\rangle$ を含むものとしてみよう．まずこのような部分を二つだけに限定して考えよう．

このとき状態が，それぞれ異なる部分的状態の線形の結合で表現されるとき，これを状態の重ね合せという．重ね合せの状態は，C_A, C_B を適当な係数として，つぎのように書ける．

$$|状態 S\rangle = C_A |状態 A\rangle + C_B |状態 B\rangle \tag{2.9}$$

状態 $|状態 A\rangle$ と状態 $|状態 B\rangle$ が異なる状態であることは，状態 $|状態 A\rangle$ が状態 $|状態 B\rangle$ であることを確かめると，そういうことはあり得ないという 0 を出力する関係式で表される．

$$\langle 状態 B | 状態 A\rangle = 0 \tag{2.10}$$

これを状態の直交関係という．これと同時に

$$\langle 状態 A | 状態 B\rangle = 0 \tag{2.11}$$

も成り立つ．

2.1.10 重ね合せ状態の操作

これに，状態 $|状態 A\rangle$ ならば $\hat{O}_A$ という操作を加え，状態 $|状態 B\rangle$ ならば $\hat{O}_B$ という操作を加えるとすると，どのように書いたらよいだろう．先ほどの使い方を応用すれば，状態 $|状態 S\rangle$ について，状態 $|状態 A\rangle$ であると確か

めたら，それは状態 |状態 A⟩ になっているので $\hat{O}_A$ という操作を加え，状態 |状態 B⟩ であると確かめたら，それは状態 |状態 B⟩ になっているので $\hat{O}_B$ という操作を加えればよい．そこでこれをアジョイントであるブラベクトルを利用して書き下すと

$$\hat{O}_A |状態\ A⟩⟨状態\ A|状態\ S⟩ + \hat{O}_B |状態\ B⟩⟨状態\ B|状態\ S⟩ \tag{2.12}$$

のようになるだろう．

2.1.11 操作の重ね合せ

この式をよく見ると，どちらの項も，状態ケット |状態 S⟩ に，それがどの部分的状態にあるかを確認して操作を加えるという，複合的な操作を加えた形式になっている．すなわち，重ね合せ状態に対する操作は，それが含む部分状態に操作を加えた状態であると同時に，系全体に対する一つの複合操作であると考えることができる．

そこで，状態 |状態 S⟩ をくくり出して，状態 |状態 S⟩ に一つの複合操作 $\hat{O}$ を加える形式に書くことができるとすれば，以下のようになる．

$$\begin{aligned}&\hat{O}\,|状態\ S⟩\\&= \left(\hat{O}_A|状態\ A⟩⟨状態\ A| + \hat{O}_B|状態\ B⟩⟨状態\ B|\right)|状態\ S⟩\end{aligned} \tag{2.13}$$

ここで，複合操作を表す演算子は

$$\hat{O} = \hat{O}_A|状態\ A⟩⟨状態\ A| + \hat{O}_B|状態\ B⟩⟨状態\ B| \tag{2.14}$$

ということになる．

2.1.12 演算子の代数

このようなことができるということを保証するために，ある一つの系に対する同類の操作を表す演算子の関係式を，一般的に与えておくことが重要である．

$$\left(\hat{O}_1 + \hat{O}_2\right) | \text{状態 } S \rangle = \hat{O}_1 | \text{状態 } S \rangle + \hat{O}_2 | \text{状態 } S \rangle \tag{2.15}$$

このように，なにかを式で表そうというときには，それに関するさまざまなルールがつねに矛盾がないこと，つまりコンシステントになっていることをチェックしておかなくてはならない。このような，演算子がある操作の法則を満たすことを一般的に与えることを，演算子の代数という。

このように，系を記述する状態と操作について，必要な一連の関係式が与えられるとき，代数学ではこの系を空間という。

2.1.13 部分空間と射影演算子

複合演算子の表現において，それぞれの部分に対する操作 $\hat{O}_A$, $\hat{O}_B$ に掛算されている，内積とは反対向きのケットとブラの組合せ，$|\text{状態 } A\rangle\langle \text{状態 } A|$，$|\text{状態 } B\rangle\langle \text{状態 } B|$ は，状態 $|\text{状態 } S\rangle$ を，それぞれの部分的状態に移すという操作を表す演算子となっている。この

$$\hat{P} = |\text{状態}\rangle\langle\text{状態}| \tag{2.16}$$

の形の演算子を，射影演算子（プロジェクションオペレーター）という。これは，それぞれの部分空間に投影された影というイメージを，そのまま言葉で表したものである。

ここで，例えば状態 $|\text{状態 } A\rangle$ をその部分空間に移す操作をすれば，その結果は操作の前と同じであるので

$$|\text{状態 } A\rangle = |\text{状態 } A\rangle\langle\text{状態 } A | \text{状態 } A\rangle \tag{2.17}$$

であるが，状態 $|\text{状態 } A\rangle$ を，それと直交する状態 $|\text{状態 } B\rangle$ に対応する部分空間に写す操作をすれば

$$0 = |\text{状態 } B\rangle\langle\text{状態 } B | \text{状態 } A\rangle \tag{2.18}$$

となる。ここで 0 というのは，そのような状態は「ない」ということを表すのであって，0 に対応する状態があるということとはまったく異なる点に注意しよう。

2.1.14 恒等演算子と部分空間

ここでは，系が，状態 |状態 A⟩ と状態 |状態 B⟩ のみを部分として含むと考えていることに注意しよう．この条件の下で，もしそれぞれの部分に対する操作が系をそのままにしておくという操作であれば，これを演算子 $\hat{1}$ あるいは $\hat{I}$ で表し

$$\hat{I} = |\text{状態 } A\rangle\langle\text{状態 } A| + |\text{状態 } B\rangle\langle\text{状態 } B| \tag{2.19}$$

恒等演算子（アイデンティティー）という．普通，恒等演算子は状態に 1 を掛けることと同じなので，演算子 $\hat{I}$ と 1 は区別なく使われるが，演算子はあくまでも系の状態に作用する多次元的な操作であることを忘れてはならない．

このように，系が状態 |状態 A⟩ と状態 |状態 B⟩ のみを部分として含むときには

$$|\text{状態 } A\rangle\langle\text{状態 } A| = \hat{I} - |\text{状態 } B\rangle\langle\text{状態 } B| \tag{2.20}$$

のように，部分空間に移したものの残りの状態として表現することもできる．すなわち一般に，系をある部分に写す射影演算子を $\hat{P}$ とし，系をそれ以外の部分に写す射影演算子を $\hat{Q}$ とすれば，恒等演算子を用いて，$\hat{P} + \hat{Q} = 1$ あるいは $\hat{Q} = 1 - \hat{P}$ のようになる．

2.1.15 部分状態による系の状態の展開

系が，状態 |状態 A⟩ と状態 |状態 B⟩ のみを部分として含むときには，それぞれの状態をどのぐらい含んでいるかという重み C_A, C_B を用いて，系の状態 |状態 S⟩ を

$$|\text{状態 } S\rangle = C_A |\text{状態 } A\rangle + C_B |\text{状態 } B\rangle \tag{2.21}$$

のように，状態 |状態 A⟩ と状態 |状態 B⟩ の線形結合で書き表すことができる．また，系の状態 |状態 S⟩ に恒等演算子を作用させたものはもとと同じ状態であるから

$$|\text{状態 } S\rangle = |\text{状態 } A\rangle\langle\text{状態 } A|\text{状態 } S\rangle + |\text{状態 } B\rangle\langle\text{状態 } B|\text{状態 } S\rangle \tag{2.22}$$

となるはずである．このように表したとき，系のとる状態 $|\text{状態 } S\rangle$ を，可能な部分空間に対応する状態を用いて展開したという．

これらの表現は同じものであるので，それぞれの重みを表す係数は

$$C_A = \langle\text{状態 } A|\text{状態 } S\rangle, \quad C_B = \langle\text{状態 } B|\text{状態 } S\rangle \tag{2.23}$$

となり，これを系が含むそれぞれの部分の振幅と呼ぶ．

2.1.16 表現を変えること

系の状態を重ね合せによって書き表すときには，系のどのような性質に着目したいかによって，それをはっきりさせることができるような，部分状態の組合せを用いるのがよいだろう．例えば，コンピューターの状態をそれを構成するコンポーネントごとの状態に分けて表すこともできるし，それが行っている機能ごとに分けて表すこともできるが，なにを説明したいかによって便利な表現が異なるというような具合である．もちろん便利であろうと不便であろうと，どちらも正しい表現であるならば，これらは同等である．

具体的に，系の状態 $|\text{状態 } S\rangle$ を，状態 $|\text{状態 } A\rangle$ と状態 $|\text{状態 } B\rangle$ とは異なる，状態 $|\text{状態 } 1\rangle$ と状態 $|\text{状態 } 2\rangle$ の重ね合せとして表せば

$$|\text{状態 } S\rangle = C_1|\text{状態 } 1\rangle + C_2|\text{状態 } 2\rangle \tag{2.24}$$

となる．このような変換を行ったとき，系の表現の基底を取り替えたという．

これに恒等演算子を掛けてみても状態は変わらないので，状態 $|\text{状態 } A\rangle$ と状態 $|\text{状態 } B\rangle$ がつくる恒等演算子を作用させてみると

$$|\text{状態 } S\rangle$$
$$= (|\text{状態 } A\rangle\langle\text{状態 } A| + |\text{状態 } B\rangle\langle\text{状態 } B|)(C_1|\text{状態 } 1\rangle + C_2|\text{状態 } 2\rangle) \tag{2.25}$$

となかなか込み入った式になる。しかしこれを，状態 | 状態 A⟩ と状態 | 状態 B⟩ の重ね合せの形にまとめてみると，有意義な計算をしたことになる。

| 状態 S⟩
= | 状態 A⟩ (⟨ 状態 A| C_1 | 状態 1⟩ + ⟨ 状態 A|C_2 | 状態 2⟩)
    + | 状態 B⟩ (⟨ 状態 B| C_1 | 状態 1⟩ + ⟨ 状態 B|C_2 | 状態 2⟩)   (2.26)

これが

$$|\text{状態 } S\rangle = C_A |\text{状態 } A\rangle + C_B |\text{状態 } B\rangle \tag{2.27}$$

と同じであることから

$$\left.\begin{array}{l} C_A = (C_1 \langle \text{状態 } A | \text{状態 } 1\rangle + C_2 \langle \text{状態 } A | \text{状態 } 2\rangle) \\ C_B = (C_1 \langle \text{状態 } B | \text{状態 } 1\rangle + C_2 \langle \text{状態 } B | \text{状態 } 2\rangle) \end{array}\right\} \tag{2.28}$$

が，基底を取り替えたときの重みの係数の変換公式であることがわかる。

このように，恒等演算子を作用させることは，系の状態を変えないで系の表現を変えることができるため，後でさまざまな計算に役立つ。

ここで，ケットベクトルで表した状態に対するブラベクトルの役割と対になる表現として，ブラベクトルで表した状態というものを考えることができる。このような対になった状態空間を，双対空間あるいはアジョイント空間という。

そこで，ケットベクトル | 状態 A⟩ に対して，$\hat{O}$ という操作を加えて得られるケットベクトル | 状態 B⟩

$$|\text{状態 } B\rangle = \hat{O} |\text{状態 } A\rangle \tag{2.29}$$

に対して，アジョイントとなるブラベクトル ⟨ 状態 B| を考えてみよう。このとき，双対空間でも双対な操作があって，それをブラベクトル ⟨ 状態 A| に作用させた結果，ブラベクトル ⟨ 状態 B| に対応する双対空間の状態に変わった，というように世界を構成するのが自然である。このような双対な演算子を $\hat{O}$ のアジョイントと呼び，ダガー † をつけて $\hat{O}^\dagger$ と書き，ブラベクトルの右側から作用させる。

$$\langle 状態 B| = \langle 状態 A|\hat{O}^\dagger \tag{2.30}$$

これらは，ケットに基づいて導入した一つ目から三つ目のルールに，双対なルールである．

ここで，ついでに，演算子のいろいろなバリエーションをつくっておこう．まず，操作をもとに戻す操作を，演算子 $\hat{O}$ に対応する逆演算子 $\hat{O}^{-1}$ で表そう．

$$|状態 B\rangle = \hat{O}|状態 A\rangle \tag{2.31}$$

$$|状態 A\rangle = \hat{O}^{-1}|状態 B\rangle \tag{2.32}$$

そうすると，演算子としての関係は

$$|状態 A\rangle = \hat{O}^{-1}|状態 B\rangle = \hat{O}^{-1}\hat{O}|状態 A\rangle \tag{2.33}$$

となるべきだから，つぎのようにならなければならない．

$$\hat{O}^{-1}\hat{O} = 1 \tag{2.34}$$

つぎに，アジョイントとブラケットを組み合わせて考えると

$$\langle 状態 B | 状態 B\rangle = \langle 状態 A|\hat{O}^\dagger \hat{O}|状態 A\rangle \tag{2.35}$$

であるが，もし操作をする前と後の状態で内積が変わらないとすれば，$\hat{O}^\dagger \hat{O} = 1$ となるべきである．このとき，アジョイントは逆演算子になっていることになる．このような演算子を，特に，ユニタリ演算子という．大きさが変わらないような操作というのは，観測した結果を与える確率が常に 1 となるような，孤立した粒子の状態の変化あるいは運動を取り扱うときにたいへん重要となる．そこでユニタリ演算子を特に $\hat{U}$ と書いて，その関係を記しておこう．

$$\hat{U}^\dagger \hat{U} = 1, \quad \hat{U}^\dagger = \hat{U}^{-1} \tag{2.36}$$

2.1.17　一連の操作を加えること

系に操作を加えることは，コンピューターで考えると，あるプログラムやコ

マンドを実行することであるから，さらにいくつかのプログラムやコマンドを，ある状態にあるコンピューターで引き続き実行することができる。

系の最初の状態を $|$状態 $S\rangle$ として，加える操作を演算子で表して $\hat{O}_p$, $\hat{O}_q$ とすれば，$\hat{O}_p$ という操作を加えてその後さらに $\hat{O}_q$ という操作を加え，その結果，系が $|$状態 $S_{pq}\rangle$ になることは

$$|\text{状態 } S_{pq}\rangle = \hat{O}_q\,\hat{O}_p\,|\text{状態 } S\rangle \tag{2.37}$$

と書き表すことができる。演算子は状態に左から作用させる約束にしているので，最初に加えた操作が右側に，後で加えた操作が左に来ることに注意しよう。

操作を加えると，一般に，系の状態は変化しているので，異なる操作を続けて行った場合には，得られる結果が操作を加える順序によって異なる可能性がある。$\hat{O}_q$ という操作を加えてその後さらに $\hat{O}_p$ という操作を加えたとき，系が $|$状態 $S_{qp}\rangle$ になることは

$$|\text{状態 } S_{qp}\rangle = \hat{O}_p\,\hat{O}_q\,|\text{状態 } S\rangle \tag{2.38}$$

であるので，操作の順序を変えたときの状態の差は

$$|\text{状態 } S_{pq}\rangle - |\text{状態 } S_{qp}\rangle = \hat{O}_q\,\hat{O}_p\,|\text{状態 } S\rangle - \hat{O}_p\,\hat{O}_q\,|\text{状態 } S\rangle \tag{2.39}$$

となる。これは，系の最初の状態 $|$状態 $S\rangle$ に，両者の差に相当する複合的作用 $\hat{\Delta}_{pq}$ を加えたことと同じであると考えると

$$|\text{状態 } S_{pq}\rangle - |\text{状態 } S_{qp}\rangle = \hat{\Delta}_{pq}\,|\text{状態 } S\rangle \tag{2.40}$$

となり，これを演算子のみで表したつぎの関係が得られる。

$$\hat{\Delta}_{pq} = \hat{O}_q\,\hat{O}_p - \hat{O}_p\,\hat{O}_q \tag{2.41}$$

この関係を，演算子 $\hat{O}_p$, $\hat{O}_q$ の交換関係という。この関係式はまた，つぎのような交換子と呼ばれるかぎ括弧で表される記号を用いて

$$\left[\hat{O}_q, \hat{O}_p\right] = \hat{O}_q\,\hat{O}_p - \hat{O}_p\,\hat{O}_q \tag{2.42}$$

のように書き表される。$\left[\hat{O}_q, \hat{O}_p\right] = 0$, すなわちどのような系の状態に交換子を作用させても、状態がなくなってしまうとき、すなわち演算子 $\hat{O}_p$, $\hat{O}_q$ を作用させる順序によって得られる状態が異ならないとき、演算子 $\hat{O}_p$, $\hat{O}_q$ は可換であるという。そうでない場合には、非可換であるという。

実は、観測が系の状態を変えてしまうようなミクロな物理を取り扱う量子力学では、このような非可換な演算子が重要な役割を果たす。

2.2 物理系の状態と表現

2.2.1 演算子と固有状態

系のある状態にある操作を行っても、もとの状態と変わらないという場合がある。これをその操作に対応する演算子の固有状態という。もし状態の大きさが変わっただけであれば、これはその状態の重みが変わっただけであるから、これも同じ状態であると考えるべきである。

これを式で表してみると、ある演算子 $\hat{O}_e$ の固有状態を $|$ 固有状態 $S_e \rangle$ とすると

$$\hat{O}_e \,|\, \text{固有状態}\ S_e \rangle = e\,|\, \text{固有状態}\ S_e \rangle \tag{2.43}$$

であり、このときの重みの変化 e を $\hat{O}_e$ の固有値という。

系の性質と演算子の性質によって、固有値と固有状態の数はさまざまである。一つの固有値に対して異なる固有状態が複数あるとき、この固有値に対して縮退した状態という。

演算子 $\hat{O}_e$ の固有状態について、$|$ 状態 $B \rangle = \hat{O}_e \,|\, \text{固有状態}\ S_e \rangle$ となる状態のアジョイントとブラケットを組み合わせて考えると

$$\langle\, \text{固有状態}\ S_e \,|\, \hat{O}_e^\dagger \hat{O}_e \,|\, \text{固有状態}\ S_e \rangle = \langle\, \text{状態}\ B \,|\, \text{状態}\ B \rangle \tag{2.44}$$

のように、$\hat{O}_e$ をケットに作用させたものと、$\hat{O}_e^\dagger$ をブラに作用させたものは、それぞれ対になるブラとケットであり、これらは内積を作って正の値をものさ

しとして与える。これから，アジョイント $\hat{O}_e^\dagger$ に対する固有値は，$\hat{O}_e$ に対する固有値の共役複素数になっていなければならないことがわかる。

$$\langle\text{固有状態 } S_e|\hat{O}_e^\dagger = \langle\text{固有状態 } S_e|e^* \tag{2.45}$$

実数の固有値をもつような演算子 $\hat{O}_H$ を考えると，アジョイントに対する固有値も実数になり，この演算子を固有状態ではさんだブラケット

$$\langle\text{固有状態 } S_H|\hat{O}_H|\text{固有状態 } S_H\rangle = \langle\text{固有状態 } S_H|\hat{O}_H^\dagger|\text{固有状態 } S_H\rangle \tag{2.46}$$

は区別がつかなくなる。すなわち，実数の固有値をもつ演算子の場合には

$$\hat{O}_H = \hat{O}_H^\dagger \tag{2.47}$$

となる。このように，アジョイントがもとの演算子と同じセルフアジョイント，すなわち自己随伴であるとき，この演算子をエルミート演算子という。エルミートの頭文字は H である。観測可能な物理量は，実数の固有値に対応しているので，量子力学ではエルミート演算子が重要な役割を果たす。

恒等演算子に対しては，系のいかなる状態も固有状態であり，その固有値は1であるということになるので，恒等演算子を作用させることと，単に状態に1を掛けることは，実際区別が付かないのである。

$$\hat{I}|\text{状態 } S\rangle = 1|\text{状態 } S\rangle \tag{2.48}$$

2.2.2 演算子と物理量

実数の固有値をもつような演算子をエルミート演算子といい，量子力学では重要な役割を果たす。すなわち，エルミート演算子をその固有状態に作用させると，実数の固有値という返事が系から出力されて，しかもその状態が変わらないのである。これは何回やっても同じであるから，その固有値は，対応する固有状態にあるを系を特徴づける値ということになる。

このときエルミート演算子は，系を特徴づけるある量がどのような値かを系に対して質問する操作であると考えられ，固有状態にある系は，その値はこれ

これですと，実数の固有値を出力するのである．量子力学では，エルミート演算子のこのような意味から，その実数の固有値を物理量に対応づけるのである．

一般的にいえば，量子力学では，系を特徴づけるある物理量 O_H に対してエルミート演算子 $\hat{O}_H$ が決まり，これを作用させることは，系に対してその物理量がどんな値なのかを質問するという操作に対応する．系がもし，その物理量 O_H がある値 O_{Hi} に定まった状態，すなわち物理量に対する固有状態 |固有状態 $O_{Hi}\rangle$ にあると考えてみよう．ここで物理量 O_H に目印 i を付けたのは，物理量がとりうるいろいろな値 O_{H1}, O_{H2}, O_{H3}, $\cdots$, O_{Hi}, $\cdots$ のうち，i 番目の値という意味である．このとき，系に物理量 O_H はどんな値ですかと質問する操作 $\hat{O}_H$ を加えると，系は固有値 O_{Hi} を出力する．

$$\hat{O}_H \,|\, 固有状態\, O_{Hi}\rangle = O_{Hi}\,|\, 固有状態\, O_{Hi}\rangle \qquad (i=1,2,3,\cdots) \tag{2.49}$$

このとき固有状態は，この操作を再度行ってももとと同じ固有状態にとどまる．

2.2.3　多くの可能な状態をもつ系の一般的表現

ここでは，系が多くの可能な状態をもつ場合の一般的表現をつくっておこう．それぞれの異なる状態が，目印となる記号 i で区別される N 個の状態

$$|S_i\rangle \qquad (i=1,\,2,\cdots\cdots,\,N-1,\,N) \tag{2.50}$$

で表されるものとしよう．

系が含む N 個の異なる状態，すなわち独立な状態の直交性と，同じ状態を確認する操作の際にもとと同じ大きさになるということを与える規格化は，クロネッカーの δ と呼ばれる記号 δ_{ij} を用いてひとまとめに表現できる．

$$\langle S_i \,|\, S_j\rangle = \delta_{ij} = \begin{cases} 1 & (i=j) \\ 0 & (i\neq j) \end{cases} \tag{2.51}$$

系をそのままにしておくという操作である恒等演算子（アイデンティティー）

$\hat{I}$ は，すべての部分状態をそれに射影することであるから

$$\hat{I} = |S_1\rangle\langle S_1| + |S_2\rangle\langle S_2| + \cdots + |S_{N-1}\rangle\langle S_{N-1}| + |S_N\rangle\langle S_N|$$
$$= \sum_{i=1}^{N} |S_i\rangle\langle S_i| \tag{2.52}$$

と書き表せる。アイデンティティーをつくることができるということは，系のあらゆる状態をそのままにできるということであるので，アイデンティティーに含まれるケットベクトルの集合は完全系と呼ばれる。もし一部が欠落しているとすれば，あらゆる状態をそのままに移すことができないからである。

異なる状態の数 N は無限個でも構わないが，このように和で書き表すことができるのは，状態が離散的な目印で区別されるときである。このような場合を可付番無限という。

ここで，アイデンティティーにおける完全というのは，着目している系が属する空間において完全である，という意味である。例えば，あるコンピューターの内部状態に着目しているとき，これを完全に記述できるために必要な部分状態の集合が完全系である。実は，そのコンピューターの内部状態を知ろうとするときには，外部とのインターフェースが必要であり，そのコンピューターとそのインターフェースとの相互作用を観測と呼んでいる。観測の際には，内部状態だけでは話がすまないので，内部状態を表現する完全系から少しはみ出したことをしなくてはならない。したがって，系を記述することと，それを観測することは，異なる空間に関係している。量子力学では，観測と観測の間の出来事を取り扱う。観測そのものは，量子力学とは異なる物理現象に属しており，観測の問題として別途考察しなければならない課題である。

2.2.4 重ね合せ状態とその観測

アイデンティティーを利用して，その空間に属するどんな系の状態も，完全系をなす基底によって展開できることが導かれる。実際，系の任意の状態を $|\Psi\rangle$ とし，これにアイデンティティーを作用させると

$$|\Psi\rangle = \hat{I}|\Psi\rangle$$
$$= \sum_{i=1}^{N} |S_i\rangle \langle S_i|\Psi\rangle \tag{2.53}$$

となる。練習のために，$|\Psi\rangle$ を基底の線形結合で

$$|\Psi\rangle = \sum_{j=1}^{N} C_j |S_j\rangle \tag{2.54}$$

と書き表して，これにアイデンティティーを作用させてみると，係数 C_j が数値であればブラケットの演算には無関係であり，アイデンティティーを書き表した基底が規格化された直交系であれば，確かに展開はただ一通りであることがわかる。

$$|\Psi\rangle = \sum_{i=1}^{N} |S_i\rangle \langle S_i| \sum_{j=1}^{N} C_j |S_j\rangle = \sum_{i=1}^{N} \sum_{j=1}^{N} C_j |S_i\rangle \langle S_i|S_j\rangle$$
$$= \sum_{i=1}^{N} \sum_{j=1}^{N} C_j |S_i\rangle \delta_{ij} = \sum_{i=1}^{N} C_i |S_i\rangle \tag{2.55}$$

このように展開された状態 $|\Psi\rangle$ が，その状態 $|\Psi\rangle$ にあるかどうかを確かめるという操作は，ケットベクトルにブラベクトルを作用させ，ブラケット $\langle \Psi|\Psi\rangle$ にすることで行われる。これに恒等演算子を割り込ませてみよう。

$$\langle \Psi|\Psi\rangle = \langle \Psi| \sum_{i=1}^{N} |S_i\rangle \langle S_i|\Psi\rangle = \sum_{i=1}^{N} \langle \Psi|S_i\rangle \langle S_i|\Psi\rangle \tag{2.56}$$

ここで，$\langle S_i|\Psi\rangle = C_i$ であることは前節で確かめたので，$\langle \Psi|S_i\rangle$ のほうはどう決めるべきであろうか。ブラケット $\langle \Psi|\Psi\rangle$ は，状態がその状態にあることを確かめる確率に相当する，実数 1 である。したがって，展開した式の右辺も実数でなくてはならない。C_i は，一般に複素数であり，そのとりうる値はそれぞれ独立でなくてはならないから，$\langle \Psi|S_i\rangle$ は当然，C_i の共役複素数になるべきである。

$$\langle \Psi|S_i\rangle = C_i^* \tag{2.57}$$

そうすると，ブラベクトルそのものも

$$\langle \Psi | = \sum_{i=1}^{N} \langle S_i | C_i^* \qquad (2.58)$$

とブラベクトルの完全系で展開できることになる．これはケットベクトルとブラベクトルが対等の関係にあることを示しており，リーズナブルである．

このように，ブラベクトルの重ね合せのルールが与えられると，重ね合せの係数についての重要な関係が導かれる．

$$\langle \Psi | \Psi \rangle = 1 = \sum_{i=1}^{N} C_i^* C_i \qquad (2.59)$$

重ね合せの係数の絶対値 2 乗 $C_i^* C_i = |C_i|^2$ の和が 1 であるということは，量子力学の確率解釈において，重ね合せの係数に意味を与えることになる．

すなわち，もしこの系に対して観測を行い，系が目印となる記号 i で区別される N 個の状態のうちどの状態にあるかを測定したとすると，その結果，系が状態 $|S_i\rangle$ にあると観測される確率は，重ね合せの係数の絶対値の 2 乗 $C_i^* C_i = |C_i|^2$ に等しい．

2.2.5 観測についての考察

回りくどいいい方のようだが，量子力学では，観測したらという条件の下で，ある観測結果が得られる確率を与える，という点が重要である．観測してしまうと，系はその状態になってしまう．しかし，観測する前の量子力学的重ね合せの状態は，観測した場合の結果を確率的に予言するのである．確率であるから，同じ量子力学的状態にある系 $|\Psi\rangle$ を用意して観測する，という一連の実験を十分な回数行ったならば，観測結果として得られる状態の分布が確率分布の予言に一致する，という意味である．例えば，宝くじを 1 枚だけもっているときに，抽選が行われる以前には，もっている宝くじの当たる確率が示される．そして抽選が行われたとたんに，それは "当りくじ" か "はずれくじ" になってしまう．そして，同じ確率で当りが出る宝くじを繰り返し買うか，あるいは 1 回

に十分たくさんの宝くじを買うのでなければ，確率というものが現実には現れてこないのである。

ところが量子力学的状態の面白いところは，観測したとすればこれこれになると確率分布が予言されている重ね合せの系を，観測せずにさまざまに操作することができることである．すなわち，系に，重ね合せ状態で可能なすべての振舞いを同時にさせた後に，1回だけ観測することができるのである．

例えば，ある一連の操作を系に対して行うと，その操作の結果として，系がある特定の固有状態をとる確率がほぼ1になるとしよう．この後に系を観測すれば，ほぼ確実にその結果が得られる．ところが，そこに至るまでに，その量子力学的な系は，加えた一連の操作に対して，あらゆる可能な状態を同時に全部たどって，その観測結果の状態にたどり着いたことになる．この，異なる道筋をいっぺんにたどってしまう性質が，量子力学的状態を使いこなすとき，最も特徴的な効果なのである．量子力学的状態の振舞いは，観測する以前には完全に記述できるのである．

一方，ある確率分布が予言されている量子力学的系に対して，観測を行うことによってその系を変えてしまうこともできる．

例えば，量子力学的系がある固有状態にあったとして，これに操作が加わると，系はもとの状態からだんだん外れて行く．ところが，もしこの操作が系を少しずつ変化させる性質のものならば，操作が加わった直後に観測を行えば，この量子力学的系がもとあった状態にあると観測される確率は，1にたいへん近いものとなるであろう．系がある量子力学的状態にあると観測される確率は，重ね合せの係数の絶対値の2乗で与えられるのだから，操作が加わった直後には，系がその状態にとどまっていると観測される確率と，系がその状態ではなくなっていると観測される確率の違いは，たいへん大きいものとなる．したがって，観測の頻度を増していくと，この量子力学的系は観測するたびに，1に近い確率でもとの状態であると観測され，そして観測によってそのもとの状態になってしまう．このような状況では，頻繁に行う観測が，加えた操作を無意味にしてしまい，系をもとの状態に保ち続ける，という面白い事態が起こる．

このように，量子力学において，観測というのはなかなか奇妙な操作であり，これを上手に使いこなすことが，量子系を生かすことにつながる。すなわち，量子力学が奇妙な性質，新奇な性質をもたらすのは，実は，観測という行為の特殊性によるところが大きいといってもよい。観測すると系の量子力学的状態が変わってしまうというのは，すなわち観測が系の状態が変わったことで初めて終了するような仕組みだからである。観測したい古典的な結果は，あらかじめ観測装置の振舞いの中に用意されており，量子系がその状態のどれかになったことを確認して，これを観測結果としているのである。

この点については，あとでフェルミのゴールデンルールと呼ばれる，量子力学と私たちの観測を結ぶ重要なルールのところで，さらに詳しく考察する。

2.2.6　多くの可能な状態をもつ系の物理量とその期待値

エルミート演算子に対して，異なる固有値をすべて数え上げて，これに対応する固有状態を表すケットベクトルをすべてそろえたとしよう。もし系が，その物理量だけで状態が決まるようなものであれば，このケットベクトルの集まりは完全系となる。もちろん，異なる固有値をもつ状態は異なる固有状態であるから，これらの間には直交関係があるはずである。

もし，この物理量だけでは系の状態を完全に特定できないならば，一つの固有値に対して，異なる複数の状態が存在することになるが，このときその固有値に対する固有状態は縮退しているという。

ここでは，縮退のない場合を考えよう。系を特徴づける物理量 O に対して，エルミート演算子 $\hat{O}$ が決まり，N 個の固有値 $O_1, O_2, O_3, \cdots, O_i, \cdots, O_N$ をもつ，N 個の固有状態 $|O_i\rangle (i=1,2,3,\cdots,N)$ があるとしよう。

$$\hat{O}|O_i\rangle = O_i |O_i\rangle \qquad (i=1,2,3,\cdots,N) \tag{2.60}$$

この系の一般的な状態 $|\Psi\rangle$ は，前節で調べたように，これらの固有状態の重ね合せとなるはずである。

2.2 物理系の状態と表現

$$|\Psi\rangle = \sum_{i=1}^{N} C_i |O_i\rangle \tag{2.61}$$

この状態に対して，物理量 O がどんな値をとるかを質問するために，エルミート演算子 $\hat{O}$ を作用させてみる．そうすると，展開の基になっている完全系がこの操作に対する固有状態なので，この操作は，重ね合せになったそれぞれの固有状態に物理量 O はどんな値かを質問したものを重ね合わせたことになるから，それぞれの固有状態に対するこの質問は，それぞれの固有値を答えさせる質問となる．

$$\hat{O}|\Psi\rangle = \sum_{j=1}^{N} C_j \hat{O} |O_j\rangle = \sum_{j=1}^{N} C_j O_j |O_j\rangle \tag{2.62}$$

このように，エルミート演算子 $\hat{O}$ を作用させてから，ブラベクトル $\langle\Psi|$ を作用させてみる．ブラベクトルも固有状態のブラベクトルで展開し，ブラケットの直交性を考慮して計算を進めてみよう．ここではブラの展開を i，ケットの展開を j を目印として行っているが，これらを混同しないように注意しよう．すなわち，ブラの展開の i 番目の項であることと，ケットの展開の j 番目の項であることは，それぞれ別のことである．

$$\begin{aligned}
\langle\Psi|\hat{O}|\Psi\rangle &= \sum_{i=1}^{N} \langle O_i| C_i^* \sum_{j=1}^{N} C_j O_j |O_j\rangle \\
&= \sum_{i=1}^{N} \sum_{j=1}^{N} C_i^* C_j O_j \langle O_i | O_j \rangle \\
&= \sum_{i=1}^{N} \sum_{j=1}^{N} C_i^* C_j O_j \delta_{ij} \\
&= \sum_{i=1}^{N} |C_i|^2 O_i
\end{aligned} \tag{2.63}$$

ここで，$|C_i|^2$ は，i で目印をした固有状態にあると観測される確率であるから，これにその固有値をかけて足し合わせたものは，ちょうどこの系に対して物理量 O を測定したときの期待値になっている．

ここで量子力学の重要な法則が得られた。ある物理量に対応するエルミート演算子を，量子力学的状態ではさんでブラケットをつくると，これは，その系に対してその物理量の測定を行ったときの期待値を与える。物理量 O の期待値を，かぎ括弧で表して $\langle O \rangle$ と書く。このとき，物理量に対応する演算子とその期待値に関するルールは次のように書かれる。

$$\langle \Psi | \hat{O} | \Psi \rangle = \langle O \rangle \tag{2.64}$$

期待値というのは，同じように準備された系に対して同じ測定したときの，測定値の平均を予測する量であって，それぞれの測定においては固有値のどれかが測定値となる。

ここで，演算子 $\hat{O}$ のアジョイント $\hat{O}^\dagger$ を考えると，$\hat{O}^\dagger$ は，ブラベクトル $\langle O_i |$ に対して固有値を与える演算子である。エルミート演算子は，実数の固有値をもつ物理量を表す演算子であるから，ブラベクトルに対しても実数の固有値をもたなくてはいけないはずである。そうすると，ケットベクトルと同じ議論をして，物理量の期待値を与える式

$$\langle \Psi | \hat{O}^\dagger | \Psi \rangle = \langle O \rangle \tag{2.65}$$

を導くので，$\hat{O}^\dagger = \hat{O}$，すなわち，エルミート演算子のアジョイントはもとの演算子と等しいことがわかる。

3 量子力学的状態の変化と運動

　量子力学的状態と，それに対する操作の形式を整えたところで，量子力学的状態の変化や運動について，一般的にどのように取り扱うことができるかを考察しておこう．

　1章で，コンピューターグラフィックスをイメージしながら考察したように，系を運動させるためには，まずその系が置かれる空間を設定し，そこに座標系を設定してものさしを与え，つぎに運動させるべきオブジェクトをそこに置いて系の運動を表す経路を引いて，その上をオブジェクト固有の刻みで時間とともに系を移動させる，ということが必要な操作となる．これを，そのままケットベクトルで表した状態とその操作によって記述すれば，量子力学的な系の運動を書き表すための道具となるはずである．

　このような流れがどのように自然に構成されていくのかに注目しながら，以下の内容をたどってみよう．

3.1　状態の変化と運動

3.1.1　状態のわずかな変化を表現する

　量子力学的状態を $|\Psi(s)\rangle$，ある運動を表すパラメーターを s として，状態 $|\Psi(s)\rangle$ が少しずつ連続的に状態を変えていく様子を，状態に加える操作とそれに対応する演算子によって書き表してみよう．

　まず，パラメーター s のわずかな変化を Δs としよう．そして，s が $s + \Delta s$

に変わったとき，状態 $|\Psi(s)\rangle$ が状態 $|\Psi(s+\Delta s)\rangle$ に変わると考えよう．この変化を状態の操作によって記述してみよう．

$$|\Psi(s+\Delta s)\rangle = \hat{T}_{\Delta s}|\Psi(s)\rangle \tag{3.1}$$

$\hat{T}_{\Delta s}$ は，状態 $|\Psi(s)\rangle$ を，s が Δs だけ変わったときの状態に変える演算子である．

そこで，$\hat{T}_{\Delta s}$ はどんな性質の演算子なのか考えてみよう．まず，Δs はわずかな変化であるので，状態はもとの状態とほとんど同じであり，$\hat{T}_{\Delta s}$ はアイデンティティー $\hat{I} = 1$ に近いものであるはずである．そこで，わずかな部分を分けて演算子 $\hat{D}_{\Delta s}$ で表し，

$$\hat{T}_{\Delta s} = \hat{I} + \hat{D}_{\Delta s} = 1 + \hat{D}_{\Delta s} \tag{3.2}$$

と書くことにしよう．

それでは，変化を表す演算子 $\hat{D}_{\Delta s}$ はどんな性質のものだろう．これを決めるときには，私たちがどのような数学的構造としてこのことを表そうとするかに応じて，恐らくさまざまな選択肢があるだろう．そこで，私たちが慣れ親しんでいる変化の記述の仕方として，解析学，つまり微分積分学の知識を基に，これを構築することを選択してみよう．運動の変化を記述するパラメーター s がわずかに Δs だけ変わるとき，状態の変化も，Δs に比例するような操作によって生み出されると考えるべきである．解析学の知識によれば，もしこのようになっているならば，わずかな変化をつなぎ合わせて，いかなる有限の連続的な変化もつくり出せるはずである．また，運動によって系の状態の大きさを変化させないようにしておくのが，量子力学的状態を観測と結び付けるために必要である．この二つの条件をを考慮すると，変化は 1 とは異なる虚数 i の方向にとり，Δs に比例するように書き表すのがよさそうである．これは，後でわかるように，位相を変化させることに対応する．このような考察から，変化を表す演算子 $\hat{D}_{\Delta s}$ を

$$\hat{D}_{\Delta s} = \mathrm{i}\hat{G}_s \Delta s \tag{3.3}$$

とおくことにしよう．一般にこのように書いたとき，演算子 $\hat{G}_s$ は s に関する変換の生成子，あるいは変換のジェネレーターと呼ばれる．

このようにして，運動を表すパラメーター s が Δs 変化したときの状態の変化は，

$$|\Psi(s+\Delta s)\rangle = \hat{T}_{\Delta s}|\Psi(s)\rangle = \left(1 + \mathrm{i}\hat{G}_s \Delta s\right)|\Psi(s)\rangle \tag{3.4}$$

のように，変換の生成子 $\hat{G}_s$ と，微小な変化量 Δs を用いて書き表すことになった．こういう表現における 1 は，状態をそのままにしておくという恒等演算子であることを，心にとどめておこう．

3.1.2 状態の連続的な変化を表現する

それではつぎに，運動を表すパラメーター s が有限の値 s_1 変化したときの状態の変化は，このような無限小の変化を表す変換からどのようにして導かれるかを考察しよう．変化を書き表すために解析学の考え方を採用したのだから，有限の変化は無限小の変化を繰り返すことによって得られると考えるべきである．

そこで，図 3.1 のように，大きな数 N をとって有限の変化 s_1 を N 個に分割し，$\Delta s = s_1/N$ と考え，微小な変換を N 回繰り返すことにしよう．

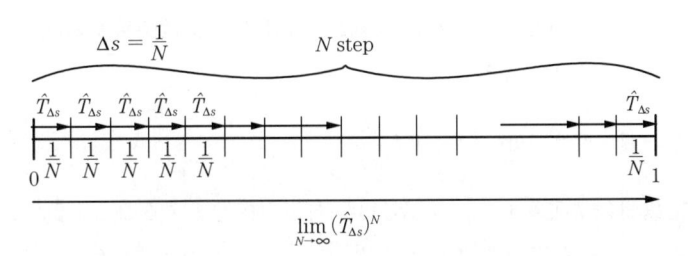

図 3.1　無限小変換と有限の変化（運動を表すパラメーター s が 1 だけ変化した場合）

分割数 N を限りなく大きくとれば，これは s が有限の値 s_1 変化したときの状態に限りなく近くなるはずである．これを式に書き表してみれば

$$|\Psi(s+s_1)\rangle \sim \underbrace{\hat{T}_{\Delta s}\hat{T}_{\Delta s}\cdots\cdots\hat{T}_{\Delta s}}_{N}|\Psi(s)\rangle \tag{3.5}$$

$$= \hat{T}_{\Delta s}^{N}|\Psi(s)\rangle \tag{3.6}$$

$$= \left(1+\mathrm{i}\hat{G}_s\frac{s_1}{N}\right)^{N}|\Psi(s)\rangle \tag{3.7}$$

となる。

微分の考えにならえば，分割数 N を無限大にした極限において，このような変換の繰り返しの結果，$|\Psi(s+s_1)\rangle$ が正確に与えられるとするのがよい。

$$|\Psi(s+s_1)\rangle = \hat{T}_{s_1}|\Psi(s)\rangle \tag{3.8}$$

$$= \lim_{N\to\infty}\left(1+\mathrm{i}\hat{G}_s\frac{s_1}{N}\right)^{N}|\Psi(s)\rangle \tag{3.9}$$

ここで，私たちはこのような形式の極限と形のそっくりな，指数関数というものを知っていることを思い出そう。すなわち，指数関数の定義は，

$$e^x = \lim_{N\to\infty}\left(1+\frac{x}{N}\right)^{N} \tag{3.10}$$

であり，$x=1$ としたものが，自然対数の底と呼ばれる数値 e である。そこで量子力学では，これをまねて，指数関数型の演算子を形式的に定義して，微小な変換を無数に繰り返して作用させるということを簡単に表現することにしている。上の式において，x を $\mathrm{i}\hat{G}_s s$ と対比させれば，指数関数型の演算子は，形式的につぎのように定義される。

$$\hat{T}_s = e^{\mathrm{i}\hat{G}_s s} \equiv \lim_{N\to\infty}\left(1+\mathrm{i}\hat{G}_s\frac{s}{N}\right)^{N} \tag{3.11}$$

左辺の指数関数型演算子という記号は，右辺の操作をすることを表す，という意味である。s を有限の変位 s_1 にとれば，このときの状態変化は，

$$|\Psi(s+s_1)\rangle = \hat{T}_{s_1}|\Psi(s)\rangle = e^{\mathrm{i}\hat{G}_s s_1}|\Psi(s)\rangle \tag{3.12}$$

と簡単に記号化される。e^x と同様，これはその定義である極限を表す記号である。この指数関数型演算子は，コンピューターでの演算に例えれば，パラメーター s を変位させるというプログラムを代表して示しているような，複合的な

操作を示すものである．また，微分積分の意味を思い起こしてみればわかるように，無限に細かくするという極限操作は，後でそれを無数に繰り返すという極限操作によって，現実の物事の変化をもたらすものである．ここをよく再確認しておこう．すなわち，微分というものは無限に細かくするという極限操作によって現実から生み出され，これは，積分という無数に足し合わせるという極限操作によって現実に戻るのである．

さて，このようにして，状態の変化を書き表す方法をつくり上げることができた．その形式を見てみれば，1章で考察したように，位相という概念によって状態の変化を記述するという表現に，この指数関数型演算子が対応していることがわかるだろう．これは，微小変換の表式を作るときに，それを大きさを変えない変換にするために，微小変換を虚数の向きにとったことの帰結でもある．空間を刻むという運動の本質と，これを位相変化として表現するという数学的形式は，このようにコンシステントに構成されているのである．これでよいかどうかは，このような形式で，この宇宙の状態の運動が記述できるかどうか，という検証にかかっている．これでよさそうであるということは，実際，量子力学構築以来，たゆまぬ実験的努力と，理論的考察の深まりによって，検証されてきたところである．

ここで一つ注意が必要であるが，異なる演算子が肩に乗っている指数関数型演算子の積は，指数関数の積のように簡単に一つの指数関数型演算子にまとめる，というわけにはいかない．これは，演算子の積は操作を連続して行うことに対応するので，この場合，演算子の順序を交換してよいとはかぎらないということによる．すなわち，ある運動をさせた後，別の運動をさせた結果は，その順序を変えたときの結果と同じになるとはかぎらない．順序を交換できる演算子，すなわち可換な演算子のときは，指数部に乗った演算子を簡単にまとめたり順序を変えたり，指数関数型演算子をいくつかの指数関数型演算子の積に分けたりすることができる．

3.2 不連続な状態とスピンによる表現

状態の変化には，見かけ上連続的な変化とはいえないものもある．例えば，ある状態にあった系が，ある操作によって異なる状態に移った，というような不連続な変化である．まずこのような変化を書き表す方法を考察しておこう．

このような不連続な変化でも，量子力学のように，状態の重ね合せができるような世界では，連続的な変化として書き表すことができるのである．

3.2.1 不連続な状態の変化と量子という考え方

わたしたちが経験によって把握している古典的な世界では，ものごとの変化はなんでも連続的であるように見えるだろう．すなわち，ものごとがある状態から別の状態に移るとすれば，その中間の状態というのがあって，少しずつ状態が変化していって別の状態になるのが普通である．そして，古典的世界ではいつでも，その中間の状態というものを見ることができる．ところがミクロな量子力学的世界では，ものごとを把握することが，観測してみるということではじめて可能になり，その観測が系のようすに影響を及ぼしてしまうために，系のとりうる状態が「あれか」「これか」という，不連続な変化としてのみ現れる，という状況があることがわかっている．実は，ミクロな世界を記述する力学が量子力学と呼ばれるのは，このようにものごとの現れ方が突然変化するという，とびとびの性質をもっているということに由来するのである．そして，後でわかるように，このようにものごとがとびとびになるということは，この本全体を通じてていねいに考察する，量子力学的干渉のもたらす効果なのである．

量子力学で取り扱うミクロな世界は，経験によって把握できない世界であるので，このように抽象的ないい方をすることになるが，わたしたちがこれを理解しようとするとき，それになにかイメージを与えることが必要である．前にも述べたように，このようなイメージは経験によって知っているいかなるイメージとも異なるので，日常は使わない，したがって言葉の辞典には載っていない

特別な言い方をして,「描像」と呼んでいるのである.しかし,バーチャルな世界に慣れている現代人にとっては,描像もイメージもそんなに違いはないと感じるかもしれない.

そこで,特徴的ないくつかの描像をイメージしてみよう.

一つ目はある物体が二つの箱のどちらかに入っている,というような不連続な状態変化の描像,二つ目は,例えばリンゴのような物体が,かたまりの単位で生じたり消えたりするような不連続な状態変化の描像である.

まずこの節では,二つの箱の描像を研究して,スピン空間という表現を構築しよう.つぎの節で改めて,粒子の生成消滅という描像を研究する.

3.2.2 二つの箱の描像

二つの箱があって,あるミクロな振舞いをする物体,すなわち量子力学的粒子がそのどちらかに入っているという描像を考えよう.箱に名前を付けておかないと区別が付かないので,例えば,二つの箱を 0 と 1 とすれば,これはオンかオフのスイッチのように見えるだろう.1 と 2 にとれば,一般性が出てくるような気もする.リンゴとミカンと名づければ,物体という感じが出るかもしれないし,Empty と Full にしておけば,出したり入れたりするイメージがわくかもしれない.ここでは,数式で書く便利さをとって,0 と 1 と名づけることにしよう.

そこで,物体が箱 0 に入っている状態を $|\Psi_0\rangle$,箱 1 に入っている状態を $|\Psi_1\rangle$ としてもいいが,状態を表すのにだいぶ慣れてきたので,Ψ は省略して,図 **3.2** のように箱 0 に入っている状態を $|0\rangle$,箱 1 に入っている状態を $|1\rangle$ としよう.そして,一般的にそれらの重ね合せも含むこの量子力学的状態を $|\Psi\rangle$ とすれば,これは二つの複素数 c_0 と c_1 を用いて

$$|\Psi\rangle = c_0 |0\rangle + c_1 |1\rangle \tag{3.13}$$

のように表現することができる.

箱 0 に入っている状態 $|0\rangle$ と箱 1 に入っている状態 $|1\rangle$ は,まったく異なる

68   3. 量子力学的状態の変化と運動

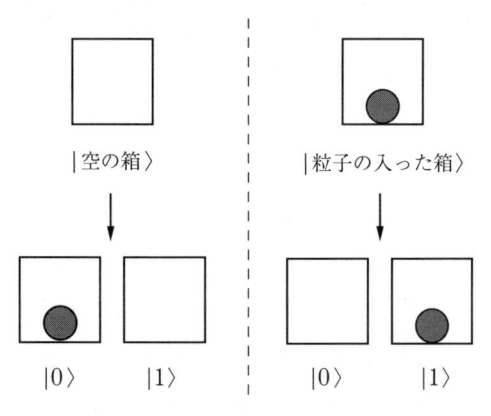

図 3.2 空の箱と粒子の入った箱

状態であるから，これらは直交関係にあって，規格化もされているとしよう．

$$\langle 1|0\rangle = 0, \quad \langle 0|1\rangle = 0,$$
$$\langle 0|0\rangle = 1, \quad \langle 1|1\rangle = 1 \tag{3.14}$$

すなわち，箱 0 に入っている状態 $|0\rangle$ に対して，箱 1 に入っている状態 $|1\rangle$ かどうか確かめるとそれはあり得ないという 0 が出力され，箱 0 に入っている状態 $|0\rangle$ に対して，箱 1 に入っている状態 $|1\rangle$ かどうか確かめても，それはあり得ないという 0 が出力される．また，箱 0 に入っている状態 $|0\rangle$ に対して，箱 0 に入っている状態 $|0\rangle$ かどうか確かめると，それは完全であるという 1 が出力され，箱 1 についても同様である．

一般の状態 $|\Psi\rangle$ も規格化されているとすれば

$$\langle \Psi|\Psi\rangle = (\langle 0|c_0^* + \langle 1|c_1^*)(c_0|0\rangle + c_1|1\rangle) = 1 \tag{3.15}$$

である．これを展開して，どちらかの箱に入っている状態の規格直交性を使って計算すると

$$\langle \Psi|\Psi\rangle = c_0^* c_0 \langle 0|0\rangle + c_0^* c_1 \langle 0|1\rangle + c_1^* c_0 \langle 1|0\rangle + c_1^* c_1 \langle 1|1\rangle$$
$$= c_0^* c_0 + c_1^* c_1 = |c_0|^2 + |c_1|^2 = 1 \tag{3.16}$$

の関係を満たさなければならないことがわかる．

また，一般の状態を観測したときに，それが箱 0 に入っている状態 $|0\rangle$ であると観測される確率は

$$|\langle 0|\Psi\rangle|^2 = |\langle 0|(c_0|0\rangle + c_1|1\rangle)|^2 = |c_0|^2 \tag{3.17}$$

であるから，$|c_0|^2$ は系が状態 $|0\rangle$ であると観測される確率，$|c_1|^2 = 1 - |c_0|^2$ は，系が状態 $|1\rangle$ であると観測される確率と解釈される．

一般に，ある観測とつぎの観測の間では，状態はこれらの重ね合せ状態である．重ね合せ状態がどのようなものであるかは，二つの複素数 c_0 と c_1 の関係によって決まるが，これらの係数が複素数であることの意味は，単にスイッチのどちら側で，観測される確率がいくらであるかという問題だけでなく，その相互関係が位相という尺度をもちうるという点にある．

3.2.3 スピン空間による表現

そこで，これをわかりやすくするために，係数 c_0, c_1 を振幅と位相で表現してみよう．

$$c_0 = |c_0|e^{i\theta_0}, \quad c_1 = |c_1|e^{i\theta_1} \tag{3.18}$$

これから，二つの係数の位相差をつくってみると

$$\begin{aligned}
c_1^* c_0 &= |c_1||c_0|e^{-i(\theta_1-\theta_0)} \\
&= |c_1||c_0|\{\cos(\theta_1-\theta_0) - i\sin(\theta_1-\theta_0)\}, \\
c_0^* c_1 &= |c_0||c_1|e^{i(\theta_1-\theta_0)} \\
&= |c_1||c_0|\{\cos(\theta_1-\theta_0) + i\sin(\theta_1-\theta_0)\}
\end{aligned} \tag{3.19}$$

これらの式を組み合わせると

$$\left.\begin{aligned}
\frac{1}{2}(c_1^* c_0 + c_0^* c_1) &= |c_1||c_0|\cos(\theta_1-\theta_0) = \frac{1}{2}S_x \\
\frac{i}{2}(c_1^* c_0 - c_0^* c_1) &= |c_1||c_0|\sin(\theta_1-\theta_0) = \frac{1}{2}S_y
\end{aligned}\right\} \tag{3.20}$$

は，位相差を表す複素数 $\exp(\theta_1-\theta_0)$ の実部と虚部に対応する．そこで，この

位相差に相当する複素数を，仮想的な (x, y) 平面の上のベクトルに対応させて，S_x, S_y としておいた．この他に，複素数の係数の積からは，規格化条件に相当する式と，独立に変化できる振幅の 2 乗の差

$$\left. \begin{array}{l} \dfrac{1}{2}\left(c_1^* c_1 + c_0^* c_0\right) = \dfrac{1}{2}\left(|c_0|^2 + |c_1|^2\right) = \dfrac{1}{2} \\[6pt] \dfrac{1}{2}\left(c_1^* c_1 - c_0^* c_0\right) = \dfrac{1}{2}\left(|c_1|^2 - |c_0|^2\right) = \dfrac{1}{2} S_z \end{array} \right\} \tag{3.21}$$

をつくることができるので，独立に変化できる振幅の 2 乗の差を S_z とおいた．ここで，先ほど状態 $|1\rangle$ と $|0\rangle$ の位相差を仮想的な (x, y) 平面状のベクトルで表したのに対して，状態 $|1\rangle$ と $|0\rangle$ にあると観測される確率の差を z 軸として付け加えることによって，この二つの箱に量子力学的な粒子を 1 個入れたときの状態，あるいは量子力学的スイッチの状態を，仮想的な (x, y, z) 空間で表したものとなっている．

こんどは，係数の積を (S_x, S_y, S_z) で書き直してみると

$$\begin{aligned} c_1^* c_0 &= \frac{1}{2}\left(S_x - \mathrm{i} S_y\right), \quad c_0^* c_1 = \frac{1}{2}\left(S_x + \mathrm{i} S_y\right), \\ c_1^* c_1 &= \frac{1}{2}\left(1 + S_z\right), \qquad c_0^* c_0 = \frac{1}{2}\left(1 - S_z\right) \end{aligned} \tag{3.22}$$

となる．これらの式をよくながめてみると，もしこれらの係数の積を行列の成分に見立てると，それは $(S_x,\ S_y\ S_z)$ という変数の組によって

$$\begin{pmatrix} c_1^* c_1 & c_1^* c_0 \\ c_0^* c_1 & c_0^* c_0 \end{pmatrix}$$
$$= \frac{1}{2}\begin{pmatrix} 1 & 0 \\ 0 & 1 \end{pmatrix} + \frac{1}{2}\begin{pmatrix} 0 & 1 \\ 1 & 0 \end{pmatrix} S_x + \frac{1}{2}\begin{pmatrix} 0 & -\mathrm{i} \\ \mathrm{i} & 0 \end{pmatrix} S_y + \frac{1}{2}\begin{pmatrix} 1 & 0 \\ 0 & -1 \end{pmatrix} S_z \tag{3.23}$$

のように書き表すことができることがわかる．これは，状態 $|1\rangle$ と $|0\rangle$ の重み，すなわち，もしこれを観測すればその状態にあることが観測される確率を対角成分とし，その位相関係を非対角成分が表す，2 行 2 列の行列である．ここで出てくる 2 行 2 列の行列のひとセットは，パウリ行列と呼ばれ

$$I = \begin{pmatrix} 1 & 0 \\ 0 & 1 \end{pmatrix}, \ \sigma_x = \begin{pmatrix} 0 & 1 \\ 1 & 0 \end{pmatrix}, \ \sigma_y = \begin{pmatrix} 0 & -i \\ i & 0 \end{pmatrix}, \ \sigma_z = \begin{pmatrix} 1 & 0 \\ 0 & -1 \end{pmatrix}$$
(3.24)

のようにギリシャ文字のシグマで表される。パウリ行列のそれ自身との積は，どれも恒等演算子であるので

$$II = \sigma_x \sigma_x = \sigma_y \sigma_y = \sigma_z \sigma_z = I \tag{3.25}$$

パウリ行列は，量子力学的スイッチの状態を表す2行2列の行列の，基底行列であるということができる。パウリ行列は，量子力学の開拓者の一人であるパウリが，2価性をもつ量子力学的状態を考察するために導入したものである。この2価性は，いまではスピンとして知られており，電子などの素粒子の内部自由度に対応するものだということがわかっている。スピンの関与する量子力学的状態の2価性は，量子力学開拓の時代には，原子スペクトルの異常ゼーマン効果や，シュテルン・ゲルラッハの実験を通じてあらわになった，パウリをはじめとする原子物理学者たちを最も悩ませた問題であった。そして，現在，スピンの関与する量子現象や，ここで取り扱っている二つの量子状態の問題は，量子力学において最も多くの実りをもたらすものとなっている。そこで，表現の基底がベクトルどころか行列になる，などというややこしい事態ではあるが，バーチャル世界のつくり方としても最も面白いところであるので，がんばって探究することにしよう。

3.2.4 スピン空間と2準位系

このように，二つの箱に量子力学的な粒子を1個入れたときの状態，あるいは量子力学的スイッチの状態を，その位相関係と確率分布によって表現すると，パウリ行列を基底とする仮想的な3次元空間のベクトル $(S_x, \ S_y \ S_z)$ として

$$M = \begin{pmatrix} |c_1|^2 & c_1^* c_0 \\ c_0^* c_1 & |c_0|^2 \end{pmatrix} = \frac{1}{2} \left(I + S_x \sigma_x + S_y \sigma_y + S_z \sigma_z \right) \tag{3.26}$$

のように書き表せるのである．これらの式を用いてその大きさを計算してみると

$$S_x^2 + S_y^2 + S_z^2 = (S_x - \mathrm{i}S_y)(S_x + \mathrm{i}S_y) + S_z^2$$
$$= 4|c_1|^2|c_0|^2 + \left(1 - 4|c_0|^2|c_1|^2\right) = 1 \tag{3.27}$$

となるので，この系の量子力学的状態を指定するパラメーターである $(S_x, S_y\ S_z)$ は，仮想的な 3 次元空間における，大きさが 1 のベクトルとなっていることがわかる．すなわち，二つの箱に量子力学的な粒子を 1 個入れたときの状態，あるいは量子力学的スイッチの状態は，**図 3.3** のように，この仮想的な 3 次元空間の半径 1 の球面上の 1 点として，表現することができるのである．ベクトルの記号を用いて，$\boldsymbol{S} = (S_x, S_y\ S_z)$ として，その基底をパウリ行列がつくるベクトル $\boldsymbol{\sigma} = (\sigma_x, \sigma_y\ \sigma_z)$ と対角行列 $\boldsymbol{I}$ を用いて書き表すこともできる．

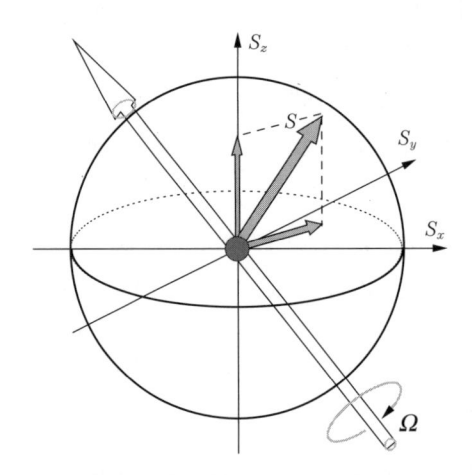

$$M = \frac{1}{2}(\boldsymbol{I} + \boldsymbol{S} \cdot \boldsymbol{\sigma}) \tag{3.28}$$

図 3.3 スピン空間における状態とその回転

このような球面上の各点が，状態 $|1\rangle$ と $|0\rangle$ の，どのような組合せを表現しているのかを考えてみよう．まず球と z 軸の交点にある球の北極 $S_z = +1$ と南極 $S_z = -1$ は，それぞれ $|c_1|^2 = 1$ と $|c_0|^2 = 1$ に対応し，完全に状態 $|1\rangle$ にあるか，$|0\rangle$ にあるかの状態を示す．測定の結果得られる状態は，この南極と北極のただ二つのみである．これに対して，球と (x, y) 平面の交わる球の赤道上の

3.2 不連続な状態とスピンによる表現

点では $S_z = 0$ であり，$|c_1|^2 - |c_0|^2 = 0$，すなわち状態 $|1\rangle$ と状態 $|0\rangle$ は，同じ重みの重ね合せになっており，そのどちらで粒子が観測される確率も等しく，ただその位相関係だけが問題となっているような状態である．スイッチだと考えると，0と1の状態を同時に同じ重みでとり，その位相差だけで赤道上の点に相当する無数の状態がとれるスイッチになっている．これは最も量子力学的性質が強く現れている状態である．

これで，ただ0か1かという二つの状態のみをとる古典的なスイッチに比べて，量子力学的スイッチというものが決定的な違いをもつことがわかる．すなわち，量子力学的なスイッチというのは，ただ一つのスイッチで，仮想的な3次元空間の半径1の球上の点に相当する，どんな状態もとることができるのである．そして，なんらかの量子力学的操作を加えれば，この球の上で，状態を連続的に変化をさせることができる．そして，これを観測してみると，スイッチは0か1のどちらかの状態に射影されてしまい，そのときどちらの値が出るかは，S_z が示す確率で決まっている．

量子力学では，このように重ね合せ状態というものが存在するために，二つのとびとびの状態しかもたない系が，球面上の点に相当する連続無限個の状態をとることができ，しかも外界から孤立している間は，その間を連続的に運動することができるのである．

このような，とびとびの二つの状態をもつ系を，一般に，2準位系と呼び，その重ね合せでつくられる量子力学的状態のつくる空間を，スピン1/2空間と呼んでいる．また，このような量子力学的スイッチは，量子力学的ビット，Qビットとも呼ばれている．Qビットは，観測と観測の間の孤立しているときには連続的，すなわちアナログ的な状態をとるけれども，観測を行うと確率的に0か1かのどちらかになるスイッチであり，量子力学的スイッチで行う情報処理を取り扱うことを，量子情報理論という．また，量子力学的スイッチでコンピューターを構成すると，0と1の重ね合せのまま演算を進めるというようなことができ，これを実現するようなシステムを量子コンピューターと呼んでいる．

3.2.5 スピン空間での状態の変化

このようなバーチャル (S_x, S_y, S_z) 空間において，半径 1 の球面上に束縛される状態が変化するとしたら，可能な変化はただ一つ，系をこの空間で回転させることのみである．回転というのは，量子力学的状態が乗ったこの球に，どこからでもよいからその中心を貫く串を刺し，その串を軸にして球をぐるっと好きな角度だけ回すことである．

ここで，パウリ行列の意味がわかってくる．例えば，この空間で y を指す状態 $S_y \sigma_y$ に，パウリ行列 σ_x を作用させてみよう．

$$\sigma_x S_y \sigma_y = S_y \begin{pmatrix} 0 & 1 \\ 1 & 0 \end{pmatrix} \begin{pmatrix} 0 & -\mathrm{i} \\ \mathrm{i} & 0 \end{pmatrix} = S_y \begin{pmatrix} \mathrm{i} & 0 \\ 0 & -\mathrm{i} \end{pmatrix}$$

$$= \mathrm{i} S_y \begin{pmatrix} 1 & 0 \\ 0 & -1 \end{pmatrix} = \mathrm{i} S_y \sigma_z = e^{\frac{\pi}{2}\mathrm{i}} S_y \sigma_z \tag{3.29}$$

これからわかるように，σ_x が作用することで，y 方向を向いていた状態 $S_y \sigma_y$ が x 軸を回転の軸として 90°，すなわち $\pi/2$ だけ右回りにぐるっと回転し，大きさが S_y のまま z 方向を向いた状態 $S_y \sigma_z$ に変わり，同時にこの分の位相差である $\mathrm{i} = \exp \mathrm{i} \pi/2$ が付いたものになっている．これは，パウリ行列 σ_x が，この量子系を，位相も含めてバーチャルな空間で x 方向を軸として右ねじの向きに $\pi/2$ だけ回すという，オペレーションに対応しているということなのである．同じように計算してみるとわかるように

$$\begin{aligned} &\sigma_x \sigma_y = \mathrm{i}\sigma_z, \quad \sigma_y \sigma_z = \mathrm{i}\sigma_x, \quad \sigma_z \sigma_x = \mathrm{i}\sigma_y, \\ &\sigma_y \sigma_x = -\mathrm{i}\sigma_z, \quad \sigma_z \sigma_y = -\mathrm{i}\sigma_x, \quad \sigma_x \sigma_z = -\mathrm{i}\sigma_y \end{aligned} \tag{3.30}$$

となるから，パウリ行列はどれも，この量子系を位相も含めて，バーチャルな空間でそれが示す軸に対して右ねじの向きに $\pi/2$ だけ回すという，オペレーションに対応している．ここで，クロネッカーの δ に並ぶ便利な記号 ϵ_{ijk} を導入しておこう．

$$\epsilon_{ijk} = \begin{cases} 1 & ((i,j,k) \text{ が } (x,y,z) \text{ を偶数回置換した順のとき}) \\ -1 & ((i,j,k) \text{ が } (x,y,z) \text{ を奇数回置換した順のとき}) \\ 0 & ((i,j,k) \text{ の二つ以上の指標が同じであるとき}) \end{cases} \tag{3.31}$$

ϵ_{ijk} は，3 階の完全反対称テンソルの成分である．クロネッカーの δ とこの記号を用いると，上に示したパウリ行列の 6 通りの積の関係は，まとめて

$$\sigma_i \sigma_j = \delta_{ij} + \mathrm{i}\epsilon_{ijk}\sigma_k \quad \left(\text{同じ添字が出てきたら和をとる} \sum_k \right) \tag{3.32}$$

と書くことができる．以下，このデルタとイプシロンが出てくるときには，同じ添字が出てきたらつねに和をとるという約束をしておく．これを組み合わせて，交換関係 [,] と反交換関係 { , } をつくっておこう．

$$[\sigma_i, \ \sigma_j] = \sigma_i\sigma_j - \sigma_j\sigma_i = 2\mathrm{i}\epsilon_{ijk}\sigma_k \tag{3.33}$$

$$\{\sigma_i, \ \sigma_j\} = \sigma_i\sigma_j + \sigma_j\sigma_i = 2\delta_{ij} \tag{3.34}$$

このように，パウリ行列のオペレーターとしての意味がわかったから，このバーチャルな空間の球の上に書かれた任意の量子力学的スイッチの状態 $\boldsymbol{S} = S_x\sigma_x + S_y\sigma_y + S_z\sigma_z$ を，バーチャルな空間で，ベクトル $\boldsymbol{\Omega} = (\Omega_x, \Omega_y, \Omega_z)$ が指し示す方向に串を刺し，これを軸にして右ねじの方向にぐるっと回すオペレーション $\hat{\boldsymbol{\Omega}}$ は

$$\hat{\boldsymbol{\Omega}} = \Omega_x\sigma_x + \Omega_y\sigma_y + \Omega_z\sigma_z \tag{3.35}$$

と書き表すことができる．実際これを $\boldsymbol{S}$ に作用させてみよう．

ここで，$\boldsymbol{e}_\Omega = \boldsymbol{\Omega}/|\boldsymbol{\Omega}|$ を，バーチャル空間での回転軸の方向 $\boldsymbol{\Omega}$ の単位ベクトルとすれば，回されるほうのベクトル $\boldsymbol{S}$ のうち，実際回るのは $\boldsymbol{e}_\Omega$ に垂直な成分だけである．ここで，ベクトル $\boldsymbol{S}$ の $\boldsymbol{e}_\Omega$ 方向の大きさは，内積 $(\boldsymbol{S} \cdot \boldsymbol{e}_\Omega)$ で

表されるから，これにその方向の単位ベクトル e_Ω をかけてやると，S の e_Ω に平行な成分がわかるので，これを S から引き算した

$$S - (S \cdot e_\Omega) e_\Omega \tag{3.36}$$

だけを実際オペレーション $\hat{\Omega}$ によって回すことになる。

　回転というのは，たとえそれを3次元空間の成分で書き表したとしても，三つの軸の周りを回るのではなく，それが合成された，ただ一つの軸の周りを回るだけである。それで，計算がなかなかやっかいであるが，もう少しがんばってみると実は簡単な式で書けることがわかる。この平行成分を引いたベクトルにオペレーション $\hat{\Omega}$ を作用させてみると

$$\hat{\Omega}\{S - (S \cdot e_\Omega) e_\Omega\} = \hat{\Omega}S - (S \cdot \Omega) I \tag{3.37}$$

となる。ここで，e_Ω を e_Ω の方向に回してももとと同じであるから

$$\hat{\Omega}(S \cdot e_\Omega) e_\Omega = (S \cdot \Omega) I \tag{3.38}$$

である。これを実際計算してみると，途中はみなさんに任せることとして

$$\begin{aligned}
&\hat{\Omega}S - (S \cdot \Omega) I \\
&= (\Omega_x \sigma_x + \Omega_y \sigma_y + \Omega_z \sigma_z)(S_x \sigma_x + S_y \sigma_y + S_z \sigma_z) - (S \cdot \Omega) I \\
&= (\Omega_y S_z - \Omega_z S_y) \sigma_x + (\Omega_z S_x - \Omega_x S_z) \sigma_y + (\Omega_x S_y - \Omega_y S_x) \sigma_z
\end{aligned} \tag{3.39}$$

が得られる。

　この式を見ると，なんだそんなことだったのか，とため息が出るかもしれない。バーチャルなスピン1/2空間で，$S = S_x \sigma_x + S_y \sigma_y + S_z \sigma_z$ を，ベクトル $\Omega = (\Omega_x, \Omega_y, \Omega_z)$ の方向に回すことは，普通の力学で，ベクトル S をトルクベクトル Ω で回す，ベクトル積，すなわち外積の式

$$\Omega \times S = (\Omega_y S_z - \Omega_z S_y) e_x + (\Omega_z S_x - \Omega_x S_z) e_y + (\Omega_x S_y - \Omega_y S_x) e_z \tag{3.40}$$

とまったく同じなのである。つまり、パウリ行列 ($\sigma_x, \sigma_y, \sigma_z$) を基底行列とするバーチャルなスピン 1/2 空間において、量子力学的なスイッチの状態を回転させることは、(e_x, e_y, e_z) を基底ベクトルとする普通の 3 次元空間において、ベクトルを回転するのと同じように書き表せるのである。

3.2.6 スピンとスピノール

このように、スピンというのは、内部自由度という空間での状態を表す回転なのだけれども、このような対応関係によって、リアルな 3 次元空間における回転と同一視できることになる。このことから、量子力学的スピン状態を、コマのようなものだと考えることができるのである。

それでは、S を表現する基底となっている

$$s = \frac{1}{2}\sigma \tag{3.41}$$

そのものが力学変数となる空間は、いったいどのようなものだろう。ここで、少し紛らわしいが、基底のほうを小文字の s で表したので、注意してほしい。2 行 2 列のパウリ行列が、力学変数に対応する演算子を行列で表現したものと考えると、その行列が作用する最も簡単な状態ベクトルは 2 成分のベクトルである。これを

$$|S\rangle \to \begin{pmatrix} \psi_+ \\ \psi_- \end{pmatrix} = \begin{pmatrix} \psi_+ \\ 0 \end{pmatrix} + \begin{pmatrix} 0 \\ \psi_- \end{pmatrix} \tag{3.42}$$

のように書くことにしよう。3 成分あるパウリ行列のうち、z 成分 σ_z が対角行列として表現されているので、独立な状態ベクトルは、$\sigma_z/2$ に対して、それぞれ固有値 $+1/2$、$-1/2$ をもつ固有状態になっている。

$$\left. \begin{aligned} \frac{1}{2}\sigma_z \begin{pmatrix} \psi_+ \\ 0 \end{pmatrix} &= \frac{1}{2} \begin{pmatrix} 1 & 0 \\ 0 & -1 \end{pmatrix} \begin{pmatrix} \psi_+ \\ 0 \end{pmatrix} = \frac{1}{2} \begin{pmatrix} \psi_+ \\ 0 \end{pmatrix} \\ \frac{1}{2}\sigma_z \begin{pmatrix} 0 \\ \psi_- \end{pmatrix} &= \frac{1}{2} \begin{pmatrix} 1 & 0 \\ 0 & -1 \end{pmatrix} \begin{pmatrix} 0 \\ \psi_- \end{pmatrix} = -\frac{1}{2} \begin{pmatrix} 0 \\ \psi_- \end{pmatrix} \end{aligned} \right\} \tag{3.43}$$

そこで，この固有値を $s=1/2$ という記号で表して，$+s$, $-s$ と書くことにすれば，それぞれの固有状態につけたラベル $+$, $-$ が，その固有値の符号に対応することになる．さらにこの表現では

$$\boldsymbol{s}^2 = \left(\frac{1}{2}\boldsymbol{\sigma}\right)^2 = \frac{1}{4}\left(\sigma_x^2+\sigma_y^2+\sigma_z^2\right) = \frac{3}{4}\boldsymbol{I} = s(s+1)\boldsymbol{I} \qquad (3.44)$$

であるから，これらの状態ベクトルは，$\boldsymbol{s}^2$ に対して固有値 $s(s+1)=3/4$ をもつ縮退した固有状態である．

また，演算子の組合せ $s_+ = s_x + \mathrm{i}s_y$, $s_- = s_x - \mathrm{i}s_y$ は，面白い役割を果たす．

$$\left.\begin{aligned}
s_+ = s_x + \mathrm{i}s_y &= \frac{1}{2}\begin{pmatrix}0 & 1\\ 1 & 0\end{pmatrix} + \frac{\mathrm{i}}{2}\begin{pmatrix}0 & -\mathrm{i}\\ \mathrm{i} & 0\end{pmatrix} = \begin{pmatrix}0 & 1\\ 0 & 0\end{pmatrix}\\
s_- = s_x - \mathrm{i}s_y &= \frac{1}{2}\begin{pmatrix}0 & 1\\ 1 & 0\end{pmatrix} - \frac{\mathrm{i}}{2}\begin{pmatrix}0 & -\mathrm{i}\\ \mathrm{i} & 0\end{pmatrix} = \begin{pmatrix}0 & 0\\ 1 & 0\end{pmatrix}
\end{aligned}\right\} \qquad (3.45)$$

であるから

$$s_+\begin{pmatrix}0\\1\end{pmatrix} = \begin{pmatrix}1\\0\end{pmatrix}, \quad s_-\begin{pmatrix}1\\0\end{pmatrix} = \begin{pmatrix}0\\1\end{pmatrix} \qquad (3.46)$$

のように，s_+ は，ψ_- を ψ_+ にする，すなわち s_z の固有値を 1 増やすオペレーション，s_- は，ψ_+ を ψ_- にする，すなわち s_z の固有値を 1 減らすオペレーションに対応している．これは，まさに二つの箱の中身を入れ替える，というオペレーションの表現になっているのである．

さらに，s_+ と s_- の積をつくってみると，パウリ行列の交換関係から

$$\left.\begin{aligned}
s_+s_- &= s_x^2 + s_y^2 - \mathrm{i}(s_x s_y - s_y s_x)\\
&= \boldsymbol{s}^2 - s_z^2 + s_z = \boldsymbol{s}^2 + s_z(-s_z+1)\\
s_-s_+ &= s_x^2 + s_y^2 + \mathrm{i}(s_x s_y - s_y s_x)\\
&= \boldsymbol{s}^2 - s_z^2 - s_z = \boldsymbol{s}^2 - s_z(s_z+1)
\end{aligned}\right\} \qquad (3.47)$$

となる。これに s_z の固有状態を作用させてみると

$$\left.\begin{aligned}s_-s_+ \begin{pmatrix} \psi_+ \\ 0 \end{pmatrix} = 0 = \boldsymbol{s}^2 \begin{pmatrix} \psi_+ \\ 0 \end{pmatrix} - s_z(s_z+1) \begin{pmatrix} \psi_+ \\ 0 \end{pmatrix} \\ s_+s_- \begin{pmatrix} 0 \\ \psi_- \end{pmatrix} = 0 = \boldsymbol{s}^2 \begin{pmatrix} 0 \\ \psi_- \end{pmatrix} + s_z(-s_z+1) \begin{pmatrix} 0 \\ \psi_- \end{pmatrix}\end{aligned}\right\} \quad (3.48)$$

となる。これから

$$\left.\begin{aligned}\boldsymbol{s}^2 \begin{pmatrix} \psi_+ \\ 0 \end{pmatrix} = +s_z(+s_z+1) \begin{pmatrix} \psi_+ \\ 0 \end{pmatrix} \\ \boldsymbol{s}^2 \begin{pmatrix} 0 \\ \psi_- \end{pmatrix} = -s_z(-s_z+1) \begin{pmatrix} 0 \\ \psi_- \end{pmatrix}\end{aligned}\right\} \quad (3.49)$$

であるので，それぞれの s_z に対する固有値が $\pm s$ であることを代入すると，これらはまとめて

$$\boldsymbol{s}^2 \begin{pmatrix} \psi_+ \\ \psi_- \end{pmatrix} = s(s+1) \begin{pmatrix} \psi_+ \\ \psi_- \end{pmatrix} \quad (3.50)$$

と書くことができる。したがって，これら二つの固有状態は，$\boldsymbol{s}^2$ の固有値が $s(s+1) = 3/4$, s_z の固有値が $+1/2$, $-1/2$ の状態であることがわかる。そこで一般的に，これらの状態は $s = 1/2$ でラベルされる $\boldsymbol{s}^2$ の固有値 $s(s+1)$ をもち，s_z の固有値が $+s = 1/2$, $-s = -1/2$ であるということで表現することにしている。そこで，これらの固有状態をこのようにラベルを付けたケットベクトルで表し，行列表示の代わりに，そのスピン演算子

$$\hat{\boldsymbol{s}} = \frac{1}{2}\hat{\boldsymbol{\sigma}}, \quad \hat{s}_z = \frac{1}{2}\hat{\sigma}_z \quad (3.51)$$

を用いて

$$\hat{\boldsymbol{s}}^2 \left| \frac{1}{2}, \pm\frac{1}{2} \right\rangle = \frac{1}{2}\left(\frac{1}{2}+1\right) \left| \frac{1}{2}, \pm\frac{1}{2} \right\rangle \quad (3.52)$$

$$\hat{s}_z \left| \frac{1}{2}, \pm\frac{1}{2} \right\rangle = \pm\frac{1}{2} \left| \frac{1}{2}, \pm\frac{1}{2} \right\rangle \quad (3.53)$$

というように表現し，これらの2価性をもつ量子力学的状態をスピノールと呼んでいる．これからわかるように，スピノールは，$2s+1$ 価の内部自由度を表現したものであり，スピン演算子の2乗 $\hat{s}^2$ の固有値は $s(s+1) = 3/4$ であるから，その平方根 $\sqrt{3}/2$ をスピンの大きさと考えると，z 成分 $\hat{s}_z$ の固有値が $+1/2, -1/2$ であるということは，スピンが完全に z 方向を向くことができないということを意味していることになる．ここに量子力学において本質的に存在する，不確定性が現れている．すなわち，スピノールを基底として表現された，大文字の S で表されるスピン空間において，スピンが球面上の一点に対応する状態にあったとしても，それは不確定性原理が示すような量子力学的な揺らぎを内在しているのである．

スピン演算子 $\hat{s}$ に対する量子力学的条件としての交換関係は，パウリ行列の交換関係から

$$\left[\frac{1}{2}\sigma_i, \ \frac{1}{2}\sigma_j\right] = \frac{1}{2} \times 2\mathrm{i}\epsilon_{ijk}\frac{1}{2}\sigma_k \tag{3.54}$$

$$[\hat{s}_i, \ \hat{s}_j] = \mathrm{i}\epsilon_{ijk}\hat{s}_k \tag{3.55}$$

であることがわかる．ここで考察した2成分の状態ベクトルで記述されるスピノールの空間は，2価性をもつ状態をスピン空間で表して，その任意の重ね合せ状態を，スピノール空間とその回転で表現したものである．スピン演算子の交換関係は，実はこのような概念をさらに拡張した，より広い意味をもっている．一般に，スピン演算子に対する交換関係を拡張して，交換関係

$$\left[\hat{J}_i, \ \hat{J}_j\right] = \hat{J}_i\hat{J}_j - \hat{J}_j\hat{J}_i = \mathrm{i}\epsilon_{ijk}\hat{J}_k \tag{3.56}$$

を満たすベクトル演算子 $\hat{\boldsymbol{J}} = (\hat{J}_x, \hat{J}_y, \hat{J}_z)$ を考えて，これが作用する空間として，$J = 0, 1/2, 1, 3/2, 2, \cdots$ のいずれかの指標で表される，$2J+1$ 成分の状態ベクトルで記述されるスピノールシステムを考えることができる．この空間の量子力学的状態は，$\hat{\boldsymbol{J}}^2$ の固有値 $J(J+1)$ と，$2J+1$ 重に縮退した J_z の固有値 $J_z = -J, -J+1, \cdots, J-1, J$ をもつ，(x, y, z) をパラメーターとする量子力学的状態から構成される．このとき，スピン演算子 $\hat{\boldsymbol{s}}$ の場合と同様に，$J_+ = J_x + \mathrm{i}J_y$,

$J_- = J_x - \mathrm{i}J_y$ は，それぞれ J_z の固有値を，$J_z = -J, -J+1, \cdots, J-1, J$ の範囲で 1 ずつ増やす演算子と減らす演算子となる．

スピン演算子 $\hat{s}$ の場合と同様に，$\hat{\boldsymbol{J}}$ は，パラメーター (x, y, z) が張る空間のベクトルで表される状態を回転させる操作に対応する演算子である．ここで考えている内部自由度を表すバーチャルな (x, y, z) 空間の回転でも，回転であるからにはただ一つの回転軸に対する回転である．空間が等方的であるならば，すなわち (x, y, z) という座標軸をどの方向にとっても，状態の書き表し方が変わるということがないような均質な空間であれば，回転軸の方向を z 軸と考えることがいつでも許されるはずである．回転軸を別の方角にとりたければ，z 軸そのものを回転させればいいだけである．この章で最初に考察したように，φ をパラメーターとして書き表した量子力学的状態 $|\Psi(\varphi)\rangle$ を考えれば，この状態を z 軸の周りに微小な回転角 $\Delta\varphi$ だけ回転するという操作は

$$|\Psi(\varphi + \Delta\varphi)\rangle = \left(1 + \mathrm{i}\hat{G}_\varphi \Delta\varphi\right) |\Psi(\varphi)\rangle \tag{3.57}$$

のように，回転変換の生成子 $\hat{G}_\varphi$ を用いて書き表すことができる．$\hat{s}_z$ が回転操作に対応することを上で確かめたので，一般に z 軸の周りの回転変換の生成子 $\hat{G}_\varphi$ は $\hat{J}_z$ に対応する．

$$\hat{G}_\varphi \propto \hat{J}_z \tag{3.58}$$

ここで，どのように比例係数をとるかは，考えている空間において角度とスピンをどのような単位で測るかによって決まるので，これはつぎの章で，このようなバーチャル世界を私たちの住む宇宙と比較する際に，改めて考察することにしよう．

だいぶ紙面を費やすことになったが，このようなスピン空間およびスピンというものを把握する準備は，量子コンピューターをはじめとする，さまざまな次世代科学技術の開拓の基礎となる．

3.3 粒子の出し入れという描像

ここで考察した，二つの箱を行き来する一つの量子力学的粒子，あるいは量子力学的スイッチという描像を，少し見方を変えて考察してみよう。

まず，なにかバーチャルな空間をつくったとして，最初はそれがなんの特徴ももたないものと考えよう。コンピューター上でも，あるいはなにかステージの上でも，バーチャルな世界を構成したならば，まずそこにとりあえずなんの特徴もないオブジェクトを登場させたり，また引っ込めたりする手法を決めておかなくてはならない。つぎに，オブジェクトに特徴をもたせるという配役を考えるか，どのように運動させるかという演出を考えるかという他に，オブジェクトを一つ出すのか二つ出すのかということも重要である。ここでは，とりあえずなんの特徴ももたない箱の中に，粒子を出したり入れたりするという世界をつくってみよう。出したり入れたりというと，それはどこから来るのか，どこへ行くのかという，舞台裏の問題が気にかかるかもしれない。このような舞台裏がない場合と，舞台裏がなんにでも対応できる場合については，この章の最後の節で考えることにしよう。

3.3.1 粒子が一つだけ入る箱の量子力学的状態

これまでと同様に，二つの箱に粒子が一つ入っている状態を考え，どちらの箱に量子力学的粒子が入っているかを，それぞれ異なる状態と考える。このとき，量子力学的スイッチの場合に，"OFF"を0という状態にスイッチが入っている状態，"ON"を1という状態にスイッチが入っている状態と考えるのと同じく，この二つの箱を行き来する一つの粒子をスイッチに見立てて，まだ特徴をなにも与えていないバーチャル世界に粒子を出し入れする手法を考察しよう。

考えているバーチャル世界，すなわち系の状態を $|\Psi\rangle$ で表現する。この世界に粒子が入っていないことを，0個という名前の付いた箱にスイッチ粒子が入っている状態 $|0\rangle$ とする。そして，この世界に粒子が入っていることを，1個とい

3.3 粒子の出し入れという描像

う名前の付いた箱にスイッチ粒子が入っている状態 $|1\rangle$ とする。

　この世界から粒子を取り出すという操作は，1個という名前の付いた箱にスイッチ粒子が入っていること，すなわち状態 $|1\rangle$ であることを確認して，それを入っていない状態 $|0\rangle$ にするという操作であるから，これを

$$|0\rangle\langle 1|\Psi\rangle \tag{3.59}$$

と書くことができる。反対に，入っていないことを確認して入っている状態にするならば

$$|1\rangle\langle 0|\Psi\rangle \tag{3.60}$$

である。これを，この世界から粒子を取り出す操作をオペレーター $\hat{b}$，粒子を入れる操作をそのアジョイントオペレーター $\hat{b}^\dagger$ で表せば

$$\hat{b}=|0\rangle\langle 1|, \quad \hat{b}^\dagger=|1\rangle\langle 0| \tag{3.61}$$

のように書き表すことができる。ここで

$$\hat{b}|1\rangle = |0\rangle\langle 1|1\rangle = |0\rangle \tag{3.62}$$
$$\hat{b}^\dagger|0\rangle = |1\rangle\langle 0|0\rangle = |1\rangle \tag{3.63}$$

であり，これらをブラベクトルに作用させれば

$$\langle 0|\hat{b} = \langle 0|0\rangle\langle 1| = \langle 1| \tag{3.64}$$
$$\langle 1|\hat{b}^\dagger = \langle 1|1\rangle\langle 0| = \langle 0| \tag{3.65}$$

となるので，$\hat{b}$, $\hat{b}^\dagger$ はたがいにアジョイントなのである。量子力学では，$\hat{b}$ を消滅演算子，$\hat{b}^\dagger$ を生成演算子という。

　さらに，この世界に粒子がないという状態から粒子を取り出すことはあり得ないし，粒子がある状態にさらに粒子を入れることもできないので

$$\hat{b}|0\rangle = 0, \quad \hat{b}^\dagger|1\rangle = 0 \tag{3.66}$$

ということになる。ここに出てくる 0 は，そういう状態はないというゼロであって，粒子がないという状態 $|0\rangle$ とはまったく異なることに注意しよう。

また，二つのオペレーションを続けて行うと

$$\hat{b}\hat{b}^\dagger = |0\rangle\langle 1|1\rangle\langle 0| = |0\rangle\langle 0| \tag{3.67}$$

$$\hat{b}^\dagger\hat{b} = |1\rangle\langle 0|0\rangle\langle 1| = |1\rangle\langle 1| \tag{3.68}$$

だから

$$\left\{\hat{b},\ \hat{b}^\dagger\right\} = \left(\hat{b}\hat{b}^\dagger + \hat{b}^\dagger\hat{b}\right) = 1 \tag{3.69}$$

を満たし，これを反交換関係という．以前出てきた交換関係は順番を入れ替えた演算子の差であったので，これは反交換関係というのである．一つの世界のある状態に対して，1 個の粒子が入っているかいないかのどちらかである場合，その生成消滅演算子の間には，このような反交換関係が成り立ち，そのような粒子をフェルミ粒子という．

このように考えると，ある世界を考えて，そこに粒子を出し入れするということは，世界に粒子が入っていない状態 $|0\rangle$ と，反交換関係を満たす生成消滅演算子 $\hat{b}$, $\hat{b}^\dagger$ さえ与えれば，すべて表現できることになることがわかる．

$$|0\rangle,\ \hat{b},\ \hat{b}^\dagger,\ \left\{\hat{b},\ \hat{b}^\dagger\right\} = 1 \tag{3.70}$$

すなわち，もう一つ必要な状態は，$|1\rangle = \hat{b}^\dagger|0\rangle$ によって生み出すことができる．

ここで考えている粒子が量子力学的状態をとる世界を考えるならば，さらにその量子力学的粒子が入っているかいないかということも，重ね合せ状態にできる量子力学をつくったことになる．このような世界を構成することを，量子力学的状態を考え，さらにその量子力学的状態の生成消滅を取り扱う量子力学をつくるという意味で，第二量子化という．上で考察したように，第二量子化において世界を構成するために必要な量子力学的状態は $|0\rangle$ のみであり，これを「量子力学的真空」，あるいは単に「真空」という．真空は，ただ空であるというのではなく，そこになにが入り，そこでなにが起こるかということが，空間の

性質としてすべて備わったうえで，そこになにも入っていないことを表現している。真空を定めれば，そこで起こりうることがすべて決まってしまう。時空をパラメーターとして書き表される宇宙を考えるときには，時空のそれぞれの点に，そこに何が入りそこで何が起こるかということをすべて書き込めるような，付加的な空間を貼り付けることが，真空をつくることに対応する。このような，時空の各点に出来事の空間が張り付いていて，宇宙で起きる出来事はすべてそこに書き込まれるようなものであるという考え方を，物理では「場」といい，それを取り扱う方法を場の理論と呼ぶ。

3.3.2 複数の粒子の出し入れと交換

ここで，粒子を生成したり消滅させたりするときの舞台裏について，少し考えておこう。ここでは，非相対論的な量子力学を考えているので，例えば電子や陽子などのように，質量に相当するエネルギーが変化しない物体を考えることになるので，粒子を宇宙からなくしてしまうわけにはいかない。そうすると，いま考えていた世界は宇宙の一部であって，粒子を消滅させたときの行き先を他方に考えておく必要がある。そこで，このような舞台の表と裏に，どちらが表でどちらが裏でもよいが，一方に A，他方に B という目印を付けることにしよう。

まず，それぞれの世界を独立に設定するためには，それぞれ A, B という名前の付いた真空と，それに作用する生成消滅演算子を決めておけば十分である。

$$|0_A\rangle, \quad \hat{b}_A, \quad \hat{b}_A^\dagger, \quad \{\hat{b}_A, \hat{b}_A^\dagger\} = 1 \tag{3.71}$$

$$|0_B\rangle, \quad \hat{b}_B, \quad \hat{b}_B^\dagger, \quad \{\hat{b}_B, \hat{b}_B^\dagger\} = 1 \tag{3.72}$$

このときの，それぞれの状態においてあらゆることが起こっていると考えると，全宇宙の状態 $|\varPsi\rangle$ は，これら二つの空間の直積として，つぎのように表現されることになる。

86   3. 量子力学的状態の変化と運動

$$|\Psi\rangle = |\Psi_A\rangle \otimes |\Psi_B\rangle$$
$$= c_{00}|0_A\rangle|0_B\rangle + c_{01}|0_A\rangle|1_B\rangle + c_{10}|1_A\rangle|0_B\rangle + c_{11}|1_A\rangle|1_B\rangle$$
(3.73)

ここには,粒子がなにもない状態から2個ある状態まで含まれている。この全宇宙の中で,舞台の表と裏に関係があるということを表現することが必要になる。

この宇宙で,粒子をAから出してBに入れることと,Bから出してAに入れることのみをオペレーションとして許せば

$$\hat{b}_A^\dagger \hat{b}_B, \quad \hat{b}_A \hat{b}_B^\dagger \tag{3.74}$$

$c_{01}|0_A\rangle|1_B\rangle + c_{10}|1_A\rangle|0_B\rangle$のみが,オペレーションの対象となる。これは二つの状態の重ね合せになっているので,その係数の位相と重みを取り扱う量子力学を考えると,前の節で研究した2準位系,あるいはスピン1/2系になっている。すなわち,Aという名前の付いた状態とBという名前の付いた状態との間で,一つの量子力学的粒子が行き来する系は2準位系であり,スピン1/2系の量子力学が当てはまるのである。

残りの状態$c_{00}|0_A\rangle|0_B\rangle$と$c_{11}|1_A\rangle|1_B\rangle$は,粒子の数を保存するような粒子の出し入れの操作ができない,孤立した状態である。ところが

$$\hat{b}_A^\dagger \hat{b}_A \hat{b}_B^\dagger \hat{b}_B \tag{3.75}$$

のような,もっと複合的なオペレーション,つまり,より次数の高いオペレーションに対しては,固有状態も存在する。

$$\hat{b}_A^\dagger \hat{b}_A \hat{b}_B^\dagger \hat{b}_B |1_A\rangle|1_B\rangle = 1|1_A\rangle|1_B\rangle \tag{3.76}$$
$$\hat{b}_A^\dagger \hat{b}_A \hat{b}_B^\dagger \hat{b}_B |0_A\rangle|0_B\rangle = 0|0_A\rangle|0_B\rangle \tag{3.77}$$

実はここで出てくる,オペレーター

$$\hat{b}_A^\dagger \hat{b}_A = \hat{n}_A, \quad \hat{b}_B^\dagger \hat{b}_B = \hat{n}_B \tag{3.78}$$

は,それぞれの状態に対して,粒子の個数を出力するオペレーターになっている。

3.3 粒子の出し入れという描像

$$\left.\begin{array}{ll}\hat{n}_A |n_A\rangle = n_A |n_A\rangle & (n_A = 0,\ 1) \\ \hat{n}_B |n_B\rangle = n_B |n_B\rangle & (n_B = 0,\ 1)\end{array}\right\} \quad (3.79)$$

考察をもう少し進めて，2個の粒子が入っている状態の入替えについて考察してみよう。もう一度，状態 A と B の直積で書かれた2個の粒子の状態を考えて，舞台の表と裏に対応させた A と B を入れ替えてみよう，

$$\begin{aligned}|\varPsi\rangle &= |\varPsi_B\rangle \otimes |\varPsi_A\rangle \\ &= c'_{00}|0_B\rangle|0_A\rangle + c'_{01}|0_B\rangle|1_A\rangle + c'_{10}|1_B\rangle|0_A\rangle + c'_{11}|1_B\rangle|1_A\rangle\end{aligned}$$
$$(3.80)$$

このような舞台の裏と表の関係は，ここで考えているような，2個の量子力学的粒子の世界のような単純な世界では，単に名前の付け方の問題である。したがってその名前を交換しても，状態の表現の仕方にに大きな違いはないはずである。同様に，2個の粒子が入っている状態 $|1_A\rangle|1_B\rangle$ に着目すれば，状態の名前はもとどおりにしたままで，2個の粒子を入れ替えても，これらは区別が付かないはずであるから，その状態にも大きな差はないはずである。そこで，この区別できないはずの粒子にも，最初に名前を付けて 1_α，1_β としておいて，二つの粒子を入れ替えるオペレーション $\hat{P}$ を考えてみよう。そうすると，状態 $|1_{\alpha:A}\rangle|1_{\beta:B}\rangle$ に $\hat{P}$ を作用させた結果は，せいぜい位相が変わるぐらいの違いでなくてはならないので，これを表す複素数を $P = e^{i\theta}$ としよう。

$$\hat{P}|1_{\alpha:A}\rangle|1_{\beta:B}\rangle = e^{i\theta}|1_{\beta:A}\rangle|1_{\alpha:B}\rangle \quad (3.81)$$

もう一度粒子を入れ替えたら完全に元に戻るのだから

$$\hat{P}\hat{P}|1_{\alpha:A}\rangle|1_{\beta:B}\rangle = e^{2i\theta}|1_{\alpha:A}\rangle|1_{\beta:B}\rangle \quad (3.82)$$

その係数は $P = e^{i\theta} = +1$ か $P = e^{i\theta} = -1$ でなくてはならない。すなわち，粒子を交換したとき，k を整数として，位相が $\theta = 2\pi + 2k\pi$ 変わるか，あるいは $\theta = \pi + 2k\pi$ 変わるかの2通りである。

このような考察から，系に区別できない粒子を2個入れる場合にも，入れる粒子には二つの異なる特性があって，粒子の交換によって状態の符号が変わる場合と，変わらない場合がある。2個の粒子に区別がないのだから，区別がないが名前を付けた粒子 α と β が，状態 A と B に1個ずつ粒子が入った状態 $|1_\alpha 1,\beta : A, B\rangle$ を書き表すときには，粒子を入れ替えたもの状態を両方そろえて

$$|1_\alpha 1,\beta : A, B\rangle = \frac{1}{\sqrt{2}}\left(|1_{\alpha:A}\rangle |1_{\beta:B}\rangle \pm |1_{\beta:A}\rangle |1_{\alpha:B}\rangle\right) \tag{3.83}$$

のように表現しなくてはならない。ここで，$1/\sqrt{2}$ を付けたのは，規格化のためである。このプラスマイナスの符号の違いは，わずかなことのように見えるけれども，実はたいへん重大な，あるいは決定的な違いなのである。というのは，実は舞台の表と裏がつながっていて，もし状態 B が実は状態 A と同じ状態で，状態 A に2個目の粒子が入るということに相当することを表す箱だったとすると，符号を変えないほうの状態ケットは同じ状態の積の足し算だから $\sqrt{2}$ 倍になり，符号を変えるほうの状態ケットは同じ状態の積の引き算だからゼロになってしまう。

$$\begin{aligned}|1_\alpha 1,\beta : A, B = A\rangle &= \frac{1}{\sqrt{2}}\left(|1_{\alpha:A}\rangle |1_{\beta:A}\rangle + |1_{\beta:A}\rangle |1_{\alpha:A}\rangle\right) \\ &= \sqrt{2}\,|1_{\beta:A}\rangle |1_{\alpha:A}\rangle \end{aligned} \tag{3.84}$$

$$\begin{aligned}|1_\alpha 1,\beta : A, B = A\rangle &= \frac{1}{\sqrt{2}}\left(|1_{\alpha:A}\rangle |1_{\beta:A}\rangle - |1_{\beta:A}\rangle |1_{\alpha:A}\rangle\right) \\ &= 0 \end{aligned} \tag{3.85}$$

このことから，粒子の交換によって状態の位相が π だけ変化し，状態の符号が変わるような粒子の場合は，同じ状態に2個の粒子が入ることができないことになる。

このような，粒子の入換えによって状態の符号が変わる粒子をフェルミ粒子という。

$$\text{Fermi}\ :\ |1_{\beta:A}\rangle |1_{\alpha:B}\rangle = -|1_{\alpha:A}\rangle |1_{\beta:B}\rangle = e^{i\pi}|1_{\alpha:A}\rangle |1_{\beta:B}\rangle \tag{3.86}$$

フェルミ粒子は，同じ状態に1個の粒子しか入ることができない。フェルミ粒

子に対するこのような性質を，パウリの排他原理という．些細なことであるようだが，実は，原子からなる私たちの身の回りの物質が，多様で，しかも安定な姿を保っているのは，この原理によるのである．パウリは，量子力学を築き上げた時代の，最も偉大な理論物理学者の一人である．パウリ行列にも名前が付いていることからも推察されるように，フェルミ粒子は，スピン 1/2 系のような，2 価性の内部自由度をもつ粒子である．

フェルミ粒子と対照的に，粒子の交換によって状態の位相が 2π 変化し，状態の符号が変わらない性質の粒子をボース粒子という．

$$\text{Bose}: |1_{\beta:A}\rangle |1_{\alpha:B}\rangle = + |1_{\alpha:A}\rangle |1_{\beta:B}\rangle = e^{2\mathrm{i}\pi} |1_{\alpha:A}\rangle |1_{\beta:B}\rangle \quad (3.87)$$

ボース粒子の場合は，同じ状態にさらにたくさんの粒子が入ることができて，しかもたくさん入るほど，粒子の交換によって生ずる状態の数が増えてくることになる．状態の重みというのは，それが観測される確率と関係しているので，ボース粒子は，同じ状態に入るほうが，異なる状態に入るよりも確率が高い，というような振舞いをする．このようなたくさん粒子が入る箱の描像について，節を改めて考察してみよう．

3.4 多数の粒子の入る箱の描像

今度は，一つの箱の中に，いくつでも入るボース粒子の状態を記述する方法を研究しよう．前の節と同様，粒子をたくさん考える代わりに，この箱の中，あるいは世界の中に，粒子がない状態 $|0\rangle$，1 個入った状態 $|1\rangle$，2 個入った状態 $|2\rangle$, $\cdots$, n 個入った状態 $|n\rangle$, $\cdots$ というように，粒子の数を表示した箱がたくさん用意されていて，一つのスイッチ粒子を，個数で名前の付いたどの箱に入れるかで，状態を区別することにする．

このような状態に対して，粒子を 1 個増やす生成演算子 $\hat{a}^\dagger$ と，粒子を 1 個減らす消滅演算子 $\hat{a}$ を考える．そして粒子がない状態，すなわち真空 $|0\rangle$ を定めれば，すべての状態が表せることになる．

$$\left.\begin{aligned}
\hat{a}\ket{0} &= 0 \\
\hat{a}\ket{n} &= \alpha_n\ket{n-1} \quad (n=1,\ 2,\ 3,\ \cdots) \\
\hat{a}^\dagger\ket{n} &= \beta_n\ket{n+1} \quad (n=1,\ 2,\ 3,\ \cdots)
\end{aligned}\right\} \tag{3.88}$$

ここで，一般に粒子の減った状態，増えた状態に係数を付けておいたので，この係数をどうおいたらたくさんの粒子の問題を表現するのに便利かを，考えてみよう．区別のない粒子であるので，粒子の入替えの問題が生ずるが，ここでは，同じ状態にいくつでも入れるボース粒子を考えているので，状態はこの入替えの数に応じて重みが増していることになるはずである．そこで，消滅演算子と生成演算子とをそれぞれ作用させた結果，ある状態が別の状態になる確率を，粒子のうちどれを減らしたのか，どれを増やしたのかという，場合の数に置き換えるのが便利である．

粒子が n 個ある状態 $\ket{n}$ に対して，粒子を 1 個減らす操作を行ったとき，これを観測して粒子が $n-1$ 個になったことを確かめることは $\bra{n-1}\hat{a}\ket{n}$ で表せるから，その確率を，n 個の粒子のどれを消滅させたかという場合の数 n に置き換えることにしよう．

$$|\bra{n-1}\hat{a}\ket{n}|^2 = |\bra{n-1}\alpha_n\ket{n-1}|^2 = |\alpha_n|^2 = n \tag{3.89}$$

これより

$$\alpha_n = \sqrt{n}e^{i\phi}, \qquad \alpha_n = \sqrt{n} \quad (\phi = 0) \tag{3.90}$$

と，自由に選べる位相因子 $e^{i\phi}$ があるが，これを $1(\phi = 0)$ に選んで，係数 α_n を決めることにする．

同じように，粒子が n 個ある状態 $\ket{n}$ に対して，粒子を 1 個増やす操作を行ったとき，これを観測して粒子が $n+1$ 個になったことを確かめることは $\bra{n+1}\hat{a}^\dagger\ket{n}$ で表されるから，その確率を $n+1$ 個の粒子のうちのどれを消滅させたかという場合の数 $n+1$ に置き換えることにしよう．

$$\left|\bra{n+1}\hat{a}^\dagger\ket{n}\right|^2 = |\bra{n+1}\beta_n\ket{n+1}|^2 = |\beta_n|^2 = n+1 \tag{3.91}$$

これより

$$\beta_n = \sqrt{n+1}e^{i\phi'}, \qquad \beta_n = \sqrt{n+1} \quad (\phi' = 0) \tag{3.92}$$

と，自由に選べる位相因子 $e^{i\phi'}$ があるが，これを $1(\phi' = 0)$ に選んで，係数 β_n を決めることにする．

消滅演算子と生成演算子の交換関係をつくってみると

$$\begin{aligned}\hat{a}\hat{a}^\dagger |n\rangle &= \hat{a}\sqrt{n+1}|n+1\rangle = \sqrt{n+1}\sqrt{n+1}|n\rangle = (n+1)|n\rangle, \\ \hat{a}^\dagger\hat{a}|n\rangle &= \hat{a}^\dagger\sqrt{n}|n-1\rangle = \sqrt{n}\sqrt{n}|n\rangle = n|n\rangle\end{aligned} \tag{3.93}$$

となるので，交換関係

$$\left[\hat{a},\ \hat{a}^\dagger\right] = \hat{a}\hat{a}^\dagger - \hat{a}^\dagger\hat{a} = 1 \tag{3.94}$$

が得られる．ここで，$\hat{a}^\dagger\hat{a}$ は，n 個の粒子の状態に対して n を固有値とする固有状態をもつ，個数を出力させる演算子であることがわかる．

また，一般に粒子数 n の状態 $|n\rangle$ は

$$\left.\begin{aligned}|1\rangle &= \frac{1}{\sqrt{1}}\hat{a}^\dagger |0\rangle \\ |2\rangle &= \frac{1}{\sqrt{2}}\hat{a}^\dagger |1\rangle \\ \vdots\quad &\quad\vdots \\ |n-1\rangle &= \frac{1}{\sqrt{n-1}}\hat{a}^\dagger |n-2\rangle \\ |n\rangle &= \frac{1}{\sqrt{n}}\hat{a}^\dagger |n-1\rangle\end{aligned}\right\} \tag{3.95}$$

であるから，真空 $|0\rangle$ に生成演算子を n 回作用させることによって生み出すことができる．

$$|n\rangle = \frac{1}{\sqrt{n!}}\left(\hat{a}^\dagger\right)^n |0\rangle \tag{3.96}$$

このような，ボース粒子の個数状態に作用する生成消滅演算子を，個数状態の射影演算子で書いておこう．すべての個数状態 $|n\rangle$ について，個数が 1 だけ変化した状態への射影をしなければならないので

$$\hat{a} = \sum_{n=1}^{\infty} \sqrt{n} \, |n-1\rangle \langle n| \tag{3.97}$$

$$\hat{a}^\dagger = \sum_{n=0}^{\infty} \sqrt{n+1} \, |n+1\rangle \langle n| \tag{3.98}$$

ということになる。ここで，$\hat{a}$ は真空からの射影 $\langle 0|$ を含んでいないことに注意しよう。この式に見るように，左辺にある演算子というものはプログラムのようなものである。このシステムをコンピューターのようなものだと思えば，その中で実行されている計算の過程を数値として保持している，レジスターというものを考えると，計算にかかわっているすべてのレジスターから 1 を引くというような操作が，消滅演算子に相当するプログラムである。それを実行するときには，それぞれのレジスターの状態に応じて，式の右辺に対応するような，きわめて多様な状態の操作を実行しなくてはならない。演算子あるいはプログラムで操作を記述するということが，いかに便利で有用かということが，このような点からもよくわかってきたのではないだろうか。

このように多数の粒子からなる状態の重ね合せ状態においては，消滅演算子 $\hat{a}$ に対する固有状態をつくることができる。

$$\hat{a}|\alpha\rangle = \alpha|\alpha\rangle \tag{3.99}$$

$$|\alpha\rangle = e^{-|\alpha|^2} \sum_{n=0}^{\infty} \frac{\alpha^n}{\sqrt{n!}} |n\rangle$$

これは，粒子を取り出して観測しても状態が変わらないので，古典的な状態と類似したものであり，コヒーレント状態という。これは，粒子の個数状態を，統計でよく出てくるポアソン分布で重ね合わせたものである。ボース粒子の代表は光子であるが，レーザーは，光子のコヒーレント状態を発生させる量子装置として有名である。コヒーレント状態は，生成演算子 $\hat{a}^\dagger$ に対しては固有状態ではないことに注意しよう。アジョイント演算子の定義から，コヒーレント状態を表すブラベクトルに対しては，生成演算子 $\hat{a}^\dagger$ が複素数の固有値をもつ状態となる。

$$\langle \alpha | \hat{a}^\dagger = \langle \alpha | \alpha^* \tag{3.100}$$

消滅演算子に対して α という固有値をもつコヒーレント状態は，どのような性質をもつのか考えてみよう．ここでは，状態に粒子数以外のなんの特徴も与えなかったから，物理量として考えられるのは粒子数と状態の位相である．まず粒子数の期待値を計算してみると

$$\langle n \rangle = \langle \alpha | \hat{n} | \alpha \rangle = \langle \alpha | \hat{a}^\dagger \hat{a} | \alpha \rangle = \alpha^* \alpha = |\alpha|^2 \tag{3.101}$$

であり，粒子数の期待値 $|\alpha|^2$ に基づいて，コヒーレント状態にラベル α が付けられていることがわかる．すなわち，位相因子も含めて粒子数の期待値で書き換えると

$$\alpha = \sqrt{\langle n \rangle} e^{i\phi} \tag{3.102}$$

である．つぎに，粒子数の不確定性を計算するために，粒子数の2乗の期待値を求めてみよう．$\hat{a}$ が $|\alpha\rangle$ に，$\hat{a}^\dagger$ が $\langle \alpha |$ に作用するように，消滅演算子と生成演算子の交換関係 $[\hat{a}, \hat{a}^\dagger] = 1$ を用いて並べ替えれば固有値が出てくるので

$$\begin{aligned} \langle n^2 \rangle &= \langle \alpha | \hat{n}^2 | \alpha \rangle = \langle \alpha | \hat{a}^\dagger \hat{a} \hat{a}^\dagger \hat{a} | \alpha \rangle \\ &= \langle \alpha | \hat{a}^\dagger \left(1 + \hat{a}^\dagger \hat{a}\right) \hat{a} | \alpha \rangle = \langle n \rangle + \langle \alpha | \hat{a}^\dagger \hat{a}^\dagger \hat{a} \hat{a} | \alpha \rangle \\ &= |\alpha|^2 + |\alpha|^4 \end{aligned} \tag{3.103}$$

が得られる．これより，粒子数の分散，すなわち粒子数の不確定性は

$$\Delta n = \sqrt{\langle n^2 \rangle - \langle n \rangle^2} = \sqrt{|\alpha|^2 + |\alpha|^4 - |\alpha|^4} = |\alpha| \tag{3.104}$$

となり，コヒーレント状態では，粒子数の期待値 $\langle n \rangle$ は $|\alpha|^2$，その不確定性 Δn は $|\alpha|$ になっている．これは粒子数の期待値が増えるに従って，粒子数の相対的な不確定性が減ること

$$|\alpha| \to \infty, \quad \frac{\Delta n}{\langle n \rangle} = \frac{1}{|\alpha|} \to 0 \tag{3.105}$$

を意味する．このようにコヒーレント状態は，粒子数の期待値の増加とともに，系が古典的に振る舞うように見えるようになることを意味している．

3.5 とびとびの状態の間の遷移と遷移確率

この章では，量子力学的な状態とその記述，そして状態の変化とその記述について，さまざまなバーチャル世界を想定して考察を行った。これらのバーチャル世界は，実際にこの宇宙を取り扱う量子力学において有用なものばかりである。それがどのように，私たちが経験を通じて知ることのできない，ミクロな世界につながるかは，つぎの章で取り扱う観測という問題と，量子力学的運動にどのような解釈を与えるかということで決まってくる。

そこで，この章の締めくくりとして，そしてつぎの章への準備として，量子力学な状態に操作が加わった後，それがどのように他の状態に変わるかということを表す，量子力学的遷移とその表現について考察しておこう。

3.5.1 量子力学的状態の変化と遷移確率

ごく一般的に状況設定をすれば，ある世界を構成し，そこにあるオブジェクトを置いて，それが最初に，ある状態にあったということになる。

ここまで勉強してきた読者は，これだけの言葉で，どのように世界を設定し，どのようにオブジェクトの性質を設定し，その状態をどのように記述するか，というようなことについて，この章で考察してきたさまざまな状況に対応する準備が，頭の中に即座にできていることであろう。そして改めて，人間の脳，あるいは思考というものが，とてつもないポテンシャルをもっていることに気づくかもしれない。というのは，これまでそれなりの苦労をして，さまざまなことを表現し，紙の上につづってきたのであるが，そういうきわめて部分的で断片的なものを通して，読者は，その脳の中，あるいは思考のうちに，それが展開するであろう世界のすべてを理解し把握する準備を，すでにしてしまっているに違いないからである。大げさにいっているように聞こえるかもしれないが，実際，読者が，地球，月世界，太陽，惑星系，銀河，星雲，ブラックホールなどという，実際には見たこともないことについての断片的な知識をつなぎ合わ

3.5 とびとびの状態の間の遷移と遷移確率

せて,宇宙全体に対するあるイメージをもつことができているとすれば,それは量子力学を理解するということにおいても同様なのである。経験によって知ることが原理的にできないミクロな世界を,把握し理解し記述する量子力学というものは,人間がこのような能力に恵まれていなければ,到底つくることができないのである。

さて,そこでごく一般的な状況設定をして,ある世界を構成し,そこにあるオブジェクトを置いて,それが最初に状態

$$|\Psi_{\text{initial}}\rangle \tag{3.106}$$

にあったとしよう。これを初期状態あるいは始状態と呼ぶ。

つぎに,この状態に,ある操作 $\hat{U}$ が加わり,状態が変化したとしよう。

$$\hat{U}|\Psi_{\text{initial}}\rangle \tag{3.107}$$

量子力学的な世界では,さまざまな状態の重ね合せが可能であるが,私たちがそれを観測する場合には,その状態はわたしたちが用意した測定器が測ろうとしている状態のうちの,どれかになってしまうのである。これはなぜかというと,対象とする系が,測定器が測ろうとしている状態のどれかになってしまうまでは,わたしたちは観測が終わったとはいわないからである。もちろん,観測が失敗した場合に,系がどのような状態になったかは知る由もない。

そこで,系がある状態であると観測されることを考え,その状態を

$$|\Psi_{\text{final}}\rangle \tag{3.108}$$

とし,これを終状態という。

操作によって変化した状態を,終状態 $|\Psi_{\text{final}}\rangle$ を基底の一つとするアイデンティティーで展開し

$$\hat{U}|\Psi_{\text{initial}}\rangle = \sum_j |\Psi_j\rangle\langle\Psi_j|\hat{U}|\Psi_{\text{initial}}\rangle = \sum_j c_j |\Psi_j\rangle \tag{3.109}$$

であると考えよう。そうすると,j が終状態 final であるときの状態の重ね合せの係数

$$c_{\text{final}} = \langle \Psi_{\text{final}} | \hat{U} | \Psi_{\text{initial}} \rangle \tag{3.110}$$

の絶対値の2乗は，観測によって系がその終状態にあることを見出す確率になっている．したがって，これまで考察してきた，重ね合せの係数の解釈に基づいて，初期状態が操作によって変化し，終状態にあることが観測される確率は

$$P_{\text{final}} = |c_{\text{final}}|^2 = \left| \langle \Psi_{\text{final}} | \hat{U} | \Psi_{\text{initial}} \rangle \right|^2 \tag{3.111}$$

と考えなくてはならない．これを操作 $\hat{U}$ による，始状態から終状態への遷移確率という．遷移を表す係数 $\langle \Psi_{\text{final}} | \hat{U} | \Psi_{\text{initial}} \rangle$ は遷移振幅と呼ばれる．

状態の遷移は，量子力学的状態の変化に関わる実験において，最も重要な要素の一つである．

3.5.2 遷移振幅と遷移確率

ここで，一つ注意しておくべき大事なことがある．それは，系にどのような操作を加えたとしても，系が終状態としてとることのできない状態に遷移することは，決してないということである．

つぎの章で詳しく考察するように，量子力学的な系は，ある観測とつぎの観測との間には，あらゆる可能な道筋をすべてたどるというような振舞いをするような系である．したがって，終状態を決める測定器の性質にかかわりなく，途中経過ではあらゆる可能な状態にあると考えてもよい．

このように考えて，系がある操作や運動の後に，目印 k で区別される状態 $|\Psi_k\rangle$ になったとしよう．$|\Psi_k\rangle$ が d_k 個の区別できない状態からなるとして，このような可能な状態をすべて含めた系がつくるアイデンティティーを

$$\hat{I} = \sum_k d_k |\Psi_k\rangle \langle \Psi_k| \tag{3.112}$$

と表し，これを用いて遷移振幅を展開して，遷移確率を考えることができる．そしてさらに，終状態として系がとることができる状態を，目印 j で区別したうえですべて集めて

3.5 とびとびの状態の間の遷移と遷移確率

$$\sum_j |\Psi_{\text{final}_j}\rangle \tag{3.113}$$

とすれば，終状態すべてに遷移する確率の和は

$$\begin{aligned}
\sum_j P_{\text{final}_j} &= \sum_j \left|\langle\Psi_{\text{final}_j}| \sum_k d_k |\Psi_k\rangle \langle\Psi_k| \hat{U} |\Psi_{\text{initial}}\rangle\right|^2 \\
&= \sum_k d_k \sum_j \left|\langle\Psi_{\text{final}_j} |\Psi_k\rangle \langle\Psi_k| \hat{U} |\Psi_{\text{initial}}\rangle\right|^2 \\
&= \sum_k d_k \sum_j \left|\langle\Psi_{\text{final}_j} |\Psi_k\rangle\right|^2 \left|\langle\Psi_k| \hat{U} |\Psi_{\text{initial}}\rangle\right|^2 \tag{3.114}
\end{aligned}$$

ここで

$$|\mathcal{A}_k|^2 = \left|\langle\Psi_k| \hat{U} |\Psi_{\text{initial}}\rangle\right|^2 \tag{3.115}$$

を，始状態 $|\Psi_{\text{initial}}\rangle$ が操作 $\hat{U}$ によって状態 $|\Psi_k\rangle$ となった遷移振幅の絶対値の2乗と解釈することができる．そして，分離された

$$\mathcal{D}_k = d_k \sum_j \left|\langle\Psi_{\text{final}_j} |\Psi_k\rangle\right|^2 \tag{3.116}$$

を，仮に考えた状態 $|\Psi_k\rangle$ がどのぐらい終状態を含んでいるかという指標と見なすことができる．$\mathcal{D}_k$ を終状態モード数と呼ぶ．そうすると，始状態 $|\Psi_{\text{initial}}\rangle$ が操作 $\hat{U}$ によって状態 $|\Psi_k\rangle$ として観測される確率 P_k は

$$\sum_j P_{\text{final}_j} = \sum_k P_k \tag{3.117}$$

$$P_k = \mathcal{D}_k |\mathcal{A}_k|^2 = \mathcal{D}_k \left|\langle\Psi_k| \hat{U} |\Psi_{\text{initial}}\rangle\right|^2$$

のように，遷移振幅の絶対値2乗と終状態モード数の積として書き表すことができる．このように，量子力学的な状態の遷移は，終状態がどのぐらいあるか，あるいはそもそも終状態があるかどうかに依存して決まる．これは，量子力学的状態の記述，すなわち量子力学という理論が，観測あるいは測定という行為を通じてのみ現実の宇宙の認識と結び付くという，最も基本的な思想の表現になっているからである．

このことから，世界を構成する際に定めた境界条件などを変更し，構成した世界そのものの性質を実験的に変化させ，そこに加える実験的な操作に対する終状態モードの数を変化させて遷移確率の変化を測るというような実験は，量子力学の最も重要な側面を明らかにする。

一般に，時間変化に対して一様である，すなわちエネルギーが保存する系がある初期状態 $|\text{initial}\rangle$ にある場合を考え，そこからある操作 $\hat{V}$ によって，連続的な変数 β で表されるような終状態に移るような場合も考えておこう。このとき，終状態を区別するラベルを k の代わりに連続的な変数 β に置き換え，β から $\beta+\mathrm{d}\beta$ にある終状態モード数を $\rho(\beta)\mathrm{d}\beta$ として，$\rho(\beta)$ を終状態モード密度という。このような場合の一般的法則として，β から $\beta+\mathrm{d}\beta$ の間の終状態 $|\text{final}_\beta\rangle$ に遷移するときの，単位時間当りの遷移確率は

$$P_f i(\beta) = \frac{2\pi}{\hbar} \left| \langle \text{final}_\beta | \hat{V} | \text{initial} \rangle \right|^2 \rho(\beta) \tag{3.118}$$

で与えられることが知られている。これは，さまざまな実験とその理論との比較において出てくる，たいへん重要で役に立つ規則なので，フェルミのゴールデンルールと呼ばれている。

ここでは，単位時間当りの遷移確率というものを導入したが，これは量子力学のさまざまな場面でよく現れる遷移確率の表し方である。単位時間当りであるので，確率そのものは必ず 1 より小さい値しかとらないが，その遷移が短時間に起こる場合には，単位時間当たりの遷移確率は 1 よりもはるかに大きな数字になるので，この点を記憶にとどめておこう。

3.5.3 観測と状態の遷移の切り離せない関係

遷移はそれが起こる確率で評価されるから，繰り返し同じ状態にある量子力学的状態を用意してその遷移を測定し，どのような確率でどの遷移が観測されるかを評価することによって，その用意された系の運動の状態を調べることができる。しかし，確率解釈が重要であるといっても，このような繰返し観測における確率のみが重要であるとはかぎらない。その一つの例を考察してみよう。

3.5 とびとびの状態の間の遷移と遷移確率

前節で考察した 2 準位系のように，系の状態がスピン 1/2 空間の半径 1 の球面上の点で表現される場合を考えてみよう．系を構成する二つの状態を，$|1\rangle$, $|0\rangle$ としよう．最初に系を観測すると，球の南極を向いた状態 $|S_z = -1\rangle$, あるいは北極を向いた状態 $|S_z = +1\rangle$ のどちらかにあることが観測されて，系は観測された状態になってしまう．そこで，その結果を $|S_z = 1\rangle$ と考えて，これが始状態であるとしよう．

$$|\Psi_{\text{initial}}\rangle = |S_z = 1\rangle, \quad \boldsymbol{S}_{\text{initial}} = S_z \boldsymbol{e}_z \tag{3.119}$$

ケットで表した系の状態は，仮想的なスピン 1/2 空間のベクトル $\boldsymbol{S}$ に対応する．この系における運動は，仮想的なスピン空間の半径 1 の球面上に束縛された状態の回転であったから，例えば，系が x 軸の周りに一定の速さで回転するような運動を考えよう．その回転速度を ω とすれば，スピン空間でのベクトルで表された系の始状態 $\boldsymbol{S}_{\text{initial}} = +\boldsymbol{e}_z$ から，時間 Δt 経過した後の状態は，このスピン空間の始状態のベクトルを，zy 平面内で x 軸の周りに角度 $\phi = \omega \Delta t$ だけ回転したベクトルの指し示す状態となる．この状態は，スピン空間のベクトルで表すと

$$\cos\phi\, \boldsymbol{e}_z - \sin\phi\, \boldsymbol{e}_y \tag{3.120}$$

となる．これをパウリ行列で書き表せば，

$$\begin{pmatrix} c_1^* c_1 & c_1^* c_0 \\ c_0^* c_1 & c_0^* c_0 \end{pmatrix}$$

$$= \frac{1}{2}\begin{pmatrix} 1 & 0 \\ 0 & 1 \end{pmatrix} - \frac{1}{2}\begin{pmatrix} 0 & -i \\ i & 0 \end{pmatrix}\sin\phi + \frac{1}{2}\begin{pmatrix} 1 & 0 \\ 0 & -1 \end{pmatrix}\cos\phi$$

$$= \begin{pmatrix} \frac{1}{2}(1+\cos\phi) & \frac{i}{2}\sin\phi \\ -\frac{i}{2}\sin\phi & \frac{1}{2}(1-\cos\phi) \end{pmatrix} = \begin{pmatrix} \cos^2\frac{\phi}{2} & \frac{i}{2}\sin\phi \\ -\frac{i}{2}\sin\phi & \sin^2\frac{\phi}{2} \end{pmatrix} \tag{3.121}$$

ここで，$\cos 2\theta = 2\cos^2\theta - 1 = 1 - 2\sin^2\theta$ を用いた．

この系が，2準位系を構成する二つのとびとびの状態のどちらにあるかを観測すれば，$|1\rangle$ が観測される確率は $\cos^2\phi/2$，$|0\rangle$ が観測される確率は $\sin^2\phi/2$ となる．ここで，最初の観測からつぎの観測までの時間 Δt を，不確定性原理の許す範囲で小さくしていくと

$$\Delta t \to 0: \quad \cos^2\frac{\phi}{2} \to 1, \quad \sin^2\frac{\phi}{2} \to 0 \tag{3.122}$$

であり，観測のすぐ後にまた観測を行うと，始状態と同じ状態であると観測される確率がほとんど1となる．観測によって，系は観測結果の状態になってしまうのが量子力学的状態であるから，観測のすぐ後にまた観測を行うと，系の状態はほとんど確率1で始状態に戻ってしまうのである．したがって，観測をしなければこの状態はスピン空間の中での回転運動をするのだが，頻繁に観測をすると，その状態の運動はもとの状態からなかなか遷移できないことになる．このような，観測が系に重大な影響を与えることが，ミクロな系の特徴であり，また量子力学の特質なのである．その昔，観測している矢は飛ばないのではないかということを議論したギリシアの哲学者ゼノンから名前をとって，このように観測が系の運動を妨げる効果を，これを英語読みした名前で量子ゼノ効果と呼んでいる．21世紀に量子力学を習う意義の一つとして，ミクロな系がマクロな系に埋まっている場合には，この効果が重要になる状況があるということを記憶にとどめておこう．

3.6 舞台裏まで考慮した状態の記述

この章の後半では，さまざまな特徴的な状態とその記述について考察してきたが，だんだん系が複雑になり，そこにさまざまな特徴ある付加的要素が加わるにつれ，その部分的な振舞いにだけに着目するという状況になってくる．しかし，着目していない部分だからといって，あまり曖昧にしておくわけにはいかない．量子力学系は，観測と観測の間の外界と切り離された閉じた世界を取り扱うので，構成した世界の性質に応じてさまざまな保存則や制約が課されて

おり，舞台裏の出来事といえども，着目している部分に影響を与えることをきちっと把握しておかなくてはならない。すなわち，舞台の上で起きることに責任ある舞台監督は，舞台に現れる舞台裏の影響まできちっと掌握していなくてはならないということである。

こういうことをきちっと考察しておけば，今度はその知識を使って，複雑な系を取り扱う必要が生じた場合にも途方にくれることなく，系の部分的な情報に着目し，その他の複雑な系の振舞いについては知る必要がないと正しく判断して，それを目に見えるほうの描像から隠してしまうことができる。これを捨象という。すなわち，部分空間への上手な射影をつくることに相当する。一般に自然界は複雑である。複雑な系からも有用な情報や機能を引き出し，これを利用することができるということは，量子力学的効果を，原子一つ，分子一つという極限的な場合から，外界から孤立した固体や気体などのマクロは場合に至るまで利用できることにつながる。このような，部分系の情報に着目する取扱いを，この節では研究しておこう。

ところで，読者は，それでは観客は舞台とどのようにかかわってくるのだろう，という疑問を抱くかもしれない。量子力学的な系が閉じた系ならば観客は系の外のいることになるが，上で考察したゼノ効果などのように系と切り離せないという観客は，系とどのようにかかわることになるのだろうか。あるいは，例えば全宇宙の量子状態というような，観客も含めた閉じた系を考えて，それをきちっと取り扱うことができるのだろうか。このような問題全体は，観測の問題と呼ばれ，次章以降で考察する。

まず，閉じた世界が含むさまざまな状態を，いま着目している状態 $|\varphi\rangle$ と，これを除くすべての状態 $|\theta\rangle$ に分けて考えよう。それぞれの部分に属する固有状態を $|\varphi_i\rangle$, $|\theta_j\rangle$ とし，系全体の状態 $|\Psi\rangle$ を書き表せば

$$|\Psi\rangle = \sum_{i,j} c_{ij} |\varphi_i\rangle |\theta_j\rangle \tag{3.123}$$

のように書き表すことができるだろう。ここで，着目している部分の状態とその他の部分の状態は，つまり舞台の上と舞台裏の状態は，どんなに複雑であっても大きな一つの量子力学的な系として外界から孤立しており，舞台の上がこういう状態であるときの舞台裏の状態というように，同時に全系の部分として存在し相互に関係をもつ状態であるので，式のように状態の直接の積で表さなければならない。そして，係数 c_{ij} は，着目している状態とその他の部分との相関を表す係数であるから，一般には i と j の添字を切り離す書き方はできないことに注意しよう。

このとき，着目している部分系の状態にのみかかわる物理量 O を測定することを考えよう。そうすると，その物理量 O に対応する演算子を $\hat{O}$ として，O の期待値を与える式はつぎのように書くことができる。

$$\begin{aligned}\langle O \rangle &= \langle \Psi | \hat{O} | \Psi \rangle \\ &= \sum_{i,j} c_{ij}^* \langle \theta_j | \langle \varphi_i | \hat{O} \sum_{k,l} c_{kl} | \varphi_k \rangle | \theta_l \rangle \\ &= \sum_{i,j} \sum_{k,l} c_{ij}^* c_{kl} \langle \theta_j | \langle \varphi_i | \hat{O} | \varphi_k \rangle | \theta_l \rangle \end{aligned} \tag{3.124}$$

ここで，式を変形する技巧として，アイデンティティー

$$\hat{I} = \sum_{m,n} |\varphi_m\rangle |\theta_n\rangle \langle \theta_n| \langle \varphi_m| \tag{3.125}$$

を演算子の間に割り込ませてみよう。

$$\begin{aligned}\langle O \rangle &= \sum_{i,j} \sum_{k,l} c_{ij}^* c_{kl} \langle \theta_j | \langle \varphi_i | \hat{O} \hat{I} | \varphi_k \rangle | \theta_l \rangle \\ &= \sum_{i,j} \sum_{k,l} c_{ij}^* c_{kl} \langle \theta_j | \langle \varphi_i | \hat{O} \sum_{m,n} |\varphi_m\rangle |\theta_n\rangle \langle \theta_n| \langle \varphi_m | \varphi_k \rangle | \theta_l \rangle \end{aligned}$$
$$\tag{3.126}$$

演算子 $\hat{O}$ は，状態 $|\theta\rangle$ には作用しないので

$$
\begin{aligned}
\langle O \rangle &= \sum_{m,n} \sum_{i,j} \sum_{k,l} c_{ij}^* c_{kl} \langle \theta_j | \theta_n \rangle \langle \varphi_i | \hat{O} | \varphi_m \rangle \langle \varphi_m | \varphi_k \rangle \langle \theta_n | \theta_l \rangle \\
&= \sum_{m,n} \sum_{i,j} \sum_{k,l} c_{ij}^* c_{kl} \delta_{jn} \langle \varphi_i | \hat{O} | \varphi_m \rangle \langle \varphi_m | \varphi_k \rangle \delta_{nl} \\
&= \sum_m \sum_{i,j,k} c_{ij}^* c_{kj} \langle \varphi_i | \hat{O} | \varphi_m \rangle \langle \varphi_m | \varphi_k \rangle \\
&= \sum_m \sum_{i,j,k} c_{ij}^* c_{kj} \langle \varphi_m | \varphi_k \rangle \langle \varphi_i | \hat{O} | \varphi_m \rangle \\
&= \sum_m \langle \varphi_m | \left\{ \sum_{i,j,k} c_{ij}^* c_{kj} | \varphi_k \rangle \langle \varphi_i | \right\} \hat{O} | \varphi_m \rangle \quad (3.127)
\end{aligned}
$$

となる.

ここで，いま着目している演算子 $\hat{O}$ が関与する部分系を除くすべての状態 $|\theta\rangle$ が，括弧でくくった部分全体を一つの演算子 $\hat{\rho}$ と見なすことによって，捨象されていることになる．すなわち，密度演算子と呼ばれる

$$
\hat{\rho} = \sum_{i,j,k} c_{ij}^* c_{kj} | \varphi_k \rangle \langle \varphi_i | \quad (3.128)
$$

を用いて，着目している部分系とその他すべてを含む状態を記述するならば，いま着目している部分系にのみ関与する物理量 O の期待値は，それに対応する演算子 $\hat{O}$ と密度演算子 ρ によって

$$
\langle O \rangle = \sum_m \langle \varphi_m | \hat{\rho} \hat{O} | \varphi_m \rangle = \mathrm{Tr} \left\{ \hat{\rho} \hat{O} \right\} \quad (3.129)
$$

と表される．ここで $\mathrm{Tr}\{\hat{A}\}$ は，演算子 $\hat{A}$ をブラとケットではさんで得られる行列 $A_{i,j} = \langle \varphi_i | \hat{A} | \varphi_j \rangle$ の対角成分の和，つまり $i = j$ の成分の和であり，行列のトレース，あるいは跡という．

このように，着目している部分系にのみ関係する物理量について議論する場合にも，実は部分系を除くすべて，すなわち舞台裏の状態 $|\theta_j\rangle$ が部分系との相関係数 $c_{ij}^* c_{kj}$ を通じて寄与していることを注意深く評価したうえで，これを捨象しなくてはならないのである．この係数は，密度演算子の行列要素であり，相関係数によって書き表される．

$$\rho_{mn} = \langle \varphi_m | \hat{\rho} | \varphi_n \rangle = \sum_{i,j,k} c_{ij}^* c_{kj} \langle \varphi_m | \varphi_k \rangle \langle \varphi_i | \varphi_n \rangle$$
$$= \sum_{i,j,k} c_{ij}^* c_{kj} \delta_{mk} \delta_{in} = \sum_{j} c_{nj}^* c_{mj} \tag{3.130}$$

このような状況で使われる密度演算子を，混合状態の密度演算子という．着目している部分系の外の世界，すなわち舞台裏を捨象する手続きは，多少手間を要したけれども最終結果はとてもシンプルである．密度演算子を使いこなすことによって，複雑な量子系の中から，着目する物理量に関する有意義な情報を取り出すことが容易にできるのである．このようにして密度演算子と状態の変化，すなわち運動がどう関係するかを量子力学として表現し理解することができるならば，わたしたちは少なくとも舞台の上で起こることをきちっと把握することができるようになる．このことは，つぎの章でさらに考察する．

定義からすぐわかるように，エルミート演算子である混合状態の密度演算子が，実数 w_i を固有値とする固有状態 $|\varphi_i\rangle$ によって

$$\hat{\rho} = \sum_{i} w_i |\varphi_i\rangle \langle \varphi_i| \tag{3.131}$$

のように表現されているとすれば，物理量 O の期待値は

$$\langle O \rangle = \mathrm{Tr}\{\hat{\rho}\hat{O}\} = \sum_{m} \langle \varphi_m | \sum_{i} w_i | \varphi_i \rangle \langle \varphi_i | \hat{O} | \varphi_m \rangle$$
$$= \sum_{i} w_i \langle \varphi_i | \hat{O} | \varphi_i \rangle = \sum_{i} w_i O_i \tag{3.132}$$

のように，w_i で重みづけされた O_i の和になっている．このことから，w_i を，舞台裏の影響も含めて評価した場合の，部分系の状態 $|\varphi_i\rangle$ が現れる確率であると解釈できることになる．すなわち，混合状態である部分系においては，舞台裏からの影響によって舞台の上でのそれぞれの固有状態の重みが変わるために，舞台裏の影響を反映した係数 w_i によって重みづけされた，密度演算子を用いなくてはならないのである．

ここで，混合状態の意味を把握するために，系が舞台裏をもたない，すなわち着目している系が完全系であるような場合に，密度演算子の性質を調べてみ

よう。このような状況を，混合状態との対比で，純粋状態と呼んでいる。純粋状態の場合には，着目している系の状態 $|\varphi\rangle$ のみからアイデンティティーをつくることができる。

$$\hat{I} = \sum_i |\varphi_i\rangle\langle\varphi_i| \tag{3.133}$$

これを演算子 $\hat{O}$ の期待値の式にはさみ込めば

$$\begin{aligned}\langle O\rangle &= \langle\Psi|\hat{O}|\Psi\rangle \\ &= \langle\Psi|\hat{O}\sum_i |\varphi_i\rangle\langle\varphi_i|\Psi\rangle \\ &= \sum_i \langle\varphi_i|\Psi\rangle\langle\Psi|\hat{O}|\varphi_i\rangle = \text{Tr}\left\{\hat{\rho}\hat{O}\right\}\end{aligned} \tag{3.134}$$

であるから，純粋状態の密度演算子は，$|\Psi\rangle$ を $|\Psi\rangle$ に映す射影子そのものである。

4 量子力学的運動と状態の観測

　量子力学的運動は，ある観測を行ってからつぎの観測を行うまでの間の，孤立したミクロな系の量子力学的状態の変化のことである。観測を行うと，量子力学的状態は観測された状態に変わってしまい，これは一般に，観測前の状態をその部分状態に射影したものになっている。この章では，これまでの量子力学を取り扱うさまざまな準備に基づいて，このような状況をはっきり定義し，量子力学的運動とはどのようなものか，またそれは観測とどのように関係するのかを詳細に取り扱うことにしよう。

4.1　量子力学的な運動と観測の表現

　量子力学的な運動と観測について考察するための基礎として，この節ではまず，それらがどのようなことで，どのように表現されるのかを観測の意味づけとともに勉強していこう。

4.1.1　運動の始状態と終状態

　量子力学的運動は，ある観測からつぎの観測までの間の，孤立したミクロな系の状態の変化を指すものである。

　そこでまず，ある時刻 t_1 に，系がある状態 $|\varPsi_{\text{initial}}(t_1)\rangle$ であることを観測によって確認したとしよう。これを初期状態，あるいは始状態という。始状態を表すケットベクトルには initial と観測の時刻 t_1 を目印として付けた。

　つぎに，系をしばらく運動させた後，時刻 t_2 に再び観測を行ったとする。こ

のとき，系が状態 $|\Psi_{\text{final}}(t_2)\rangle$ にあることが観測されたとしよう。観測から観測までの間が量子力学的運動であるから，状態 $|\Psi_{\text{final}}(t_2)\rangle$ は運動の終りの状態であるので，終状態という。終状態には final と観測の時刻 t_2 を目印として付けた。

4.1.2 量子力学的な運動

時刻 t_1 から t_2 までの間の系の状態の時間発展を，一般に，$\hat{U}(t_2, t_1)$ という演算子を状態 $|\Psi(t_1)\rangle$ に作用させるという操作として

$$|\Psi'(t_2)\rangle = \hat{U}(t_2, t_1)|\Psi(t_1)\rangle \tag{4.1}$$

のように表そう。このような運動は状態の大きさを変えないような変化である。

$$\langle \Psi'(t_2)|\Psi'(t_2)\rangle = \langle \Psi(t_1)|\Psi(t_1)\rangle \tag{4.2}$$

つまり，系を観測する確率は 1 である。

状態 $|\Psi(t_1)\rangle$ のアジョイントを $\hat{U}(t_2, t_1)$ のアジョイントで書き表すと

$$\langle \Psi'(t_2)| = \langle \Psi(t_1)|\hat{U}^\dagger(t_2, t_1) \tag{4.3}$$

となる。これを用いて，ブラケットをつくってみると

$$\langle \Psi'(t_2)|\Psi'(t_2)\rangle = \langle \Psi(t_1)|\hat{U}^\dagger(t_2, t_1)\hat{U}(t_2, t_1)|\Psi(t_1)\rangle \tag{4.4}$$

であるから，大きさを変えないという条件を満たすためには

$$\hat{U}^\dagger(t_2, t_1)\hat{U}(t_2, t_1) = \hat{I} = 1 \tag{4.5}$$

となり，運動を表す演算子はユニタリ演算子

$$\hat{U}^\dagger(t_2, t_1) = \hat{U}^{-1}(t_2, t_1) = \hat{U}(t_1, t_2) \tag{4.6}$$

であることがわかる。この意味で，系を時間発展させる運動の演算子を特別な記号 $\hat{U}$ を用いて書き表した。

状態の大きさを規格化する式

$$\langle \Psi(t_1)| \hat{U}^\dagger(t_2, t_1)\hat{U}(t_2, t_1) |\Psi(t_1)\rangle = 1 \tag{4.7}$$

は，状態 $|\Psi(t_1)\rangle$ に $\hat{U}(t_2, t_1)$ という演算子を作用させることによって時間発展させる操作をしてから，アジョイント $\hat{U}^\dagger(t_2, t_1)$ を作用させた結果が状態 $|\Psi(t_1)\rangle$ に戻っていることがブラベクトル $\langle \Psi(t_1)|$ を作用させてブラケットをつくることによって確認された，というように読むことができる。このことからまた，アジョイント $\hat{U}^\dagger(t_2, t_1)$ は時間発展を時刻 t_2 から t_1 に戻す演算子，すなわち時間を巻き戻す演算子の役割を果たせることがわかる。

これは，量子力学的運動に関する一つの重要なことを示している。すなわち，量子力学的運動そのものは，時間を巻き戻すともとに戻るような過程，すなわち可逆過程であるということである。これに対して，系が観測されたときには系は後戻りできない，すなわち不可逆なものとなっている。

4.1.3 量子力学的な観測

観測された終状態は，一般には運動によって導かれる状態 $\hat{U}(t_2, t_1) |\Psi_{\text{initial}}(t_1)\rangle$ が重ね合せとして含むいくつかの異なる状態のうちのどれかであり，状態 $\hat{U}(t_2, t_1) |\Psi_{\text{initial}}(t_1)\rangle$ の部分状態である。観測を行うと，系は，測定器が測ろうとしている状態のどの状態に該当するかを判断されて，その結果その状態になってしまう。これが，量子力学でいうところの観測である。

例えば，運動の後，系が空間のあちこちに存在するという状態が得られたとき，測定器が，系がいまどこにいるかという位置の検出をするようなものであると，その系はある場所にいるという結果が出て，系はそこに局在することになってしまう。

例えば，運動の後，系がいろいろな運動の方向をもつという状態が得られたとき，測定器が，系がどの向きの運動をしているかという運動方向の検出をするようなものであると，その系はある方向に向かって動いているという結果が出て，系はそのような方向にのみ運動することになってしまう。

そこで，一般に，系が時間発展した後にとりうる状態が N 個あるとし，その

それぞれに j と目印を付けて $|\Psi_j(t_2)\rangle$ $(j = 1, 2, \cdots, N)$ のように区別すれば，時間発展のあとの状態は

$$\hat{U}(t_2, t_1) |\Psi_{\text{initial}}(t_1)\rangle = \sum_{j=1}^{N} |\Psi_j(t_2)\rangle \langle \Psi_j(t_2)| \hat{U}(t_2, t_1) |\Psi_{\text{initial}}(t_1)\rangle \tag{4.8}$$

と書き表すことができる。

4.1.4 観測過程と遷移振幅

終状態を決める観測によって，系は数あるうちの一つの状態 $|\Psi_{\text{final}}(t_2)\rangle$ になる。要するに，観測というものは，系が数あるうちの一つの状態 $|\Psi_{\text{final}}(t_2)\rangle$ になってはじめて完了するような過程なのである。

観測された後の状態は，

$$|\Psi_{\text{final}}(t_2)\rangle \langle \Psi_{\text{final}}(t_2)| \hat{U}(t_2, t_1) |\Psi_{\text{initial}}(t_1)\rangle \tag{4.9}$$

と書くことができる。したがって，量子力学的観測というのは，系を状態 $|\Psi_{\text{final}}(t_2)\rangle$ にしてしまう操作であり，これを演算子で書き表せば

$$|\Psi_{\text{final}}(t_2)\rangle \langle \Psi_{\text{final}}(t_2)| \tag{4.10}$$

のように，系を終状態にしてしまう射影演算子となる。射影されてしまった状態はもとの状態に関する情報の一部しかもっていないので，これをもとに戻すことはできない。

運動の結果が終状態として確認されることに対応するブラケット

$$A_{fi} = \langle \Psi_{\text{final}}(t_2)| \hat{U}(t_2, t_1) |\Psi_{\text{initial}}(t_1)\rangle \tag{4.11}$$

は，始状態から終状態への遷移振幅と呼ばれる。

量子力学では，遷移振幅の2乗

$$|A_{fi}|^2 = \left| \langle \Psi_{\text{final}}(t_2)| \hat{U}(t_2, t_1) |\Psi_{\text{initial}}(t_1)\rangle \right|^2 \tag{4.12}$$

を，とりうる終状態の一つに系が遷移する確率，すなわち遷移確率と解釈する。遷移確率は，観測がなされる以前に結果を確率的に予測すること，あるいは同じ系を用意して何回も観測を行ったときそれぞれの結果が出る頻度を予測すること，において役立つものである。1回だけ観測を行ったときには，出た結果が結果であり，その確率にはもはや意味がなくなる。これは，例えば，1枚だけ買った宝くじが，当たれば当りくじであり，当たらなければはずれくじであるような具合である。したがって，遷移振幅も，観測してしまうと意味をなくす。

4.1.5 観測の物理的意味

ここで，量子力学的系と観測装置を含む，宇宙の中で起きたことを全体として眺めてみることで，観測過程が物理的にどういう意味をもつのかを考察しよう。

量子力学的系は，観測装置という別の系と作用し合うことによって，ある時刻 t_2 に終状態 $|\Psi_{\text{final}}(t_2)\rangle$ になり，観測装置の観測結果を表す仕組みには結果が final になったことが表示される。

結果の final は，たくさんある可能な結果のうちの一つであるから，観測結果が出るたびに，それまでの宇宙の様子とその後の宇宙の様子がすっかり変わってしまっているように見える。そして測定する前にはわからなかったが，結果から見ると，この宇宙はそのような結果が出るという歴史をもつ宇宙だった，ということがわかることになるのである。

私たちの普通の感覚として，物事には原因があって結果が出ると考えるのが普通である。これは古典力学においても，そのように考えるのが普通である。しかし量子力学の場合には，観測装置がある結果を出したことは，確率的には予測されることなのだけれども，実際にその結果のようになったことについては直接の原因がないのである。観測装置と系が相互作用すると，そのうちなんらかの結果が出るというのは必然だが，その結果がなにになるかは偶然である。

このような，観測と因果の問題について考察することは，量子力学の意味を考えるうえできわめて重要であり，また応用においても，量子力学を使いこなすためのたいへん重要なキーポイントにもなる。しかし，これに明快な答えを

与えることはいまだにできていない。

　実は，観測するたびに宇宙の様子が変わってしまうように見えるのは，測定される量子系と測定装置とで構成される宇宙は，測定装置を介してさらにその外の世界と接触しており，その外の世界はきわめて多数の粒子とその相互作用が関与するきわめて複雑な世界を構成しているということに，この偶然性が現れる原因がある。このような外の世界を熱浴，あるいはリザーバーという。すなわち，測定対称と測定装置からなる系は閉じた系ではなく，外に環境という大きな系をもつ開放系であるということである。観測の過程では，測定器を通じて量子系と環境とがかかわり合い，これによって重ね合せ状態の位相関係のような，量子系の状態にかかわるさまざまな情報が外界に逃げて，測定の結果が，ただ一つの単純な状態である測定結果の状態になってしまうのである。なぜその一つの状態になってしまったかということをよく考えてみると，それは外界への情報の逃げ方によって決まるので，量子系の性質であるというよりも，それを取り巻く環境がたまたまそういう振舞いをしたということによる。このような過程を散逸という。これが，量子力学の確率解釈の一つのルーツになっている。

　散逸の結果，系の振舞いは不可逆になる。これに対して，あることが確率的に定まるということは，もともとはそのうちのどの結果が出てもよかったことを表しているので，散逸がない系では，対象と測定装置の間での情報やエネルギーの流れも確定しない。このことから，量子状態から観測結果を予測するということと，どちらかになってしまった観測結果からそれまでになにが起きたのかを考察することは，一般に同じではないということになるのである。この点は，さまざまなミクロな世界を取り扱う現代の科学技術において，たいへん重要なポイントであることを心にしっかりとどめておこう。

4.2 量子力学的な運動はどのようなものか

このように，ユニタリ演算子 $\hat{U}(t_2, t_1)$ で表される量子力学的運動というのは，いったいどのようなものだろう。

この問いに一つの明快な答え，あるいは考え方を与えたのが，リチャード・ファインマンである。

ファインマンは，始状態 $|\Psi_{\text{initial}}(t_1)\rangle$ にあることを確認してから終状態を決めるつぎの観測までの間，外界から孤立して運動をする量子力学的な系はあらゆる可能な運動をすべて行う，と考えた。

私たちの日常経験とはかけ離れているが，この考え方によって，私たちが日常経験することのないミクロな世界を記述する量子力学は，きわめて理解しやすいものに変わった。それと同時に，量子力学のさまざまな側面がこの考え方に基づいて明らかにされ，量子力学は大いに発展したのである。

この節では，ファインマンの考え方に沿って，量子力学的運動とはどんなものかを考察しよう。

4.2.1 古典的な運動と量子力学的な運動

図 4.1 のように，横方向に左から右に時間の流れをとって，最初の観測の時刻 t_1 とつぎの観測の時刻 t_2 に線を引き，それぞれの線の上の異なる点が，そ

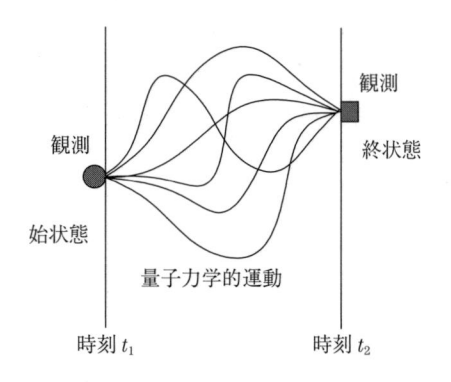

図 4.1 量子力学的運動と経路

の時刻における異なる量子力学的な系の状態を表すものとしよう．左の線の上の一点を始状態 $|\Psi_{\text{initial}}(t_1)\rangle$，右の線の上の一点を終状態 $|\Psi_{\text{final}}(t_2)\rangle$ とすると，その間を結ぶ線が系の運動を表すことになる．すなわち，始状態から出発して，左と右の線の間のそれぞれの時刻において，系はいずれかの可能な状態をとりつつ運動し，最終的に観測によって終状態になる．

私たちが経験的に知っている古典的な運動であれば，図 4.1 に示したように，これらの 2 点を結ぶある一つの曲線が系の運動を表すことになる．これを運動の経路と呼ぶ．古典的運動の場合は，どの時刻においても，系はただ一つに定まった状態をとることに相当して，運動の経路もただ一つに定まる．

それでは量子力学的な運動はいったいどのようなものかと量子力学的運動について考察したファインマンは，量子力学的運動がなにか複雑な方程式や条件などから決まっているのではなく，たいへん簡単な系の振舞いとして理解されることに気づいた．それは，ミクロな系が，始状態 $|\Psi_{\text{initial}}(t_1)\rangle$ から終状態 $|\Psi_{\text{final}}(t_2)\rangle$ まで運動するときに，途中で可能なすべての経路をいっぺんに通っているということである．すなわち，量子力学的な系は，観測からつぎの観測までの観測されていない間には，やれることすべてを一度にやっているということなのである．

これを描くと，すべての経路を描くことはできないが，図 4.1 のように，始状態と終状態のさまざまな曲線の経路を通って，系は始状態から終状態まで移動している，というイメージをつくることができる．

あらゆる経路をたどるという，ただそれだけのことから，量子力学的運動がどのように形成されるのかを詳しく調べよう．実はこれまでにつくり上げた量子力学的な状態と運動の表現と，量子力学的運動の解釈の中に，そのすべては準備されている．すなわち，系がそれ固有のものさしで経路を刻みながら運動していること，刻みは位相で表すことができること，そして量子力学では遷移振幅の絶対値の 2 乗を確率と解釈すること，の三つである．これらから，量子力学的干渉という，量子力学で最も重要な帰結が導かれる．

4.2.2 2重スリットの問題

量子力学的な運動があらゆる可能な経路を通ることについて，問題を簡単化してその帰結を調べてみよう。

対象とする系が運動する宇宙に工夫を加えて，最初の観測の時刻 t_1 とつぎの観測の時刻 t_2 の間にある時刻 t_m において，状態 $|\Psi_A(t_m)\rangle$ か状態 $|\Psi_B(t_m)\rangle$ のただ二つの状態しかとることができないようになったとしよう。この様子を図 **4.2** に示す。あらゆる可能な経路を通るという量子力学的運動は，この宇宙では途中でこの二つのどちらかを通る運動のみに制限されることになる。

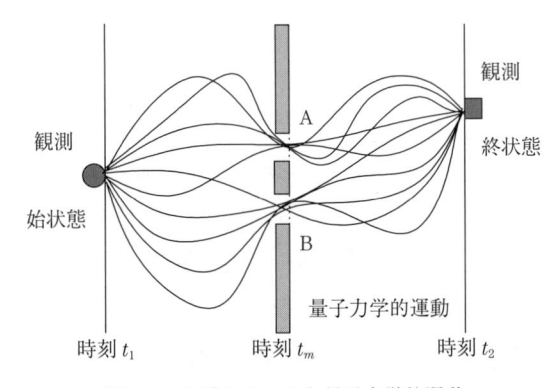

図 4.2 2重スリットと量子力学的運動

ここで，途中の状態を二つのみに指定したけれども，そのどちらかの状態を経由したということを観測するわけではない，ということに注意しよう。この宇宙での量子力学的状態は，$|\Psi_A(t_m)\rangle$ か $|\Psi_B(t_m)\rangle$ を通る経路を，可能な経路としていっぺんにとるのである。途中で観測をして，そのどちらかであることを観測すると，これは観測結果の示す一方の状態のみを通る経路を選択してしまったことになり，ここで考えている問題とはまったく異なる問題を考察していることになってしまう。量子力学の問題設定においては，このような違いを注意深く考察しなくてはならない。

それでは，途中で二つの状態のどちらかを経由したことを，どのように表現できるだろう。

4.2 量子力学的な運動はどのようなものか

最初だから，ていねいに取り扱ってみよう．始状態 $|\Psi_{\text{initial}}(t_1)\rangle$ から始めて，これに $\hat{U}(t_m, t_1)$ を作用させることで，時刻 t_1 から時刻 t_m まで時間発展の操作を行う．つぎに，時刻 t_m に，$|\Psi_A(t_m)\rangle$ であることを確かめて $|\Psi_A(t_m)\rangle$ にする操作と，$|\Psi_B(t_m)\rangle$ であることを確かめて $|\Psi_B(t_m)\rangle$ にする操作を，両方いっぺんに行う．これは，時刻 t_m までのあらゆる可能な経路を通る運動によって得られた状態

$$\hat{U}(t_m, t_1)|\Psi_{\text{initial}}(t_1)\rangle \tag{4.13}$$

から，$|\Psi_A(t_m)\rangle$ と $|\Psi_B(t_m)\rangle$ を通る経路を射影演算子によって選択するという操作である．これは

$$|\Psi_A(t_m)\rangle\langle\Psi_A(t_m)| + |\Psi_B(t_m)\rangle\langle\Psi_B(t_m)| \tag{4.14}$$

という演算子を作用させることによって実行できる．さらに，これに $\hat{U}(t_2, t_m)$ を作用させることで時刻 t_m から時刻 t_2 まで時間発展の操作を行う．そして，時刻 t_2 に終状態 $|\Psi_{\text{final}}(t_2)\rangle$ に射影することで，この観測結果の状態がつくられる．

以上の過程を全て書き下してみると

$$|\Psi_{\text{final}}(t_2)\rangle\langle\Psi_{\text{final}}(t_2)|\hat{U}(t_2, t_m)$$
$$\times (|\Psi_A(t_m)\rangle\langle\Psi_A(t_m)| + |\Psi_B(t_m)\rangle\langle\Psi_B(t_m)|)$$
$$\times \hat{U}(t_m, t_1)|\Psi_{\text{initial}}(t_1)\rangle \tag{4.15}$$

のようになる．この一連の操作を表す式を右から左に向けて読んだものと，図4.2 に示した始状態から終状態までの経路を，時間とともに左から右に向けて描いた絵（ダイアグラム）は，その意味においてぴったり対応している．絵を描くことが式を書くことにぴったり対応するということは，そのどちらの表現を用いてもこの過程が正しく記述されていることである．ファインマンは，このような式とダイアグラムの対応関係を使って，式を絵で書き表す体系，あるいは絵を式に書き換える規則をつくり上げ，これによって量子力学の計算をきわめて取扱いが容易なものにした．

もし前節の問題のように，途中で状態を制限せずすべての経路を通るときには，時刻 t_m においてすべての状態のそれぞれについて，その状態であることを確認してその状態にするという操作，すなわちアイデンティティーを作用させるということで実行できる。2重スリットの場合には，途中で二つの状態に経路を制限したので，アイデンティティーの代わりにその一部を使うことになったのである。

4.2.3　量子力学的干渉

このような表式が得られたので，初期状態が二つの中間状態のみを経由して終状態になるという過程に対する遷移振幅を $T_{f(A,B)i}$ とすれば，これは

$$
\begin{aligned}
T_{f(A,B)i} = \langle \Psi_{\text{final}}(t_2)| \hat{U}(t_2, t_m) \\
\times (|\Psi_A(t_m)\rangle \langle \Psi_A(t_m)| + |\Psi_B(t_m)\rangle \langle \Psi_B(t_m)|) \\
\times \hat{U}(t_m, t_1) |\Psi_{\text{initial}}(t_1)\rangle \quad (4.16)
\end{aligned}
$$

で与えられる。途中で状態が二つに制限されたという目印として，(A,B) を i と f の間にはさんでおいた。

この過程において，終状態が観測される確率 $P_{f(A,B)i}$ は，遷移振幅 $T_{f(A,B)i}$ の絶対値2乗に比例する，というのが量子力学の確率解釈である。

$$P_{f(A,B)i} \propto T^*_{f(A,B)i} T_{f(A,B)i} = \left| T_{f(A,B)i} \right|^2 \quad (4.17)$$

ただし，観測装置はその結果を出せるようなものでなくてはいけないし，系はその状態になれるような部分状態を含んでいなければならないのは，観測が成り立つための必要条件である。これらをまとめて，終状態密度という指標によって表すが，これは3.5.2項で議論したとおりである。

それでは，上で得られた遷移振幅の絶対値2乗を，実際計算してみよう。式がだいぶ込み入ってきたので，時刻を表す記号は省略し，$|\Psi_{\text{initial}}\rangle \rightarrow |i\rangle$, $|\Psi_{\text{final}}\rangle \rightarrow |f\rangle$, $|\Psi_A\rangle \rightarrow |A\rangle$, $|\Psi_B\rangle \rightarrow |B\rangle$ と簡略化することにしよう。

4.2 量子力学的な運動はどのようなものか

$$
\begin{aligned}
\left|T_{f(A,B)i}\right|^2 &= \left|\langle f|\hat{U}\left(|A\rangle\langle A| + |B\rangle\langle B|\right)\hat{U}|i\rangle\right|^2 \\
&= \left|\langle f|\hat{U}|A\rangle\langle A|\hat{U}|i\rangle\right|^2 \\
&\quad + \left(\langle f|\hat{U}|A\rangle\langle A|\hat{U}|i\rangle\right)^* \left(\langle f|\hat{U}|B\rangle\langle B|\hat{U}|i\rangle\right) \\
&\quad + \left(\langle f|\hat{U}|B\rangle\langle B|\hat{U}|i\rangle\right)^* \left(\langle f|\hat{U}|A\rangle\langle A|\hat{U}|i\rangle\right) \\
&\quad + \left|\langle f|\hat{U}|B\rangle\langle B|\hat{U}|i\rangle\right|^2 \qquad (4.18)
\end{aligned}
$$

ここで，各項のケットベクトル，演算子，ブラベクトルの流れをよく読んで，それぞれの項の意味を考えてみよう．これらは，状態 $|A\rangle$ を経由した確率振幅 T_{fAi}，状態 $|B\rangle$ を経由した確率振幅 T_{fBi}，およびこれらの共役複素数から構成されていることがわかるだろう．すなわち

$$\left|T_{f(A,B)i}\right|^2 = \left|T_{fAi}\right|^2 + T_{fAi}^* T_{fBi} + T_{fBi}^* T_{fAi} + \left|T_{fBi}\right|^2 \qquad (4.19)$$

である．第1項は，確率振幅 T_{fAi} の絶対値2乗であるから，途中で状態 $|A\rangle$ を経由したということの確率に比例する．第4項は，確率振幅 T_{fBi} の絶対値2乗であるから，途中で状態 $|B\rangle$ を経由したということの確率に比例する．これらの項に対応する過程は，二つの状態のうちどちらを経由する経路かを観測してしまった場合と変わりない結果を与えることになる．第2項と第3項は，途中で状態 $|A\rangle$ を経由したことと途中で状態 $|B\rangle$ を経由したこととの振幅の共役複素数の積からできており，それらが影響し合って系が終状態にたどり着く確率を，どちらか片方を経由した場合とは異なるものにしていることになる．したがって，途中でどちらの状態を経由したかを観測してしまう場合には，これらの項は含まれないことになる．

古典力学的にはない，異なる経路を通る運動がたがいに影響しあうという，量子力学特有の現象を，量子力学的干渉という．量子力学的干渉をもたらす項

$$T_{fAi}^* T_{fBi} + T_{fBi}^* T_{fAi}$$
$$= \left(\langle f| \hat{U} |A\rangle \langle A| \hat{U} |i\rangle \right)^* \left(\langle f| \hat{U} |B\rangle \langle B| \hat{U} |i\rangle \right)$$
$$+ \left(\langle f| \hat{U} |B\rangle \langle B| \hat{U} |i\rangle \right)^* \left(\langle f| \hat{U} |A\rangle \langle A| \hat{U} |i\rangle \right) \tag{4.20}$$

は，共役複素数の和であるので実数の値をとるが，それは正の値にも負の値にもなりうる。量子力学的干渉の効果によって，始状態から終状態に至る遷移確率は，この項の符号によって増えたり減ったりするのである。どのような場合に正になりどのような場合に負になるのかを，量子力学的干渉が含む確率振幅をその大きさと位相で書き表すことによって考察してみよう。状態 $|A\rangle$ を経由したことに対応する確率振幅 T_{fAi} と，状態 $|B\rangle$ を経由したことに対応する確率振幅 T_{fBi} を，それぞれ

$$T_{fAi} = \langle f| \hat{U} |A\rangle \langle A| \hat{U} |i\rangle = |E_A| e^{i\theta_A} \tag{4.21}$$
$$T_{fBi} = \langle f| \hat{U} |B\rangle \langle B| \hat{U} |i\rangle = |E_B| e^{i\theta_B} \tag{4.22}$$

とおいてみよう。量子力学的干渉の項は，

$$T_{fAi}^* T_{fBi} + T_{fBi}^* T_{fAi}$$
$$= |E_A| e^{-i\theta_A} |E_B| e^{i\theta_B} + |E_B| e^{-i\theta_B} |E_A| e^{i\theta_A}$$
$$= |E_A| |E_B| \left(e^{i(\theta_B - \theta_A)} + e^{-i(\theta_B - \theta_A)} \right)$$
$$= 2 |E_A| |E_B| \cos(\theta_B - \theta_A) \tag{4.23}$$

となり，その符号は確率振幅の位相差で決まることがわかった。

ここで，系が運動する宇宙を上手に工夫して，状態 $|A\rangle$ と状態 $|B\rangle$ を経由したことに対する確率振幅が，等しい大きさ $|E_A| = |E_B| = |E|$ になったと考えよう。これまでの式を組み合わせて，このときの始状態から終状態への遷移確率を振幅と位相で書き表してみると

$$P_{f(A,B)i} \propto \left| T_{f(A,B)i} \right|^2 = 2 |E|^2 \{1 + \cos(\theta_B - \theta_A)\} \tag{4.24}$$

となる。もし，状態 $|A\rangle$ と状態 $|B\rangle$ を経由したことに対する確率振幅に，位相差がない $(\theta_B - \theta_A) = 0$ のような終状態を選んで観測すれば，$P_{f(A,B)i} \propto 4 |E|^2$

と確率は大きく増加することになる。位相差が $(\theta_B - \theta_A) = \pi$ となるような終状態を選んで観測すれば，$P_{f(A,B)i} \propto 0$ ととなり，そのような終状態において観測される確率は0になってしまう。位相差が $(\theta_B - \theta_A) = \pi/2$ となるような終状態を選んで観測すれば，$P_{f(A,B)i} \propto 2|E|^2$ となり，量子力学的干渉の項は消えて，状態 $|A\rangle$ と状態 $|B\rangle$ のどちらかを経由した場合の確率を単に足し合わせたものと等しい確率で観測されることになる。

4.2.4 量子力学的ヤングの実験

量子力学的干渉は，図に示すように，それにかかわる始状態，終状態，中間状態が，例えば粒子の異なる位置で指定されるようなものであっても，また，例えば粒子の異なる運動量で指定される場合でも，さらに任意の量子系の異なるどのような量子状態の組合せでも生じる，普遍的な量子力学的現象である。

そこで，例として，図に示すように，考えている量子力学的な系をあるミクロな粒子であるとして，始状態と終状態をそれぞれ異なる場所で粒子の位置を観測することであるとし，状態 $|A\rangle$ と状態 $|B\rangle$ をそれぞれ始状態と終状態の間の異なる空間的な場所を通ることであるとすると，量子力学的干渉の効果は，音や光の波が，異なる場所に二つの穴が開いたスクリーンを通り抜けて干渉を起こすのと類似した効果になる。このような実験を量子力学的ヤングの干渉の実験と呼んでいる。この類似性から，ミクロな粒子は波のように振る舞う，といわれる。波という意味は，ここで考察したように文字どおりミクロな粒子が波であるというのではなく，ミクロな粒子の運動の様子は波のような時空相関をもっている，ということを表すものである。実際，粒子の波はそのまま観測されることはなく，確率振幅を通じて，あることを観測したらどのくらいの確率で起こるかを予測するのみである。

量子力学がつくられた時代から，このような粒子を用いた量子力学的ヤングの干渉の実験が行われ，それで量子力学がこの宇宙のミクロな現象を正しく記述しているということが確認されていた，とすれば自然なことであるが，実はそうではない。量子力学的ヤングの実験は，ごく最近まで，思考実験だったの

である。思考実験というのは，もしこういう実験ができたとしたらこうなるであろう，という論理の連鎖である。実際，中性子線を用いて，古典的大きさの2重スリットにおける量子力学的ヤングの実験が思考実験のとおりに行われ，量子力学の予言どおりの結果が出ることが確かめられたことを報告した論文は，やっと1989年になって出たのである。これは量子力学という体系が，思考によって構成されている，非経験的世界の現象を記述するものであるという事実と関係している。量子力学というものは，私たちが経験からではなく，本能によって生み出した体系であるといってもよいのかもしれない。さまざまな科学技術が量子力学ができたために大きく進展し，それが生み出した複雑な装置を駆使して行われた実験によって，思考実験だった量子力学の根本命題が証明された。すなわち，量子力学の根本命題の検証は，量子力学とその応用技術の展開なくしてはできないような，たいへんデリケートなものなのであり，思考実験に始まり，そのような高度科学技術を生み出すことで，量子力学を検証したという，文化，文明の連鎖が，本当の意味での量子力学という体系なのかもしれない。そして，これらの環境がすべて整った現代を生きる人々，すなわちいままさに量子力学を勉強しているみなさんにして初めて，量子力学という完全な体系を手に入れたといってもよいのではないだろうか。

　往々にして，手にするとそのありがたみが薄れてしまうということがあるので，量子力学開拓時代の人々より，現代人のほうがよりその本当の姿をとらえるほど思考を深めているとはかぎらない。しかし，反対に，日常的にご利益があるとなるととたんに難しいことでも容易にやってしまうというのも人間の性である。量子装置がより身近になりつつある現代では，誰もが容易に量子力学の姿をとらえられるのではないかと考え，大学学部の教科書としての本書の内容にも，このような量子力学の意味と意義を織り込んでいるのである。

　量子力学は，わたしたちの宇宙の諸現象がそれに基づいて起きているような基本原理である。基本原理は，ある意味で宇宙で起きていることが最も単純化されたものである。そこで，基本原理を実証することがなぜそんなに難しいのか，と疑問に思うかもしれない。基本原理が単純であることと，現象が単純で

あることは，実はまったく別のことである．わたしたちが住む宇宙は，きわめてたくさんの数の粒子から構成されており，その相互作用の複雑さが，宇宙で起こる現象の多様性をもたらしている．したがって，基本原理がそのままの形で現れるような条件の整った単純な系を，実験装置という宇宙の部分系の中に実現することは，実はたいへん難しいことなのである．

しかし，物理学がこの宇宙の基本原理を明らかにしようと目指すのであれば，どんなに難しくとも基本原理の検証は一度はやっておかなくてはならない．中性子線を用いた 2 重スリットによる干渉実験は，まさにこのようなものである．高エネルギーの加速器を用いた実験，ニュートリノ計測のような巨大な検出装置を用いた実験，日常的なスケールでも測定の精度を極限まで高め現象のわずかな差異を検出する実験など，さまざまな困難をきわめる実験が，基本原理を検証するために行われている．量子力学的ヤングの実験も，いまや大きな原子や，原子の複合体である分子を用いて，実際やってみせることができるまでになっている．また，量子力学的ヤングの実験を概念的に実現する，ただ一つの光子を用いた実験なども行われている．そして面白いことに，基本原理の検証のためにつくられたこれらの装置あるいはその技術が，そのうち現実的な有用性をもってくるのである．

ここで少し，物理量の測定精度について考察しておこう．どんなに精密な実験，高エネルギーの実験といっても，その桁数の範囲はわずか十数桁なのである．たった一つの電子の磁気モーメントを測るという，1.4.1 項で紹介した最も高い精度をもつ実験でも，その値の精度は 14 桁ほどである．この実験の素晴らしいところは，現在の物理定数が定まっている範囲において，量子電磁力学の理論計算の値と実験結果の値が完全に一致していることである．わずか 14 桁といっても，これは地球の直径を計って，髪の毛一本よりも少ない誤差ということに相当するのである．

4.2.5 ホイヘンスの原理と量子力学的干渉

ヤングの 2 重スリットの実験は，もともと音や光の波あるいは水面に生ずる

波動が，異なる経路をいっぺんに通って進むときに起きる，波の干渉という現象を明らかにする原理的実験であり，これは容易に検証できる実験である．量子力学的な運動の意味を考察するために，このような普通の波動の振舞いを再検討してみよう．

波というと，その意味づけはよくわからないままに，必ず習う事項としてホイヘンスの原理がある．ホイヘンスの原理は，波を構成する水面や空気の運動が，同じ位相関係にある波面を一つ選んで，その各点での運動をすべて波の源，すなわち波源であると考え，そこから出る波をすべて重ね合わせて干渉させるともとの波面が再現されるという原理である．点状の波源から出る波が，水面なら円状に，音ならば球状に，時間とともに広がる様子は，容易にイメージできるだろう．たくさんの波源から出て，このようにあらゆる方向に広がっていく波を重ね合わせて干渉した結果が，もとの波と同じであるということはどういうことを意味するのだろう．図 **4.3** に示したように，波というものが伝わっていく経路というものを考えてみることにする．そうすると，どの点で波面を波源に置き換えてもよいということが意味するのは，あらゆる可能な経路を通って波が伝わっていくということである．あらゆる経路をすべて通ったとしてこれを足し合わすとき，異なる経路を経た運動の干渉によって波動がつくられるということを，ホイヘンスの原理は表しているのである．

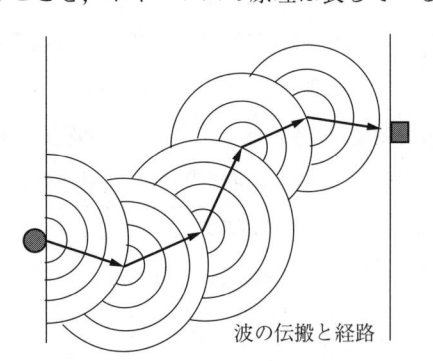

図 **4.3** 波の伝搬と作用の伝達経路

この節で考察した量子力学的運動の表現と対比してみよう．波を波源に置き換えるという操作は，量子力学的な運動をその場所で確認して，確認されたそ

の状態から再びスタートするという，射影演算子の表す操作に対応することがわかるだろう。すなわち，ホイヘンスの原理というのは，量子力学的ヤングの実験において考察したスリットを，ある波面上のすべての点に置くという拡張に対応しており，その波面上の各点に到達したことを確認してそこから出ていくという，アイデンティティーを作用させることと同等の操作を表現している，といい直すことができるだろう。これから，ホイヘンスの原理がいうようなあらゆる経路をすべて通って干渉するという性質をもつ量子力学的運動が，波あるいは波動という描像によって理解されることになる。

　ここで，わたしたちが何気なく「波」と呼んでいるものについて，それがどういう実体なのかを考え直してみることも重要である。例えば，水面に起こる縞模様を見て波というけれども，その実体はなんだろうか。あるいは音波というときに，その実体はなんだろう。こう問い直してみれば，波と呼んで指し示したところにある実体は，ただの水，あるいは空気であり，波という物はないことに気づくだろう。そして，波あるいは波動というものが，ある時刻ある点での水や空気という実体の運動の様子が，時間とともに別の場所へと移っていくこと，いい換えれば，あるとき，ある場所で起きている出来事と，別のとき，別の場所で起きている出来事の間に関係があるということを表す，抽象的な概念であることがわかるだろう。例えば，ある人の声帯の振動の様子と，別の人の鼓膜の振動の様子，そしてその間をつなぐ空気の振動の様子に，時間的空間的な相関があるために，言葉は音という波動となって伝わっている，という考え方が生まれるのである。

　このように考えると，量子力学的粒子の運動が，波のような時空相関をもっているということが，なにか抽象的な概念であるかのように思われるとしても，それは日ごろなじみのある波として理解している現象の時空相関の抽象性と，それほど違うものではないのである。水面や音などの日常的な波と量子力学における粒子の状態を表す波の大きな違いは，日常的な波の場合には，水面の高さや空気の圧力や粗密などの物理量として，波の振幅を測定することができるのに対し，量子力学の波は振幅そのものを測定することに意味づけができず，そ

の振幅の2乗の確率解釈を通じてのみ現実と結び付く点にある。これは，量子力学的状態が，観測すれば変わってしまうという性質のものであることと，密接に関係している。

4.2.6　古典的運動と量子力学的運動；物理的解釈

それではつぎに，わたしたちが日常経験する粒子と呼べるような物体の古典的な運動と，わたしたちが経験によって知ることのできないミクロな粒子の量子力学的運動は，どのように結び付けることができるのだろうか。

古典的な粒子の運動では，粒子は観測しようとしまいと，いつどこでも空間的に局在しており，その運動の経路は，ただ一つの曲線によって表すことができるように見える。これに対して，量子力学的な粒子の運動は，可能なあらゆる経路を通ると考えなくてはならないとすれば，古典的運動というものを，量子力学的運動のある極限的な場合と考えることができるのだろうか。

そこで，この古典的な粒子も，やはり量子力学的粒子と同じく波の性質をもって運動しているのだとすれば，その状態や運動をどのように理解できるか，と考えてみよう。そうすると，古典的な粒子の運動が一つの曲線的経路に沿ったように見えるということは，この曲線上のどの点から運動を始めても，この曲線上にない点にたどり着くような経路の運動をすべて足し合わせると，干渉によって消えてしまうということになる。これはどういうことを意味するのだろう。

まず第一に，波が干渉して消えてしまうためには，振幅が正になったり負になったりしたものが足し合わされる必要がある。したがって，1波長よりも短い距離で干渉して消えてしまうことはできないので，ごく近くの点でも干渉して消えるということは，波の波長がきわめて短いということになる。これは，わたしたちの目から見て，波長が短い光の場合には，波動が干渉しながら進んでいるのに，それが光線のように見えることを思い出すと納得できるだろう。光線に太さがあるように，粒子にも空間的広がりがあるので，粒子のかたまりとしての運動，つまり重心運動に対応する波の波長は，粒子の大きさよりもずっと短いということが想像できる。

4.2 量子力学的な運動はどのようなものか

では第二に，一つの曲線を示す古典的運動の経路は，波の干渉によってどのように選択されるのだろうか。少しずれれば消えてしまうのに，そこだけ干渉して強め合うのだから，ほとんど同じ道のりの経路を通った波がたくさんあるということになる。その経路の近くで道のりがほとんど変化しない経路とは，どのようなものだろう。1波長よりも小さい空間では，干渉して消えることができないから，1波長よりも大きな空間をとったとき，そこに入ってくる経路の道のりを足し合わせることを考えることにしよう。そこに入ってくる経路の道のりが平均的長さをもつような代表経路を考えると，これより道のりが長い経路も短い経路もある代表経路の場合には，道のりの差が1波長よりも大きい経路を足し合わせてみれば，その振幅は正にも負にもなるので，干渉して弱めあうことになる。これに対して，もしそれより道のりが短い経路がとれないような最短の経路を代表経路とした場合には，その周りのどの経路も代表経路よりも道のりの長い経路となるので，これらがそれぞれ干渉して弱め合うことはない。さらに，道のりが極小となるような経路の場合には，その周りに道のりがほんの少ししか違わない経路がたくさんあるので，これらが干渉して強め合うことになる。こうして，波長よりずっと大きい空間的なスケールで見ると，最短あるいは極小の道のりをもつ経路だけが干渉によって強め合い，残るように見える。これを，古典的な粒子の軌道と考えてよいということになる。

このように考えると，量子力学における粒子の運動と，古典力学における粒子の運動の様子が違うように見えるのは，単にその粒子の運動を特徴づける波長に比べて，小さな空間で見るか，大きな空間で見るか，という違いであるとして，両方の運動を一つにできることがわかる。すなわち，ミクロな粒子というのは，考えている空間スケールに対して，その波動としての時空相関が見えてしまうような場合であり，古典的すなわちマクロな粒子というのは，考えている空間スケールに対してその波動としての時空相関が見えず，最短の道のりに対応する経路が運動の軌道として見えるような場合なのである。

これで古典的極限と量子的極限については納得がいったとして，多様な知識をもつバーチャル世界に強い読者は，すぐにその中間はどうなるのかという疑

問をもつだろう。波という考え方で，量子力学的運動という極限と，古典力学的運動という極限を両方とも理解できたのであるが，これらの中間にある科学の領域は，どちらの極限とも異なる独特の様相を示す。これはメゾスコピック領域と呼ばれる，実はたいへん取扱いの難しい，しかし物質の振舞いが面白い性質を示す科学技術の領域を形成している。メゾスコピック領域は，ナノサイエンス，ナノテクノロジーといった科学技術にかかわる，重要な問題の現れる領域であり，現代の科学者，技術者が，まさにその解明に取り組んでいるところである。21世紀に量子力学を活用して取り組むべき問題は，まさにこのあたりにあることを覚えておこう。

4.2.7　古典的運動と量子力学的運動；数学的表現

上に述べたことを，位相という概念と数学的表現を使って，もう一度まとめ直しておこう。

系の運動，すなわち系の状態の時間発展が，途中時刻 t_m において状態を制限されずにすべての経路を通るときには，その操作を，時刻 t_m においてすべての状態のそれぞれについて，その状態であることを確認してその状態にするという操作，すなわちアイデンティティーを作用させるということで実行できる。2重スリットの場合には，途中で二つの状態に経路が制限されたので，アイデンティティーの代わりにその一部を使うことになったのである。

時刻 t_1 に始状態 $|i\rangle$ であることが観測され，途中，時刻 t_m において $|m_j\rangle$ という中間状態を経て，時刻 t_2 に終状態 $|f\rangle$ であることが観測されるという，量子力学的粒子の運動の経路を考えよう。これは系を運動させる演算子 $\hat{U}$ によって

$$\langle f|\hat{U}(t_2, t_m)|m_j\rangle\langle m_j|\hat{U}(t_m, t_1)|i\rangle \tag{4.25}$$

と書き表すことができる。$\hat{U}(t_m, t_1)$ と $\hat{U}(t_2, t_m)$ は，それぞれ始状態から中間状態，中間状態から終状態へと，系を時間とともに運動させる演算子である。ここで，時刻 t_m でのすべての可能な中間状態 $|m_j\rangle$ について，確率振幅の和をとれば，これは始状態から終状態への運動と同じであるから

4.2 量子力学的な運動はどのようなものか

$$\langle f|\hat{U}(t_2,\,t_1)|i\rangle = \sum_{\text{all}j}\langle f|\hat{U}(t_2,\,t_m)|m_j\rangle\langle m_j|\hat{U}(t_m,\,t_1)|i\rangle \tag{4.26}$$

と書き表すことができる。

$$\sum_{\text{all}j}|m_j\rangle\langle m_j| = 1 \tag{4.27}$$

であるから

$$\langle f|\hat{U}(t_2,\,t_1)|i\rangle = \langle f|\hat{U}(t_2,\,t_m)\hat{U}(t_m,\,t_1)|i\rangle \tag{4.28}$$

の関係が得られる。これは，系を時間とともに発展させる演算子が，任意の中間の時刻 t_m に対して

$$\hat{U}(t_2,\,t_1) = \hat{U}(t_2,\,t_m)\hat{U}(t_m,\,t_1) \tag{4.29}$$

の関係を満たすことを示している。つまり，系を時間とともに発展させるという操作は，より短時間の時間発展の操作を繰り返し系の状態に適用することで達成されるのである。これによって系は，あらゆる可能な経路をとって運動し，観測される過程で量子力学的干渉を引き起こすのである。

このように，系の運動全体が少しずつの時間発展を繰り返すことによって実現されるので，系の運動を構成するそれぞれの経路の運動も，同様に少しずつ連続的に経路をたどっていくものと考えることができるだろう。この考えが，経路ごとに位相が定まるということと対応する。ここで，2章で取り扱った量子力学的系の運動の記述を思い出そう。系の運動を表すのに適したパラメーター s に対して，これを微小変化させる操作を行う生成子，あるいはジェネレーター $\hat{G}_s$ という演算子があり，この操作を適用することによって系の微小な変化がもたらされ，この操作を繰り返し行うことによって系の任意の大きさの運動が生ずる。このとき，系の運動のパラメーターを s_1 移動させる操作は

$$|\Psi(s+s_1)\rangle = e^{i\hat{G}_s s_1}|\Psi(s)\rangle \equiv \lim_{N\to\infty}\left(1+\mathrm{i}\hat{D}_s\frac{s_1}{N}\right)^N|\Psi(s)\rangle \tag{4.30}$$

と書かれた。この指数関数の肩に乗った変化の生成演算子が，それぞれの経路ごとに定まる位相を計算することに対応する演算子である。いい換えれば，こ

の演算子は，経路ごとの位相を算出するプログラムであり，これを状態に作用させると，それが経路を記述するのに適したパラメーター s の変化 s_1 に対して，どれだけの位相変化が生ずるかを出力するということである．

位相というものは，直線的な時間軸をとって，その上のものさしで時間の流れを測る代わりに，同じ場所で一様に回転する時計の針の角度で時間の流れを示し，繰り返し同じものさしが適用される様子を的確に表した表示法である．さらに，回転角 θ で決まる $\cos\theta$ や $\sin\theta$ が，θ の値によって正になったり負になったりするので，それらを足したものが強め合ったり弱め合ったりするということを，時計の針をベクトルのように見たてて複素空間に描き，針が同じ方向を向くような場合は強め合い，反対を向く場合には弱め合うということで，たいへんわかりやすく描写しているのが位相という表現である．複素平面上の位相角は，実軸から反時計回りにとるが，時間の流れとともに位相角が負になる方向にとるので，量子力学でも時間の流れは時計と同じように測られる．一方，空間を測るものさしとしての位相は反時計回りにとるので，時間経過に対応する分だけ空間を移動していれば，そこでの位相はもと同じになる．

位相というのは，無次元の量，すなわち物理量としての単位のない量である．なぜならば，$e^{i\theta}$ という関数は θ のべき級数に展開できるので，もし θ が単位を持つものであるとすると，べき級数の単位はその2乗，3乗，などを含むことになって，まったく意味づけができなくなってしまうからである．これに対して物理学では，運動の様子をエネルギーや運動量のような，単位のある量として表現するので，これと位相を結び付けるための量の基準が必要になる．わたしたちの住む宇宙では，物理量と位相の関係が

$$e^{i\theta} = e^{2\pi i \frac{物理量}{h}} = e^{i\frac{物理量}{\hbar}} \tag{4.31}$$

$$\frac{h}{2\pi} \equiv \hbar, \quad h: プランク定数$$

のように，作用という次元をもつプランク定数を尺度として関係づけられることが，実験によって確かめられている．

プランク定数 h は，物理学者プランクが，物体からの光放射の問題を考える

とき，光のエネルギー $\mathcal{E}$ が周波数 ν に比例するディスクリートな量 $\mathcal{E} = h\nu$ であるとすれば，物質からの光放射エネルギーの周波数分布，すなわちエネルギースペクトルを説明できるということを発見して，比例係数として導入した定数である．これはすなわち，時間を測る尺度 $T = 1/\nu$ がエネルギーに対応する物理量であり，プランク定数を比例係数として

$$\mathcal{E} = \frac{h}{T} = h\nu \tag{4.32}$$

で表されるということを表現したものである．これに対して，後に物理学者ドブロイは，このプランク定数によって，ある粒子が空間を測る尺度を λ とすれば，これは運動量 p に対応する物理量であり，プランク定数を比例係数として

$$p = \frac{h}{\lambda} \tag{4.33}$$

であるべきだと考えた．このような，ミクロな粒子の運動が波のようである，あるいはミクロな粒子の状態は波のような時空相関をもつという発想は，量子力学開拓においてたいへん重要なものであった．そしてこれは，本当にそのとおりであることが，最近のさまざまな粒子を用いたヤングの干渉実験でクリアーに検証されている．このような物質の量子力学的運動の様子を示す波は，物質波あるいはドブロイ波と呼ばれており，その波長 λ をドブロイ波長という．プランク定数の大きさと単位は，いまのところ MKSA 単位系あるいは SI 単位系で

$$h = 6.626\,069\,3 \times 10^{-34}\,\text{J} \cdot \text{s} \tag{4.34}$$

$$\hbar = 1.054\,571\,68 \times 10^{-34}\,\text{J} \cdot \text{s} \tag{4.35}$$

であり，これはたいへん小さな値である．したがって，指数関数の肩に乗る物理量の値がよほど小さくないと，位相はたいへん大きく変化してしまうことになる．位相があまり変化しないように見えるとき，系の運動は干渉して強め合ったり弱め合ったりする，量子力学特有の現象をもたらす．これが，前節で古典的運動と量子力学的運動について論じたことを，数式でいい表したものである．

4.3 量子力学的運動に課される制約：量子力学的運動方程式

量子力学的状態に運動をさせる操作は，前節で述べたように，運動を記述するのに適したパラメーターを微小な量変化させる操作である生成子 $\hat{G}_s$ から，量子力学的位相を生み出す演算子 $\exp\left(i\hat{G}_s s_1\right)$ をつくり，これを状態に作用させることで実行される。そして，この生成子は，パラメーター s を移動させることに関係する物理量に対応する演算子 $\hat{O}_s$ と，$\hbar = h/2\pi$ を介して $\hat{G}_s = \hat{O}_s/\hbar$ と結び付けられることを紹介した。このような，運動に関係する物理量とはいったいなんであるかを，詳しく考察しよう。

そこでこの節では，まず，一様な時間の流れの中で，山や谷のない平たんな空間を運動する，量子力学的粒子を考えよう。

4.3.1 一様な時間空間の中でのミクロな粒子の運動

時間が経つことも，空間を移動することも一様な運動となるこのような系では，時間が経っても変わらない量と，空間を移動しても変わらない量が存在しなくてはならない。1章の冒頭で述べたように，もし空間と時間が均一にできているのに運動を表す基準となる一定の物理量がないとすれば，そのような運動はまったく意味づけのできないものとなってしまう。そして，このような一様な時間と空間における保存量は，まさに粒子が運動をする際に時間と空間を刻むものさしに他ならない。

アインシュタインが見抜いたように，古典力学においては，粒子が一様な時間を測る尺度は，エネルギーという時間が経っても変わらない量であり，粒子が一様な空間を測る尺度は，運動量という空間を平行移動しても変わらない量なのである。そうすると，一様な時空の中での量子力学的運動においても，粒子が時間を測る尺度と空間を測る尺度は，エネルギーと運動量に関係する演算子でなくてはならない，ということが考えられる。

量子力学では，エネルギーも運動量も異なる値をもつ状態の重ね合せが，一般

的な状態であると考えなくてはならない．したがって，物理量は，量そのものではなく，それを状態に作用させると状態が確率的に重ね合せになっているいずれかの量を出力するような操作として，すなわち状態に作用する演算子として表すのがよいということになる．もちろん，量子力学では観測をしてしまうとその状態になってしまうのであるが，もし状態がエネルギーや運動量の固有状態であれば，観測によってその固有値が出力されてもその状態は変わらない．

4.3.2 ハミルトニアンと運動量演算子

このように思考を進めると，時間を平行移動することに対する尺度としてのエネルギーに対して，それを出力させるような演算子 $\hat{\mathcal{H}}$ が決まり，これをハミルトニアンと呼ぶ．$\hat{\mathcal{H}}$ は物理量に対応するのでエルミート演算子である．そして，時間変化の生成子と時間変化に対する位相を導く演算子 $\hat{T}_t$ は

$$\hat{G}_t = -\frac{\hat{\mathcal{H}}}{\hbar}, \quad \hat{T}_t = e^{-\mathrm{i}\hat{G}t} = e^{-\mathrm{i}\frac{\hat{\mathcal{H}}}{\hbar}t} \tag{4.36}$$

である．ハミルトニアンが時間にあらわに依存しなければ，任意の時刻 t_1 における状態を，時間が t だけずれた時刻 $t_2 = t_1 + t$ における状態に移すユニタリ演算子 $\hat{U}(t_2, t_1) = \hat{U}(t_1 + t, t_1)$ は $\hat{T}_t$ に等しいので，これを簡単に

$$\hat{U}_t = e^{-\mathrm{i}\frac{\hat{\mathcal{H}}}{\hbar}t}, \quad \hat{U}_t^{-1} = \hat{U}_t^\dagger = e^{\mathrm{i}\frac{\hat{\mathcal{H}}}{\hbar}t} \tag{4.37}$$

と書き表すことにしよう．

同様に，直交する 3 次元空間を (x, y, z) で表せば，空間を平行移動させることに対する尺度としての運動量に対して，それを出力させるような 3 成分の演算子 $\hat{p}_x, \hat{p}_y, \hat{p}_z$ が決まり，位置変化の生成子と位置変化に対する位相を導く演算子は

$$\left. \begin{array}{l} \hat{G}_x = \dfrac{\hat{p}_x}{\hbar}, \quad \hat{T}_x = e^{\mathrm{i}\hat{G}_x x} \\[4pt] \hat{G}_y = \dfrac{\hat{p}_y}{\hbar}, \quad \hat{T}_y = e^{\mathrm{i}\hat{G}_y y} \\[4pt] \hat{G}_z = \dfrac{\hat{p}_z}{\hbar}, \quad \hat{T}_z = e^{\mathrm{i}\hat{G}_z z} \end{array} \right\} \tag{4.38}$$

となるはずである。$\hat{p}_x, \hat{p}_y, \hat{p}_z$ もエルミート演算子である。これをベクトルとしてまとめて出力させるようなベクトル演算子を，形式的に

$$\hat{\boldsymbol{p}} \equiv (\hat{p}_x, \hat{p}_y, \hat{p}_z) \tag{4.39}$$

のように定義する。(x, y, z) の各成分は独立に変化できるので，それらを変化させる演算子もまた独立でなければならない。これは，演算子を作用させる順序をたがいに交換できることを意味する。そこで，位置の変位を $\boldsymbol{s} \equiv (x, y, z)$ とおいて，形式的な内積をつぎのように定義すれば

$$\hat{\boldsymbol{p}} \cdot \boldsymbol{s} \equiv \hat{p}_x x + \hat{p}_y y + \hat{p}_z z \tag{4.40}$$

位置変化の生成子と位置変化に対する位相を導く演算子は

$$\hat{G}_{\boldsymbol{s}} = \frac{\hat{\boldsymbol{p}}}{\hbar}, \quad \hat{T}_{\boldsymbol{s}} = e^{i\frac{\hat{\boldsymbol{p}}}{\hbar} \cdot \boldsymbol{s}} \tag{4.41}$$

となる。これが，ドブロイが考えた物質波の数学的な表現になっている。

4.3.3 ミクロな粒子の運動方程式

粒子の運動の尺度がどこに行っても変わらないことが保証されなければ，粒子の運動は無意味なものとなってしまう。その尺度を定めるのは，相対性理論であることがわかっていたけれども，相対性理論の与える変わらないものさしの長さは，正にも負にもなる，すなわち計量の符号が決まらない不定計量と呼ばれるものである。しかし，ミクロな粒子の状態と運動に，量子力学という数学的形式を与えようとしたシュレーディンガーは，量子力学における確率解釈を正当化するためには，ものさしが正符号の定まったものでなければならないと考えた。

そこで，シュレーディンガーは，粒子の速度が光速に比べて十分小さいときに成り立つ

$$\mathcal{E} \simeq mc^2 + \frac{p_x^2}{2m} + \frac{p_y^2}{2m} + \frac{p_z^2}{2m} \tag{4.42}$$

4.3 量子力学的運動に課される制約：量子力学的運動方程式

を基礎に置くことにした。質量エネルギー mc^2 の部分は変わらないものとして，別にとっておく。そして，この制約の式に含まれる物理量をそれに対応する操作を表す演算子に置き換えて，空間を測る尺度と時間を測る尺度の関係を決める条件を表すことにした。すなわち，どんな状態 $|\Psi(t, x, y, z)\rangle$ に対しても

$$\hat{\mathcal{H}}|\Psi(t, x, y, z)\rangle = \left(\frac{\hat{p}_x^2}{2m} + \frac{\hat{p}_y^2}{2m} + \frac{\hat{p}_z^2}{2m}\right)|\Psi(t, x, y, z)\rangle \quad (4.43)$$

が成立すると考えた。これは，量子力学の基本方程式であるシュレーディンガー方程式を，演算子と状態ケットで表したものである。

次章で展開する，波動関数という状態ケットの具体的な表現を用いて，この方程式を原子核と電子の間にクーロン力が働く場合について解くことによって，シュレーディンガーはすぐに，水素原子の電子の状態がちゃんとこの方程式の解になっていることを示すことができた。フォン・ノイマンら数学者たちは，量子力学がヒルベルト空間の数学であることにすぐ気づいたので，あっという間に量子力学は完成を見た。すなわち，量子力学は，すでに数学において構築されていたさまざまなバーチャルな空間のうち，その宇宙がどれであるかを実験と思考に基づいて明らかにしたわけである。

4.3.4　ドブロイ波とシュレーディンガー方程式を取り扱う座標系

ここで一つ注意しておくべきことがある。エネルギーと運動量の関係式を非相対論的に近似したときに，質量エネルギー mc^2 に相当する部分，あるいは運動量という次元で比べると mc の部分を別にしてしまった点である。

実は，相対論的量子力学になるとわかるのだが，この mc という尺度は，粒子がほんとうの意味で時空を測っている不変の尺度なのである。ドブロイの関係式 $p = h/\lambda$ におけるドブロイ波長 λ に対応して，このほんとうの意味の尺度を $mc = h/\lambda_C$ のように波長で表した λ_C は，コンプトン波長と呼ばれている。

シュレーディンガー方程式における時空相関では，これが非相対論的近似でわずかに変化した部分を取り出して取り扱っていることに相当する。すなわち，非相対論的量子力学における時空相関は，コンプトン波長で振動空間を刻むと

いう時空相関の変調成分に相当し,波動という点から考えると,コンプトン波長の細かい波動の包絡線の表す時空相関に当たる。質量粒子の m に,速度 v ではなく光速 c が掛かっていることから,mc が p に比べていかに大きな値かわかるだろう。

このような事情から,シュレーディンガー方程式で表される量子力学的状態のもつ時空相関を,一様な速度で動いている別の慣性系から眺めると,この細かいコンプトン波長の部分が,通常の波のドップラー効果と同じく変化して,シュレーディンガー方程式の意味の時空相関を大きく変えてしまうことになる。したがって,ある座標系でシュレーディンガー方程式で書き表すことをいったん始めたら,これを別の運動する座標から見るということを安直にしてはいけないことに,十分注意しなくてはならない。

そこで慣習的なルールとして,量子力学系の計算をするときには,座標を系の重心に対して決めて,これを最後まで変えないようにすることが多い。もしこれを別の慣性系にとるならば,十分注意を払わなくてはいけない。

このような事例は,ランデのパラドックスという呼び名で知られる,非相対論的量子力学における要注意事項である。すなわち,ある座標系におけるある方向の運動量 p_1 を,その運動方向に速度 v_r で一様に移動する座標系から見れば,運動量は p_2 に変わるはずである。粒子の運動に合わせて移動する座標から見たら $p_2 = 0$ であり,それと反対方向に同じ速度で動いてみれば $p_2 = 2p_1$ であるから,これはもとの p_1 に対してたいへん大きな変化である。ここでドブロイ波の波長を考えてみると,これは運動量と反比例の関係にあるので,動いている系から見るとドブロイ波長も大きく変わったことを意味する。

普通,水面の波を見ても,音の波を見ても,相対論的なローレンツ短縮を考えるのでなければ,慣性系を別の慣性系に変えても,波の波長は変化しないはずである。例えば,海上の波を,その速さと同じ方向に同じ速さで移動する乗り物から見ると,波が止まって見えるので運動量はゼロということになり,波長が無限大にのびて海面が平たんになってしまうとか,波の進む向きと反対向きに走る乗り物から見ると波の速度が2倍になるので波長が半分になった,な

4.3 量子力学的運動に課される制約：量子力学的運動方程式

どということは起こらないはずである。

しかしドブロイ波は，慣性系を取り替えると運動量が変わり，波長が変わるのである。これがまさに，コンプトン波長が化けて出た部分である。したがって，これはパラドックスではないのであるが，量子力学の計算において注意しなくてはならない事項である。慣性系を変えずに一貫した取扱いをすれば，このような事態は生じない。

4.3.5 抽象表現での計算とハイゼンベルグの不確定性原理

この演算子と抽象的な状態ケットのままで，いったいなにが計算できるのだろうと心もとなく思うかもしれない。ところが，このように具体的に表現をしないままでも，十分計算ができ，系の振舞いや実験結果を予測することができるのである。

物理量に対応する演算子の間の交換関係がわかっていれば，基本的には，それだけで量子力学が成立する。さらに，固有状態や演算子が空間や時間に対してもっている不変性を考察すれば，量子力学の計算はきわめて容易になる。量子力学で問題になるのは，ミクロな系の状態や運動そのものではなく，それを観測したときにどのような結果が出るかを，確率的に予測することだからである。したがって，シュレーディンガー方程式は，基本的には解く必要がないといってもよい。

運動方程式を解かずに物理的予言ができるのだから，量子力学は，古典力学よりも道具としての取扱いが簡単かもしれない。量子力学は，直接経験できない世界を記述するのでその解釈が難しいのだが，性質がよくわかっている問題ならば，使いこなすことは容易にできるのである。しかし，性質がわかっていない問題に取り組むときには，哲学をするほどの深い考察を要する場合もある。

量子力学の計算でキーとなるのは，演算子の間の交換関係である。その例を見てみよう。

最も基本的な演算子として，状態 $|\Psi\rangle$ に作用して，粒子の位置が x のどこかを導き出す操作を行う演算子 $\hat{x}$ と，状態 $|\Psi\rangle$ に作用して，粒子の x 方向の運動

量がいくらかを導き出す操作を行う演算子 $\hat{p}_x$ を考えよう。

ハイゼンベルグが不確定性原理として初めて提唱したように，同じ方向の位置と運動量は，原理的に同時に任意の精度で決めることができないような物理量の組合せである。このような物理量は相補的な量と呼ばれ，位置と運動量は相補的関係にあるという。これは，位置というのが，例えば x 軸上のどこかに粒子を局在させることで決まる量であるのに対して，x 方向の運動量というのは，x 方向のあらゆる位置での運動に相関があることを表す尺度であるから，x 軸上全体にわたって一様に定義されるべき物理量なのである。すなわち，系を x 方向に移動しても変わらないとき，いい換えれば系が並進対称性をもつ場合に，保存する物理量として定義できる量が運動量なのである。わたしたちは，マクロなサイズの運動量に慣れてしまっているが，運動量というものは本来こういう性質の量である。

一般に，このような相補的な物理量に対する演算子は非可換で，その交換子が $i\hbar$ となる関係

$$[\hat{x}, \hat{p}_x] = \hat{x}\hat{p}_x - \hat{p}_x\hat{x} = i\hbar \tag{4.44}$$

をもち，これを正準交換関係と呼んでいる。正準交換関係が定義できるとき，それを記述する正準運動量と相補的な正準座標は，その粒子の量子力学的運動を記述するのに最も適した座標となっている。

さて，運動方程式を解かずに，量子力学的予測をする計算を一つやってみよう。位置と運動量に対応するこれらの非可換な演算子 $\hat{x}$, $\hat{p}_x$ が，任意の実数 α によって結合された操作に対応する演算子と，そのアジョイントを考えよう。

$$\hat{O}_\alpha = \alpha\hat{x} + \frac{i}{\hbar}\hat{p}_x \tag{4.45}$$

$$\hat{O}_\alpha^\dagger = \left(\alpha\hat{x} + \frac{i}{\hbar}\hat{p}_x\right)^\dagger = \alpha\hat{x} - \frac{i}{\hbar}\hat{p}_x \tag{4.46}$$

演算子とそのアジョイントは，たがいに複素数の関係にある固有値をもつ演算子であるから，これらを掛け合わせたもののブラケットをつくると必ず正の値を与えることになるはずである。

4.3 量子力学的運動に課される制約：量子力学的運動方程式

$$\langle \Psi | \hat{O}^\dagger \hat{O} | \Psi \rangle \geqq 0 \tag{4.47}$$

演算子の積を実際計算してみると

$$\langle \Psi | \hat{O}^\dagger \hat{O} | \Psi \rangle = \langle \Psi | \left(\alpha \hat{x} - \frac{\mathrm{i}}{\hbar} \hat{p}_x \right) \left(\alpha \hat{x} + \frac{\mathrm{i}}{\hbar} \hat{p}_x \right) | \Psi \rangle$$

$$= \langle \Psi | \left\{ \alpha^2 \hat{x}\hat{x} + \frac{\mathrm{i}\alpha}{\hbar} (\hat{x}\hat{p}_x - \hat{p}_x\hat{x}) + \frac{1}{\hbar^2} \hat{p}_x \hat{p}_x \right\} | \Psi \rangle \tag{4.48}$$

となる。ここで，位置と運動量という物理量に対応する演算子 $\hat{x}$，$\hat{p}_x$ はエルミート演算子であり，正準交換関係，および規格化の条件 $\langle \Psi | \Psi \rangle = 1$ を使い計算を進めると

$$\langle \Psi | \hat{O}^\dagger \hat{O} | \Psi \rangle$$
$$= \alpha^2 \langle \Psi | \hat{x}^2 | \Psi \rangle + \frac{\mathrm{i}\alpha}{\hbar} \langle \Psi | (\hat{x}\hat{p}_x - \hat{p}_x\hat{x}) | \Psi \rangle + \frac{1}{\hbar^2} \langle \Psi | \hat{p}_x^2 | \Psi \rangle$$
$$= \alpha^2 \langle x^2 \rangle + \frac{\mathrm{i}\alpha}{\hbar} \langle \Psi | (\mathrm{i}\hbar) | \Psi \rangle + \frac{1}{\hbar^2} \langle p_x^2 \rangle$$
$$= \alpha^2 \langle x^2 \rangle - \mathrm{i}\alpha + \frac{1}{\hbar^2} \langle p_x^2 \rangle \tag{4.49}$$

となる。

この値がどんな α に対しても正の実数でなくてはならないので

$$\langle O \rangle = \alpha^2 \langle x^2 \rangle - \alpha + \frac{1}{\hbar^2} \langle p_x^2 \rangle \geqq 0 \tag{4.50}$$

であるが，この式は α に関する 2 次関数なので，判別式が負になるような係数をもつとき，任意の実数 α に対してこの関係は満たされる。

$$1^2 - 4 \langle x^2 \rangle \frac{1}{\hbar^2} \langle p_x^2 \rangle \leqq 0 \tag{4.51}$$

ここで，問題を簡単にするために，この状態における粒子の x 方向の位置の期待値を原点にとり $\langle x \rangle = 0$，さらにこの粒子の運動量の期待値が $\langle p_x \rangle = 0$ となるものと仮定しよう。このとき

$$\Delta x = \sqrt{\langle x^2 \rangle - \langle x \rangle^2} \tag{4.52}$$
$$\Delta p_x = \sqrt{\langle p_x^2 \rangle - \langle p_x \rangle^2} \tag{4.53}$$

とおけば

$$\Delta x \Delta p_x \geq \frac{\hbar}{2} \tag{4.54}$$

が得られる。

　この式を物理的に読んで意味づけしてみよう。Δx, Δp_x は，それぞれ x と p_x を同時に測定したときに，その測定値の分散を表す量であり，これを測定結果の不確定性，あるいは単にその物理量の不確定性と呼ぶ。この式では，位置の不確定性と運動量の不確定性が掛け合わされていることになる。そしてこの式が示すように，相補的な物理量であり，非可換な交換関係をもつ演算子に対応する物理量の不確定性の積は，$\hbar/2$ より大きいということになる。これは，ハイゼンベルグの不確定性原理の表現が，ここで行った抽象的な演算子と状態のみによる計算の結果として得られたことになる。

　これを導くために仮定したのは，基本的には二つの物理量が相補的な量であるということであり，その表現としての正準交換関係を計算に用いたのみである。したがって，その相補的な物理量は位置と運動量でなくても，同じ不確定性原理が導かれることになるのである。すなわち，正準交換関係を満たす演算子に対応する物理量は相補的な物理量であって，その測定において不確定性原理が成り立つことが，一般的に示されたわけである。

　このように，量子力学では，演算子の交換関係などから，状態を求めることなしに物理的な帰結を導くことができる。こういう場合に，抽象表現は，一般性をもつ事柄の議論に大きな力を発揮する。

　また，量子力学的な計算は実験結果を予測するために行うのだが，実験結果に対応する量が抽象的に計算されたときに，その値を基本原理に基づいて計算する代わりに，実験で測ってしまうことができる。そうすれば，つぎにその値が利用できる量子力学の計算に応用することができるのである。このように，量子力学は，実験と理論が補い合って展開していく体系である。これはもちろん，非経験的世界を自然科学として取り扱うためには必須のことである。

4.3.6 エネルギーと運動量の固有状態

ここで，時間的にも空間的にも均質な運動というものを考えてみよう。これは，時間と空間を測るものさしが決まった状態，すなわちエネルギーと運動量の固有状態である。エネルギーと運動量の3成分に対応する演算子はすべて可換であるので，これらの量が同時に確定した値をもつ状態が存在する。

エネルギー固有値を E_i，運動量の固有値を p_{ix}, p_{iy}, p_{iz}，固有状態を $|\Psi_i\rangle$ とすれば

$$\hat{\mathcal{H}} |\Psi_i\rangle = E_i |\Psi_i\rangle ,$$
$$\hat{p}_x |\Psi_i\rangle = p_{ix} |\Psi_i\rangle , \quad \hat{p}_y |\Psi_i\rangle = p_{iy} |\Psi_i\rangle , \quad \hat{p}_z |\Psi_i\rangle = p_{iz} |\Psi_i\rangle \tag{4.55}$$

である。このエネルギーと運動量の固有状態に対するシュレーディンガー方程式は，演算子がすべて固有値をとるので

$$E_i |\Psi_i\rangle = \left(\frac{p_{ix}^2}{2m} + \frac{p_{iy}^2}{2m} + \frac{p_{iz}^2}{2m} \right) |\Psi_i\rangle \tag{4.56}$$

であり，このようなエネルギーと運動量の固有状態が存在するなら，すなわち $|\Psi_i\rangle \neq 0$ ならば

$$E_i = \frac{p_{ix}^2}{2m} + \frac{p_{iy}^2}{2m} + \frac{p_{iz}^2}{2m} \tag{4.57}$$

と，古典力学における自由粒子のエネルギーと運動量の関係と同じになる。しかし，このような量子力学的状態は，時間の平行移動に対しても，空間の平行移動に対してもまったく変わらない状態である。ハイゼンベルグの不確定性原理が示すように，時間と空間のすべての点，すなわち時間と空間全体にわたってこの状態は広がっていることになる。これが，量子力学的な位置と運動量の固有状態が，上の関係を満たす決まったエネルギーと運動量をもつ古典力学的粒子の運動状態とはまったく異なる点である。すなわち，古典的な粒子が定まったエネルギーと運動量をもつ状態にあるということは，ハイゼンベルグの不確定性原理の範囲で位置と運動量が同時に測定され続けているような状態であり，プランク定数が無視できるほど小さいという近似において，位置と運動量が同時に定まった状態であるといえるのである。

4.3.7 演算子の時間変化とハイゼンベルグ方程式

物理量の期待値を量子力学で計算すると，それに対応する演算子を状態のブラケットではさんだものとなる。これは最初に定義したように，ある状態に操作が働いた結果を確かめたらこういう状態になった，ということに対応する物理量なのである。古典力学では，例えば時間の経過とともに位置が変化する，あるいは運動量が変化するということが，ニュートンの運動方程式やハミルトンの正準方程式として表現されているように，変化していくものは力学変数である。これに対して量子力学では，システムがある運動をしていること全体を状態というもので表し，状態の時間変化を考え，シュレーディンガー方程式を導いたのである。それでは，量子力学において，物理量が時間変化するということはどういうことなのだろう。

量子力学においては，物理量 O の時間変化 $O(t)$ は，その物理量の期待値 $\langle O \rangle$ の時間変化に相当する。すなわち，量子力学では，観測することによって物理量が決まるのだが，一般に観測は系の状態を変えてしまうので，観測をまたいで時間発展を考えることができない。観測と観測の間の運動を取り扱うのが量子力学であるので，物理量の量子力学的時間変化を考えるとすれば，それを期待値として考えるべきなのである。

O に対応する演算子を $\hat{O}$ として，状態 $|\Psi(\boldsymbol{r},t)\rangle$ に対するその期待値は

$$O(t) = \langle O \rangle = \langle \Psi(\boldsymbol{r},t) | \hat{O} | \Psi(\boldsymbol{r},t) \rangle \tag{4.58}$$

である。時間発展をあらわに記述しようと思ったら，量子力学ではそれを演算子で表すのがよいことは，これまで見てきたとおりである。時間変化しないハミルトニアンの下で系を時間発展させる演算子 $\hat{U}_t$ はユニタリ演算子であるから，$\hat{U}_t$ のアジョイント $\hat{U}_t^\dagger$ を作用させてから $\hat{U}_t$ を作用させるという操作も，その逆の操作も系の状態を変えない，すなわち恒等演算子，アイデンティティーである。

$$\hat{U}_t \hat{U}_t^\dagger = \hat{U}_t^\dagger \hat{U}_t = \hat{I} = 1 \tag{4.59}$$

そこで，量子力学でものごとの運動の様子を解きほぐすための常套(じょうとう)手段とし

4.3 量子力学的運動に課される制約：量子力学的運動方程式

て，このアイデンティティーを物理量の期待値の式に挟み込んでみよう．

$$\langle O \rangle = \langle \Psi(\boldsymbol{r},t)| \hat{U}_t \hat{U}_t^\dagger \hat{O} \hat{U}_t \hat{U}_t^\dagger |\Psi(\boldsymbol{r},t)\rangle \tag{4.60}$$

そうすると，時間変化する状態のケットとブラには，まずそれぞれの時間を巻き戻す演算子が作用しているので

$$\hat{U}_t^\dagger |\Psi(\boldsymbol{r},t)\rangle = \hat{U}_t^{-1} |\Psi(\boldsymbol{r},t)\rangle = |\Psi(\boldsymbol{r},t=0)\rangle \tag{4.61}$$

$$\langle \Psi(\boldsymbol{r},t)| \hat{U}_t = \langle \Psi(\boldsymbol{r},t)| (\hat{U}^\dagger)^{-1} = \langle \Psi(\boldsymbol{r},t=0)| \tag{4.62}$$

だけ取り出してみれば，これは時刻 $t=0$ における状態になっている．したがって，物理量の期待値は

$$\langle O \rangle = \langle \Psi(\boldsymbol{r},0)| \hat{U}_t^\dagger \hat{O} \hat{U}_t |\Psi(\boldsymbol{r},0)\rangle \tag{4.63}$$

のように，$t=0$ の状態を表すブラとケットに，時間発展を含んだ物理量を表す演算子

$$\hat{O}(t) = \hat{U}_t^\dagger \hat{O} \hat{U}_t \tag{4.64}$$

が挟まった形になっていることがわかる．この結果から，時間変化する物理量の期待値は，時間変化する演算子の期待値を時間変化しない状態に対して計算したものである，というように表現されることになった．

これを別の言葉でいい表してみよう．すなわち，その作用の順序に沿って右から左にプログラムだと思って読んでみると，時間発展する物理量に対応する演算子 $\hat{O}(t)$ というのは，時間変化しない状態 $|\Psi(\boldsymbol{r},0)\rangle$ を時間 t だけ発展 $\hat{U}_t$ させ，物理量に対応する演算子 $\hat{O}$ を作用させて，つぎに時間をもとに戻す $\hat{U}_t^\dagger$，という一連の操作をする演算子である．これを，時間変化しない状態 $\langle \Psi(\boldsymbol{r},0)|$ に戻っていることを確認する，すなわちブラベクトルを作用させることによって，時間変化する物理量の期待値が出力される．

このように，時間発展する物理量に対応する演算子がどのようなものかわかったので，物理量の時間発展をこの演算子の時間変化としてとらえると，物理量

に対する力学，すなわち運動方程式をつくることができる。まずここで，時間発展演算子を，ハミルトニアン $\hat{\mathcal{H}}$ を用いてあらわに書いておこう。時間発展演算子は

$$\hat{U}_t = e^{-\frac{i}{\hbar}\hat{\mathcal{H}}t}, \quad \hat{U}_t^\dagger = e^{+\frac{i}{\hbar}\hat{\mathcal{H}}t} \tag{4.65}$$

だから，時間変化する物理量に対応する演算子は，

$$\hat{O}(t) = e^{+\frac{i}{\hbar}\hat{\mathcal{H}}t}\hat{O}e^{-\frac{i}{\hbar}\hat{\mathcal{H}}t} \tag{4.66}$$

となる。これを時間変数 t に対して形式的に微分してみることができる。

計算をすっきりさせるために，まず $\hat{U}_t$ の段階で時間微分をつくっておこう。

$$\frac{\partial \hat{U}_t}{\partial t} = \frac{\partial}{\partial t}\left(e^{-\frac{i}{\hbar}\hat{\mathcal{H}}t}\right) = -\frac{i}{\hbar}\hat{\mathcal{H}}e^{-\frac{i}{\hbar}\hat{\mathcal{H}}t} = -\frac{i}{\hbar}\hat{\mathcal{H}}\hat{U}_t \tag{4.67}$$

$$\frac{\partial \hat{U}_t^\dagger}{\partial t} = \frac{\partial}{\partial t}\left(e^{+\frac{i}{\hbar}\hat{\mathcal{H}}t}\right) = +\frac{i}{\hbar}\hat{\mathcal{H}}e^{-\frac{i}{\hbar}\hat{\mathcal{H}}t} = +\frac{i}{\hbar}\hat{\mathcal{H}}\hat{U}_t^\dagger \tag{4.68}$$

ハミルトニアンと時間発展演算子は可換な演算子である。ここで，一つたいへん重要なことがわかる。この結果の式の左辺と右辺を取り替えてみると，時間変化する量をあらわに取り扱うときには，ハミルトニアンが微分演算子に対応しているということである。

$$\hat{\mathcal{H}}\hat{U}_t = +i\hbar\frac{\partial}{\partial t}\hat{U}_t \tag{4.69}$$

$$\hat{\mathcal{H}}\hat{U}_t^\dagger = -i\hbar\frac{\partial}{\partial t}\hat{U}_t^\dagger \tag{4.70}$$

それと同時に，ユニタリ演算子のアジョイントに対する運動方程式がどうなるかもわかる。

これはあとでゆっくり考えることにして，まず演算子の運動方程式を完成させれば

$$\begin{aligned}\frac{\partial \hat{O}(t)}{\partial t} &= \frac{\partial \hat{U}_t^\dagger}{\partial t}\hat{O}\hat{U}_t + \hat{U}_t^\dagger\hat{O}\frac{\partial \hat{U}_t}{\partial t} \\ &= +\frac{i}{\hbar}\hat{\mathcal{H}}\hat{U}_t^\dagger\hat{O}\hat{U}_t - \hat{U}_t^\dagger\hat{O}\frac{i}{\hbar}\hat{U}_t\hat{\mathcal{H}} \\ &= +\frac{i}{\hbar}\hat{\mathcal{H}}\left(\hat{U}_t^\dagger\hat{O}\hat{U}_t\right) - \frac{i}{\hbar}\left(\hat{U}_t^\dagger\hat{O}\hat{U}_t\right)\hat{\mathcal{H}}\end{aligned} \tag{4.71}$$

4.3 量子力学的運動に課される制約：量子力学的運動方程式

第 1 項と 2 項を入れ替えて整理すると，時間変化する物理量 $O(t)$ に対応する演算子 $\hat{O}(t)$ の運動方程式は

$$\frac{\partial \hat{O}(t)}{\partial t} = -\frac{\mathrm{i}}{\hbar}\left(\hat{O}(t)\hat{\mathcal{H}} - \hat{\mathcal{H}}\hat{O}(t)\right) = \frac{1}{\mathrm{i}\hbar}\left[\hat{O}(t),\,\hat{\mathcal{H}}\right] \tag{4.72}$$

のように，$\hat{O}(t)$ とハミルトニアン $\hat{\mathcal{H}}$ の交換子 $\left[\hat{O}(t),\,\hat{\mathcal{H}}\right]$ を用いて書き表せることがわかる。これはハイゼンベルグ方程式と呼ばれ，状態の運動方程式であるシュレーディンガー方程式と対をなす量子力学の体系である。

これを，1 章で古典力学においてハミルトニアンを導入した，一般的な力学変数 $F(q, p, t)$ の時間変化を表す式とを比べてみよう。

$$\begin{aligned}\frac{dF(q,p,t)}{dt} &= \frac{\partial F}{\partial t} + \frac{\partial F}{\partial q}\frac{\partial \mathcal{H}}{\partial p} - \frac{\partial F}{\partial p}\frac{\partial \mathcal{H}}{\partial q} \\ &= \frac{\partial F}{\partial t} + \{F,\,\mathcal{H}\}\end{aligned} \tag{4.73}$$

量子力学的な時間発展を考えた物理量 O そのものの性質は，状態に作用する演算子 $\hat{O}$ で決まるのだから，これは時間をあらわに含む量ではないと考えている。そこでこれと比較するために，F を時間をあらわに含まない力学変数と考えれば，右辺の時間についての偏微分はなくなり

$$\frac{dF}{dt} = \{F,\,\mathcal{H}\} \tag{4.74}$$

となる。ここに出てくるポアソン括弧式を交換関係に置き換えれば，これはまさにハイゼンベルグ方程式と同じ形式となっており，量子力学におけるハミルトニアンが，古典力学に対応した時間発展の記述ときちんと対応していることがわかる。

これから，ハミルトン形式の古典力学において，力学変数を演算子に置き換え，ポアソン括弧式を交換関係に置き換えることによって，量子力学をつくることができることがわかる。

$$\left.\begin{array}{c} \text{Classical} \longrightarrow \text{Quantum} \\ F \longrightarrow \hat{O}, \\ \mathcal{H} \longrightarrow \hat{\mathcal{H}}, \\ \{F,\ \mathcal{H}\} \longrightarrow \dfrac{1}{\mathrm{i}\hbar}\left[\hat{O}(t),\ \hat{\mathcal{H}}\right] \end{array}\right\} \tag{4.75}$$

ここで，一般化座標とこれに共役な運動量に対してポアソン括弧式をつくり，これに対応する量子力学的演算子の交換関係をつくってみれば

$$\{q,\ p\} = \frac{\partial q}{\partial q}\frac{\partial p}{\partial p} - \frac{\partial q}{\partial p}\frac{\partial p}{\partial q} = 1 \tag{4.76}$$

$$[\hat{q},\ \hat{p}] = \hat{q}\hat{p} - \hat{p}\hat{q} = \mathrm{i}\hbar \tag{4.77}$$

となり，まさに古典力学と量子力学の変換が上の対応規則どおりに行われている．これで，対応関係からつくられる形式としての量子力学と，あらゆる可能な経路を通って運動するという量子力学の意味が，見事な調和を示したことになる．この古典力学と量子力学との対応関係によっても，時間発展の生成子としてのハミルトニアンを，エネルギーに対応する演算子と解釈することが妥当であることが示されているのである．

4.3.8 相互作用表示

シュレーディンガー表示と，ハイゼンベルグ表示の，中間をとることもできることに注意しよう．もしハミルトニアンが，可換な二つの部分に分けられるとすると

$$\hat{\mathcal{H}} = \hat{\mathcal{H}}_0 + \hat{\mathcal{H}}_I\ ;\quad \left[\hat{\mathcal{H}}_0,\ \hat{\mathcal{H}}_I\right] = 0 \tag{4.78}$$

時間発展演算子は

$$e^{-\frac{\mathrm{i}}{\hbar}\hat{\mathcal{H}}t} = e^{-\frac{\mathrm{i}}{\hbar}(\hat{\mathcal{H}}_0+\hat{\mathcal{H}}_I)t} = e^{-\frac{\mathrm{i}}{\hbar}\hat{\mathcal{H}}_0 t}e^{-\frac{\mathrm{i}}{\hbar}\hat{\mathcal{H}}_I t} \tag{4.79}$$

と二つの時間発展に分離して書くことができる．そうすると，物理量 O の期待値は

$$\langle O \rangle = \langle \Psi(t)|\, e^{+\frac{\mathrm{i}}{\hbar}\hat{\mathcal{H}}_0 t} e^{+\frac{\mathrm{i}}{\hbar}\hat{\mathcal{H}}_I t} \hat{O} e^{-\frac{\mathrm{i}}{\hbar}\hat{\mathcal{H}}_I t} e^{-\frac{\mathrm{i}}{\hbar}\hat{\mathcal{H}}_0 t}\, |\Psi(t)\rangle \tag{4.80}$$

4.3 量子力学的運動に課される制約：量子力学的運動方程式

となるので，これをハミルトニアン $\hat{\mathcal{H}}_I$ で時間発展する演算子 $\hat{O}_I(t)$

$$\hat{O}_I(t) = e^{+\frac{i}{\hbar}\hat{\mathcal{H}}_I t}\hat{O}e^{-\frac{i}{\hbar}\hat{\mathcal{H}}_I t} \tag{4.81}$$

と，ハミルトニアン $\hat{\mathcal{H}}_0$ で時間発展する状態 $|\Psi_0(t)\rangle$

$$e^{-\frac{i}{\hbar}\hat{\mathcal{H}}_0 t}|\Psi_0(t)\rangle \tag{4.82}$$

の組合せで

$$\langle O \rangle = \langle \Psi_0(t)|\hat{O}_I(t)|\Psi_0(t)\rangle \tag{4.83}$$

のように表現することができる。これはハミルトニアン $\hat{\mathcal{H}}_0$ で決まった時間発展をする状態を基準として，そこからの時間発展の刻みのずれを表すハミルトニアン $\hat{\mathcal{H}}_I$ による物理量の時間変化を表す方法であり，量子系の相互作用による物理量の変化を取り扱う場合に有用な表示の仕方であることから，相互作用表示と呼ばれている。

相互作用表示では，時間変化する状態と演算子の運動方程式は，それぞれシュレーディンガー方程式とハイゼンベルグ方程式になる。

$$i\hbar\frac{\partial}{\partial t}|\Psi_0(t)\rangle = \hat{\mathcal{H}}_0|\Psi_0(t)\rangle \tag{4.84}$$

$$\frac{\partial \hat{O}_I(t)}{\partial t} = \frac{1}{i\hbar}\left[\hat{O}_I(t),\,\hat{\mathcal{H}}_I\right] \tag{4.85}$$

4.3.9 密度演算子の運動方程式

3章で，舞台裏を含めた量子力学的状態の表現として導入した密度演算子に対しても，ハイゼンベルグ方程式と似た時間発展方程式が得られるが，密度演算子は状態そのものを表したものであるので，シュレーディンガー表示の演算子であり，物理量の時間変化を表すハイゼンベルグ方程式とはまったく異なることに注意しよう。

密度演算子は，物理量を表す演算子に作用させてそのトレースをとると物理量の期待値を与えるものであり，ケットとブラがブラケットとは反対向きに組

み合わされて演算子となっているので，ハイゼンベルグ方程式とはハミルトニアンの位置が異なる運動方程式を満たす．

$$\frac{\partial \hat{\rho}(t)}{\partial t} = \frac{1}{i\hbar}\left[\hat{\mathcal{H}}_I,\, \hat{\rho}(t)\right] \tag{4.86}$$

この方程式は，一般的な物理系を取り扱ううえで，たいへん便利で有用な方程式である．

4.3.10 相対論的量子力学の運動方程式

シュレーディンガーはもともと，相対性理論が時間と空間を測るものさしに課す制約 $\mathcal{E}^2/c^2 = m^2 c^2 - p_x^2 - p_y^2 - p_z^2$ から，演算子の関係を与えるという試みをして，これを演算子の関係に置き換え

$$\frac{\hat{\mathcal{H}}^2}{c^2}|\Psi(t,x,y,z)\rangle = \left(m^2 c^2 \hat{I} - \frac{\hat{p}_x^2}{2m} - \frac{\hat{p}_y^2}{2m} - \frac{\hat{p}_z^2}{2m}\right)|\Psi(t,x,y,z)\rangle \tag{4.87}$$

という方程式を考えた．これはクライン・ゴルドン方程式と呼ばれている．

シュレーディンガーは，最初にこの式を考えたとき，相対性理論でのものさしは正にも負にもなるので，これでは確率解釈ができないと考えたが，後に，ディラックが確率解釈とこの方程式を両立させる方法を発見した．それは，状態ケットが，少なくとも時空の自由度に対応する4成分からでき上がっている，4成分スピノールというものであるとすることである．その意味を考えたディラックは，粒子に対して反粒子というものが対になっていることを予言した．この予言によって，電子の量子力学が，プラスの電荷をもつ電子，すなわち陽電子の量子力学と対になって発見された．陽電子は，この予言が基になって後に実験で発見されたのである．ディラックのこの発見は，いろいろな意味で物理学の新しい側面を切り開いた．その一つは，ディラックのスピノールの考え方が基になって，スピノール代数というものが，ベクトルやテンソルの根源にあるものとして大いに展開されることになったことである．それまでの物理学は，発見してみればすでにその数学的体系が用意されていた，という具合であった

4.3 量子力学的運動に課される制約：量子力学的運動方程式

けれども，物理学で導入された概念から新しい数学が生み出されるという，新しい文化の流れを先導したのである。ディラックが再構築したブラケットの量子力学はまた，後で出てくるδ関数のように，新しい超関数のジャンルも導くことになった。二つ目は，陽電子という理論的仮説から，実際にそういう反粒子というものがあるのだという実験的な発見を導いた。これは，古典力学のように経験で知っている世界を記述するのではなく，この宇宙を理解するための構造として脳の中に量子力学を置いてそれを実験と比べて確かめるという，量子力学の性格が端的に現れた例である。

このように，ディラックの理論をきっかけとして相対論的量子力学が発展したが，その後ファインマンは，量子力学的運動があらゆる可能な経路を通り，それらが観測の際に量子力学的干渉を起こすことで量子現象が理解されることを明らかにし，さらに反粒子に対する考察から，陽電子が時間を正から負の方向にたどる，すなわち過去に向かって進む電子であると解釈できることを示した。これらの体系は，後の章で簡単にふれる場の理論として進展し，量子電磁力学をはじめ，原子核の世界，素粒子の世界を取り扱う，現代の物理学の基礎となっている。

さて，ここでもう一つ，この宇宙で最も重要な，ゼロという尺度を運んでいる粒子としての光を考えてみよう。ゼロというものさしを時間と空間の座標から見ると，つねに光速で運動しているということであるので，もちろん相対性理論で取り扱わなくてはならない。したがって，光を取り扱う量子力学の運動方程式は，クライン・ゴルドン方程式で$mc=0$としたものでなくてはならない。ゼロというのは，どんな目盛のものさしで測ってもゼロであるので，空間が曲がっていてもゼロは変わらない。それで，光が進む道筋は，どう曲がって見えようとまっすぐなのであるが，量子力学で尺度の基準となるプランク定数を導入しても，ゼロを測る光には一切お構いなしなのである。それで，光の場合には，古典力学の方程式と量子力学の方程式に区別がなくなってしまう。実際，光を表す状態ケットは，電磁ポテンシャルと呼ばれる4元ベクトルに対応し，クライン・ゴルドン方程式は真空中のマクスウェル方程式と同じものであ

る。物質と相互作用すること，すなわち電荷密度や電流密度を含むマクスウェル方程式は，物質の振舞いと電磁場がコンシステントであるということを述べているに過ぎない。これでものごとが簡単になったのかというと，その反対なのである。光はどんな尺度で書き表してもその表現が原理的に変わらない。これはゲージ不変性と呼ばれている。粒子と反粒子の区別も付かないし，その状態に対する確率解釈もできない。光の量子力学をつくろうと，さまざまな試みが行われているが，まだ誰もそれを完全に成し遂げていないので，光を取り扱う場合は，光の量子力学とはいわず，光の量子論といっている。光の量子論は，その運動方程式が古典力学であるマクスウェル方程式と変わらず，光の量子として光子を考えるときにも，それがボース粒子であるという性質のみが際立った特徴を示す。ここまでにとどめておけばたいへんわかりやすく，レーザーをはじめとする，20世紀後半の科学技術の目覚しい領域は，光の量子論でできあがっている。しかしその確率解釈の難しさや，ゼロを運ぶ粒子としての現象の理解の難しさが，作用の因果関係など電磁現象の根本を考察する際にさまざまな形で現れてくるということには，つねに注意しておく必要がある。

4.4 空間の回転と角運動量

　ここで，運動に関してもう一つ付け加えておかなければならないことがある。考えている宇宙が等方的であり，系が空間のある1点に関して点対称あるいは球対称である場合には，この点に対してどの方角を表現の基準にとっても状態は変わらないはずである。このような場合には，軌道角運動量という保存量が存在する。

　一様な時空間において，連続的に変わり得る時間と空間変数の原点を，どの点にとっても状態は変わらないということから，エネルギーと運動量の保存が導かれたように，一般に，力学変数がある連続的な変化に対して不変であるならば，これに対応して保存する物理量が存在するという定理が成り立つことが

知られている。これは，ネーターの定理と呼ばれ，現代物理においてものごとを考察する際にたいへん重要な指針となっている。軌道角運動量の保存も，このようなこの宇宙に備わる性質の一つである。

空間の回転がどのような演算子や位相という尺度で書き表されるかについては，すでにバーチャルなスピン空間を考えた際に考察しているので，その数学的方法を実際の3次元空間に応用することによって，簡単に軌道角運動量とその記述について考察しておこう。

球対称な量子力学的系の代表は，物質を構成する基本となっている原子である。それゆえ，原子を取り扱う科学においては，角運動量はきわめて重要な要素となっている。軌道角運動量には，スピンという内部自由度と結合する性質があるために，現象はたいへん多様で，それゆえ面白く有用であるが，それだけで本1冊分の紙面を費やすような豊富な内容をもっている。この本では，量子力学とはなにかということ，量子力学をどう表現するかということ，量子力学をどう解釈するかということを丁寧に説明することを目的にしているので，原子に関する具体的な説明は省略することを選択した。原子を取り扱うことに興味をもった読者は，この角運動量というたいへん広い領域に，ぜひじっくりと取り組んでみていただきたい。

さて，3.2節で内部自由度としてのスピンを一般化して取り扱った際に，交換関係をその基礎としたのと同様に

$$\left[\hat{L}_i, \hat{L}_j\right] = \hat{L}_i\hat{L}_j - \hat{L}_j\hat{L}_i = \mathrm{i}\hbar\epsilon_{ijk}\hat{L}_k \tag{4.88}$$

を満たすベクトル演算子 $\hat{\boldsymbol{L}}=(\hat{L}_x, \hat{L}_y, \hat{L}_z)$ を考えて，整数の指標 $\ell = 0, 1, 2, 3, \cdots$ に対応して，L^2 の固有値 $\hbar^2\ell(\ell+1)$ をもつ，$2\ell+1$ 成分の状態ベクトルで記述されるシステムを考えることができる。このシステムは，実空間を回転させるという変換に対して変わらない，すなわち不変性をもつ量子力学的状態であり，$2\ell+1$ 重に縮退した状態は，$\hat{L}_z$ の固有値 $\ell_z = -\hbar\ell, (-\ell+1)\hbar, \cdots, \hbar(\ell-1), \hbar\ell$ をもつ，$\hat{L}_z$ の固有状態である。

スピン演算子 $\hat{\boldsymbol{s}}$ の場合と同様に，$\hat{\boldsymbol{L}}$ は，実空間パラメーター (x, y, z) によっ

て表現される量子力学的状態を回転させる操作に対応する演算子である。軌道角運動量はベクトル演算子であるけれども，回転はただ一つの軸に関してのみ行うことのできる操作である。ここで，量子力学的状態をこの軸の周りに回転させることと，座標系をこの軸の周りに反対向きに回転させることは同等の操作である。回転軸の方向を z 軸と考え，その周りの回転角 φ をパラメーターとして書き表せば，量子力学的状態 $|\Psi\rangle$ を z 軸の周りに微小な角度 $\Delta\varphi$ だけ回転させるという操作 $\hat{\mathcal{R}}_z(\Delta\varphi)$ は

$$\hat{\mathcal{R}}_z(\Delta\varphi)|\Psi\rangle = \left(1 + \mathrm{i}\hat{G}_{\mathcal{R}_z}\Delta\varphi\right)|\Psi\rangle \tag{4.89}$$

のように，回転変換の生成子 $\hat{G}_{\mathcal{R}_z}$ を用いて書き表すことができる。物理量として軌道角運動量を測るときには，$\hbar$ 単位で測って

$$\hat{\mathcal{R}}(\Delta\varphi)|\Psi\rangle = \left(1 - \frac{\mathrm{i}}{\hbar}\hat{L}_z\Delta\varphi\right)|\Psi\rangle \tag{4.90}$$

と書き表すことができる。これまでたびたび扱ってきたように，生成子で書かれた無限小の変換を繰り返すという極限を考えることによって，任意の有限なパラメーターの変換を指数関数型演算子で書き表すことができる。角運動量の場合も同様に，量子力学的状態 $|\Psi\rangle$ を z 軸の周りに角度 φ だけ回転するという操作 $\hat{\mathcal{R}}_z(\varphi)$ は

$$\hat{\mathcal{R}}_{\boldsymbol{u}}(\varphi) = e^{-\frac{\mathrm{i}}{\hbar}\varphi\hat{L}_z} \tag{4.91}$$

と書き表すことができる。3次元空間の単位ベクトル $\boldsymbol{u}$ で表される，任意の軸の周りでの回転を表す操作は

$$\hat{\mathcal{R}}_{\boldsymbol{u}}(\varphi) = e^{-\frac{\mathrm{i}}{\hbar}\varphi\hat{\boldsymbol{L}}\cdot\boldsymbol{u}} \tag{4.92}$$

となる。

荷電粒子の軌道角運動量は，その周囲に磁場を発生する。一方，後で考察するように，電荷をもつ粒子のスピンは磁気モーメントとして磁場と相互作用する。このような，内部自由度のスピンと空間の運動である軌道角運動量の相互作用は，対応する演算子によって $\hat{\boldsymbol{L}}\cdot\hat{\boldsymbol{s}}$ という形で表され，これはスピン–軌道

相互作用と呼ばれている。実はこれがあるために，内部自由度としてしか現れないスピンという自由度を，軌道運動量に移して，その変化を観測することができるのである。曲がった座標ということを併せて考えてみると，軌道運動をする粒子の空間が曲がっているということを測る位相と，内部空間の回転を測る位相は，必ずしも同じではない。軌道の回転に対して現れるこのような内部自由度の位相のずれが，実はスピン–軌道相互作用を生んでいるのである。

5 波動関数による量子力学の表現

　量子力学的状態を，その時空相関に基づいて波動関数によって具体的に表現すると，運動などの状態の操作をつかさどる演算子も微分演算子として具体的に表現される。

　抽象的な代数よりも微分積分学によって物理を扱いなれているわたしたちには，より現実的に量子力学が書き表され，いろいろな計算もしやすいように感じるかもしれない。また，これまで勉強してきた微分積分のテクニックや，関数についての知識も使えるようになり，さらに古典的な波動のこともいろいろ勉強してあるので，非経験的な量子力学の世界についてのイメージもつくりやすいかもしれない。

　この章では，このような波動関数による量子力学の表現の具体化を行う。ただし，量子力学で出てくる波動関数というものは，直接観測されることがなく，それを確率解釈することによってのみ現実となる，という量子力学の抽象性が，具体化することでかえって見えにくいものになってしまうこともあるので，つねに注意しながら具体的表現に取り組んでいこう。

5.1　関数による状態の表現

　量子力学的な運動と観測について考察するための基礎として，この節では，まずそれらがどのようなことで，どのように表現されるのかを観測の意味づけとともに考察していこう。

5.1 関数による状態の表現

関数を用いて状態を表現する，というのはどういうことか考察しよう．

例えば，バナナが3個にリンゴが2個あるという状態をベクトルと関数で表現し，これらを比べてみよう．ベクトルで表現するならば，バナナであることの基底ベクトルを $e_{バナナ}$，リンゴであることの基底ベクトルを $e_{リンゴ}$ として，この状態を F とすると

$$F = 3e_{バナナ} + 2e_{リンゴ} \tag{5.1}$$

と書き表すことになる．これに，例えば，バナナ2個にリンゴ5個という状態を足し合わせると

$$\begin{aligned}F' &= 3e_{バナナ} + 2e_{リンゴ} + 2e_{バナナ} + 5e_{リンゴ} \\ &= 5e_{バナナ} + 7e_{リンゴ}\end{aligned} \tag{5.2}$$

となり，足し合わせた表現も正しく状態を記述している．これがベクトルであるといわれるのは，もし基底を取り替えて，例えば

$$u = \frac{1}{3}e_{バナナ} + \frac{2}{3}e_{リンゴ}, \quad v = \frac{4}{3}e_{バナナ} - \frac{1}{3}e_{リンゴ} \tag{5.3}$$

などとしたときに，状態の表現が

$$F = \frac{11}{3}u + \frac{4}{3}v \tag{5.4}$$

と変わったとしても

$$\begin{aligned}F &= 3\left(\frac{1}{3}u + \frac{2}{3}v\right) + 2\left(\frac{4}{3}u - \frac{1}{3}v\right) \\ &= 3e_{バナナ} + 2e_{リンゴ}\end{aligned} \tag{5.5}$$

であるように，バナナとリンゴのそれぞれのアイデンティティーが正しく表現されているからである．すなわち，表現を変えても状態が変わらないときベクトルというのである．

それでは同じバナナとリンゴの関数表現を考えてみよう．例えば変数 x 一つを用いる表現を考えて，バナナであることを関数 x を基底として表現し，リン

ゴであることを x^2 を基底として表現することにすれば，バナナが3個にリンゴが2個あるという状態を

$$F(x) = 3x + 2x^2 \tag{5.6}$$

のように，関数 $F(x)$ で書き表すことができる。これに，バナナ2個にリンゴ5個という状態を足し合わせると

$$F(x) = (3x + 2x^2) + (2x + 5x^2) = 5x + 7x^2 \tag{5.7}$$

となり，足し合わせた表現も正しく状態を記述している。基底を取り替えて，例えば

$$u = \frac{1}{3}x + \frac{2}{3}x^2, \quad u^2 = \frac{4}{3}x - \frac{1}{3}x^2 \tag{5.8}$$

などとしたときに，状態の表現が

$$F(u) = \frac{11}{3}u + \frac{4}{3}u^2 \tag{5.9}$$

と変わったとしても

$$F(u) = 3\left(\frac{1}{3}u + \frac{2}{3}u^2\right) + 2\left(\frac{4}{3}u - \frac{1}{3}u^2\right) \tag{5.10}$$

$$F(x) = 3x + 2x^2 \tag{5.11}$$

であるように，バナナとリンゴのそれぞれのアイデンティティーが正しく表現されている。

それでは，同じバナナとリンゴの関数表現を2変数で考えてみよう。例えば変数 x と y を用いて，バナナであることを関数 xy を基底とし，リンゴであることを y^2 を基底として，バナナが3個にリンゴが2個あるという状態を関数 $F(x,y)$ で書き表してみれば

$$F(x,y) = 3xy + 2y^2 \tag{5.12}$$

である。これに，バナナ2個にリンゴ5個という状態を足し合わせると

5.1 関数による状態の表現

$$F(x,y) = \left(3xy + 2y^2\right) + \left(2xy + 5y^2\right) = 5xy + 7y^2 \tag{5.13}$$

となり，足し合わせた表現も正しく状態を記述している．基底を取り替えて，例えば

$$u = x + y, \quad v = x - y \tag{5.14}$$

などとしたときに，状態の表現が

$$F(u,v) = \frac{7}{4}u^2 - uv + \frac{1}{4}u^2 \tag{5.15}$$

とかなり複雑に変わったとしても

$$F(u,v) = 3\left(\frac{1}{4}u^2 - \frac{1}{4}v^2\right) + 2\left(\frac{1}{2}u^2 - \frac{1}{2}uv + \frac{1}{2}v^2\right) \tag{5.16}$$

$$F(x,y) = 3xy + 2y^2 \tag{5.17}$$

であるように，バナナとリンゴのそれぞれのアイデンティティーが正しく表現されている．すなわち，ここで用いた関数 xy と y^2 は独立な基底であり，また複雑ではあっても，$u^2/4 - v^2/4$ と $u^2/2 - uv/2 + v^2/2$ も独立な基底なのである．

さらに複雑な 1 変数 θ の関数として，独立な基底関数

$$\sin\theta = \theta - \frac{1}{3!}\theta^3 + \frac{1}{5!}\theta^5 - \frac{1}{7!}\theta^7 \cdots \tag{5.18}$$

$$\cos\theta = 1 - \frac{1}{2!}\theta^2 + \frac{1}{4!}\theta^4 - \frac{1}{6!}\theta^6 + \cdots \tag{5.19}$$

を用いたとしても，バナナが 3 個にリンゴが 2 個あるという状態を，関数 $F(\theta)$ で書き表してみれば，

$$F(\theta) = 3\sin\theta + 2\cos\theta \tag{5.20}$$

であり，基底を変換しても正しい表現が保たれることがわかるだろう．これまでの基底関数と違い，量子力学を取り扱ううえで，この基底のよいところは，波動関数を測る尺度が空間の積分によって容易に与えられたり，基底の独立性が

これと同じ形式で表現できること，さらに位相という考え方と，その根源にある繰り返し空間を測ることを直接表現できる点である。

このような例に見るとおり，ものごとの状態を表すために，異なる状態にそれぞれ独立な基底関数を対応させることによって，関数を基底として用いる表現をつくることができる。ここで用いた例は，まず，関数がなにかものごとの様子を表現するための基底になりうる，ということを示すための形式的なものである。しかし，もしバナナやリンゴの特徴や性質と関連した意味をもつように基底関数そのものをつくることができれば，たいへん素晴らしい表現ということになる。そして，それを用いて状態を表現するのみならず，そこからさまざまな情報を得ることや，状態を変化させることなど，さまざまな操作を関数表現において行うことができるようになるだろう。

5.2 量子力学的状態の関数表現と操作

それでは，この宇宙の構造や諸現象を盛り込んだ，量子力学的状態の関数表現とは，どのようなものだろう。

量子力学の枠組みとなるのは，時間と空間の4次元空間であり，量子力学で表現したいのは，あるオブジェクトの振舞いの時空相関である。量子力学の表現をつくるならば，位相という概念を取り入れることが重要であるから，時間 t と空間 (x,y,z) を変数とする複素関数を用いるのがよさそうである。そして，考えている時空間の特徴が自然に表現されるような基底関数を選んで表現を構成することが，その表現を用いて現象を理解したり，予測したりすることにつながる。ここで，時空間の特徴というのは，時間が一様に進むような系であればエネルギーの保存が表現できる基底関数，空間が一様であれば運動量の保存が表現できる基底関数，また空間が等方的であり，(x,y,z) 座標を回転してもものごとの性質が変わらないようであれば，角運動量の保存が表現できるような基底関数などを用いるのが有用である。

5.2.1 量子力学的波動関数に課される条件

それでは，量子力学の状態表現に用いるための関数が，最低限どのようなことを表現しなければならないかを考察しよう。

量子力学はどのようにして意味づけされたかを考えてみる。量子力学的状態を抽象的に表すケットベクトル $|\Psi\rangle$ と，対になるブラベクトル $\langle\Psi|$ から，量子力学のものさしとなる内積をつくることを

$$\langle\Psi|\Psi\rangle = 1 \tag{5.21}$$

のように表現し，これを量子力学の確率解釈と結び付くものさしの基準とした。これは，まとめると以下のようなことである。

この系に対して，なにかある測定を行うことに結び付くような物理的な固有状態を考える。物理的な固有状態というのは，測定の結果ある物理量 α_i を与えるような状態 $|\alpha_i\rangle$ である。そして，物理量 α_i のとり得るすべての値をそれぞれ固有値とする固有状態の集合，すなわち完全系を用意して，系をすべての固有状態のそれぞれに射影する演算子であるアイデンティティーをつくる。

$$\hat{I} = \sum_i |\alpha_i\rangle\langle\alpha_i| = 1 \tag{5.22}$$

これを用いて，量子力学のものさしとなる内積を展開したとき

$$\begin{aligned}\langle\Psi|\Psi\rangle &= \langle\Psi|\sum_i|\alpha_i\rangle\langle\alpha_i|\Psi\rangle = \sum_i\langle\Psi|\alpha_i\rangle\langle\alpha_i|\Psi\rangle \\ &= \sum_i(\langle\alpha_i|\Psi\rangle)^*\langle\alpha_i|\Psi\rangle = \sum_i|\langle\alpha_i|\Psi\rangle|^2 = 1\end{aligned} \tag{5.23}$$

となることから

$$W_i = |\langle\alpha_i|\Psi\rangle|^2 \tag{5.24}$$

をこの状態にある系に対して測定を行ったとしたら，物理量 α_i が観測され，系がその状態になる確率が W_i であると解釈して，量子力学に意味をもたせた。

そこで，状態 $|\Psi\rangle$ を，時刻 t における空間的位置 $\boldsymbol{r} = (x, y, z)$ の関数として書き表すとすれば，それに，時刻 t に位置 $\boldsymbol{r}$ に置かれたある大きさの測定器に

よって，その粒子が観測されることを結び付けるのがよさそうである．位置 r に置かれた粒子検出器の空間的広がりを ε として，その検出器で観測されるという状態をケットベクトル $|r_\varepsilon\rangle$ で表そう．そうすると，位置 r に置かれた粒子検出器でこの粒子が観測される確率は

$$W_\varepsilon = |\langle r_\varepsilon | \Psi \rangle|^2 = (\langle r_\varepsilon | \Psi \rangle)^* \langle r_\varepsilon | \Psi \rangle \tag{5.25}$$

となる．これは，位置 r をパラメーターとする遷移振幅と，その共役複素数の積で構成されている．このとき，検出器の体積を V_ε とすれば，確率 W_ε を，遷移振幅に対応する複素関数 $\Psi(t, r)$ と，その共役複素数 $\Psi^*(t, r)$ との積によって書き表すことができる．

$$\begin{aligned} W_\varepsilon &= (\langle r_\varepsilon | \Psi \rangle)^* \langle r_\varepsilon | \Psi \rangle = \langle \Psi | r_\varepsilon \rangle \langle r_\varepsilon | \Psi \rangle \\ &= \Psi^*(t, r) \Psi(t, r) V_\varepsilon \end{aligned} \tag{5.26}$$

このように表現してみると，$\Psi^*(t, r)\Psi(t, r)$ は，時刻 t に，空間の位置 r の近傍 ε において，この粒子が観測される確率密度と解釈できる．

ここで，検出器の空間的広がりを理想的に限りなく小さくできるとすれば，位置 r の近傍でこの粒子が検出される確率密度を $\Psi^*(t, r)\Psi(t, r)$ とすることができる．確率密度というのは，微小体積 dV を掛けてある空間の領域にわたって積分すると確率を与える量である．すなわち，この極限において，それぞれの位置に置かれた粒子検出器でこの粒子が観測される確率の総和は，確率密度に対する積分として書き表すことに置き換わる．

$$\langle \Psi | \Psi \rangle = \int_{全空間} \Psi^*(t, r) \Psi(t, r) dV = \int_{全空間} |\Psi^*(t, r)|^2 dV = 1 \tag{5.27}$$

このようにして，複素関数による状態表現と，量子力学の確率解釈を結び付けることができる．

このような考えに基づいて，$r = (x, y, z)$ をパラメーターとする複素関数

$$\Psi(t, x, y, z), \quad \Psi^*(t, x, y, z) \tag{5.28}$$

を，ケットベクトル $|\varPsi\rangle$ とブラベクトル $\langle\varPsi|$ に代わって，量子力学的状態を表現する共役な複素関数の組とすることができる。複素関数で表された状態にものさしを与える内積は，状態を表現する関数とこれに複素共役な関数の積の，全空間にわたる積分からつくることができる。内積が 1 になるという条件を通じて確率解釈を与えるとき，このような複素関数を量子力学的状態を表現する波動関数という。その絶対値 2 乗の全空間での積分が 1 になるという条件を，波動関数の規格化という。

これより，量子力学の表現としてふさわしい関数であるという条件は，つぎのようにいい表されることになる。

ある粒子の量子力学的状態が波動関数 $\varPsi(t,x,y,z)$ で表現されるとき，この状態に対して，時刻 t に粒子が (x,y,z) 空間のどこにいるかという測定を行ったとすれば，x と $x+\mathrm{d}x$，y と $y+\mathrm{d}y$，z と $z+\mathrm{d}z$ で囲まれる体積 $\mathrm{d}x\mathrm{d}y\mathrm{d}z$ の中で，粒子が観測される確率は

$$|\varPsi(t,x,y,z)|^2\,\mathrm{d}x\mathrm{d}y\mathrm{d}z = \varPsi^*(t,x,y,z)\varPsi(t,x,y,z)\mathrm{d}x\mathrm{d}y\mathrm{d}z \qquad (5.29)$$

で与えられる。

このように条件を付けることで，ミクロな世界のさまざまな状態を記述し，その運動を評価し，これを観測した場合の結果についてさまざまな確率的予測ができる体系を，量子力学的状態の (t,x,y,z) をパラメーターとする関数表現として構築することができる。これを，シュレーディンガーの波動力学という。

この章では，2 章から展開してきた量子力学の抽象的な表現に沿って，確率解釈で条件づけられた波動関数を用いた具体的表現が，どのように構成されるかを示そう。

キーワードはやはり，状態（ステート）と操作（オペレーション）である。

5.2.2　波動関数に対応する演算子

量子力学的状態を，時刻 t における位置 $\boldsymbol{r}=(x,y,z)$ の関数として表現する波動関数 $\varPsi(t,\boldsymbol{r})$ を用いると，状態の操作や物理量は，波動関数に作用するどの

ような演算子として表されるのだろうか。

確率密度を定義した際に，空間の位置 r の近傍 ε を，検出器の空間的広がりが理想的にかぎりなく小さくできる極限にもっていったが，離散的な領域の代表としての空間の位置 r から連続変数としての空間の位置 r への移行は，気を付けて取り扱わなければならない問題を含んでいるので，改めて連続変数に対して波動関数を導入し直しておこう。

まず，量子力学的状態を表すケットベクトルに作用して，連続変数としての粒子の位置 r を出力することに対応する演算子を $\hat{O}_r$ としよう。この演算子が固有値をもつ固有状態を $|r\rangle$ とすれば

$$\hat{O}_r |r\rangle = r |r\rangle \tag{5.30}$$

である。連続変数の固有状態によって系のアイデンティティーをつくる規則を，離散変数の場合のすべての状態に対する射影演算子の和に代えて，積分によって定義しよう。

$$\hat{I} = \int_{\text{全空間}} |r\rangle \langle r| \, \mathrm{d}V \tag{5.31}$$

これから，この系の任意の量子力学的状態 $|\Psi\rangle$ の規格化条件を，アイデンティティーをはさんで書き直し，その遷移振幅を波動関数に置き換えて

$$\begin{aligned}\langle \Psi | \Psi \rangle &= \int_{\text{全空間}} \langle \Psi | r \rangle \langle r | \Psi \rangle \, \mathrm{d}V \\ &= \int_{\text{全空間}} \Psi^*(t, r) \Psi(t, r) \mathrm{d}V = \int_{\text{全空間}} |\Psi(t, r)|^2 \, \mathrm{d}V = 1\end{aligned} \tag{5.32}$$

を波動関数を決める条件としよう。

ここで，$|\Psi(t, r)|^2$ は，粒子の位置の観測を行ったとき位置 r で観測される確率密度と解釈できるので，これに粒子の位置 r を掛けて積分すると

$$\int_{\text{全空間}} r |\Psi(t, r)|^2 \, \mathrm{d}V = \langle r \rangle \tag{5.33}$$

$$\begin{aligned}\langle r \rangle &= \int_{\text{全空間}} r |\Psi(t, r)|^2 \, \mathrm{d}V = \int_{\text{全空間}} \Psi^*(t, r) r \Psi(t, r) \mathrm{d}V \\ &= \langle \Psi | \hat{O}_r | \Psi \rangle\end{aligned} \tag{5.34}$$

5.2 量子力学的状態の関数表現と操作

であるから，位置の関数として量子力学的状態を表現する波動関数 $\Psi(t, \bm{r})$ に対して，位置を出力する演算子は，単に位置 $\bm{r}$ を波動関数に掛けるという操作に対応していることがわかる。

それでは，一般に，波動関数に対して作用する，物理量に対応する演算子はどのようなものとなるのだろうか。そこでまず，状態ケット $|\Psi\rangle$ に作用する演算子 $\hat{O}$ を考えて，これに相当する物理量の期待値 $\langle O \rangle$ をつくり，これを位置 $\bm{r}$ を連続変数とするアイデンティティーで展開してみよう。

$$\begin{aligned}
\langle O \rangle &= \langle \Psi | \hat{O} | \Psi \rangle = \langle \Psi | \hat{I} \hat{O} \hat{I} | \Psi \rangle \\
&= \int_{\text{全空間}} \int_{\text{全空間}'} \langle \Psi | \bm{r}' \rangle \langle \bm{r}' | \hat{O} | \bm{r} \rangle \langle \bm{r} | \Psi \rangle \, \mathrm{d}V' \mathrm{d}V \\
&= \int_{\text{全空間}} \int_{\text{全空間}'} \Psi^*(t, \bm{r}') \langle \bm{r}' | \hat{O} | \bm{r} \rangle \Psi(t, \bm{r}) \mathrm{d}V' \mathrm{d}V
\end{aligned} \tag{5.35}$$

量子力学では非局所的な性質が重要となるという原理的な事情から，波動関数に対して作用する，一般的な物理量に対応する演算子をつくろうとすると，それは異なる位置 $\bm{r}'$ と $\bm{r}$ との空間相関を含むことになる。抽象表現における演算子というものは，一般に，たいへん複雑な操作をあっさり表現しているものだということが，改めてわかるだろう。

ここで，波動関数に作用する演算子が，局所的に定義できる場合を考えることは有用である。これは，物理量が局所的に決まるのではなく，ただ演算子が局所的に作用させられる，という意味であることに注意しよう。

まず，局所的であるということを書き表すために，重要な演算を定義しよう。これは，ディラックが量子力学に導入したもので，ディラックの δ 関数と呼ばれ，$\delta(x - x')$ のように書かれる。関数という名前は付いているが，超関数と呼ばれる種族であり，つぎのように定義される。x をパラメーターとする関数 $f(x)$ に対して

$$\int_{-\infty}^{\infty} f(x') \delta(x - x') \mathrm{d}x = f(x) \tag{5.36}$$

となるような超関数 $\delta(x - x')$ を δ 関数という。δ 関数は，$x' = x$ のところだけ取り出すという機能を表現したものである。δ 関数の 3 次元版 $\delta(\bm{r} - \bm{r}')$ は，

δ 関数の積で定義される。

$$\delta(\bm{r}-\bm{r}') = \delta(x-x')\delta(y-y')\delta(z-z') \tag{5.37}$$

これは

$$\iiint_{-\infty}^{\infty} f(x',y',z')\delta(\bm{r}-\bm{r}')\mathrm{d}x'\mathrm{d}y'\mathrm{d}z' = f(x,y,z) \tag{5.38}$$

あるいは

$$\int_{\text{全空間}} f(\bm{r}')\delta(\bm{r}-\bm{r}')\mathrm{d}V' = f(\bm{r}) \tag{5.39}$$

を意味する。

波動関数に対して作用する物理量 O に対応する演算子 $\hat{O}$ の要素を，局所的な作用として取り扱うことができるということを，δ 関数を用いて

$$\hat{O}(\bm{r}',\bm{r}) = \langle \bm{r}'|\hat{O}|\bm{r}\rangle = \hat{O}(\bm{r})\delta(\bm{r}-\bm{r}') \tag{5.40}$$

のように書き表すことにしよう。局所的に作用させられる演算子に対応する物理量の期待値は

$$\begin{aligned}
\langle O \rangle &= \langle \Psi | \hat{O} | \Psi \rangle \\
&= \int_{\text{全空間}} \int_{\text{全空間}'} \Psi^*(t,\bm{r}')\hat{O}(\bm{r})\delta(\bm{r}-\bm{r}')\Psi(t,\bm{r})\mathrm{d}V'\mathrm{d}V \\
&= \int_{\text{全空間}} \Psi^*(t,\bm{r})\hat{O}(\bm{r})\Psi(t,\bm{r})\mathrm{d}V
\end{aligned} \tag{5.41}$$

となる。例えば，先ほど計算したように，位置 $\bm{r}$ に対応する演算子 $\hat{O}_{\bm{r}}$ は，位置 $\bm{r}$ を掛けることという，局所的に作用させられる演算子になっている。

それでは，状態 $|\Psi\rangle$ に対する操作は，波動関数 $\Psi(\bm{r})$ に対してはどのように表現できるだろう。一般に，状態 $|\Psi\rangle$ を変化させることに対応する操作を表す演算子を $\hat{U}$ とすれば，例えば状態 $|\Psi_A\rangle$ に $\hat{U}$ が作用した結果，状態 $|\Psi_B\rangle$ に変わったということは

$$\hat{U}|\Psi_A\rangle = |\Psi_B\rangle \tag{5.42}$$

と書き表すことになる。位置で表現された状態 $|r\rangle$ に対するアイデンティティーでこれを展開し，位置で表されたブラベクトル $\langle r|$ を作用させて波動関数に直すと

$$\langle r|\hat{U}\hat{I}|\Psi_A\rangle = \langle r|\Psi_B\rangle$$

$$\therefore \quad \langle r|\int_{\text{全空間}'}\hat{U}|r'\rangle\langle r'|\Psi_A\rangle \mathrm{d}V' = \langle r|\Psi_B\rangle$$

$$\therefore \quad \int_{\text{全空間}'}\langle r|\hat{U}|r'\rangle\Psi_A(r')\mathrm{d}V' = \Psi_B(r) \tag{5.43}$$

となる。ここで，操作 $\hat{U}$ の要素 $\langle r|\hat{U}|r'\rangle$ を，積分核あるいはカーネルと呼ばれる記号 $K(r, r')$ で置き換えると

$$K(r, r') = \langle r|\hat{U}|r'\rangle \tag{5.44}$$

$$\int_{\text{全空間}'}K(r, r')\Psi_A(r')\mathrm{d}V' = \Psi_B(r) \tag{5.45}$$

のように表現することができる。これを読み解いてみればわかるとおり，最初，空間的位置 r' をパラメーターとして波動関数 $\Psi_A(r')$ で表されていた量子力学的状態が，操作によって変化して，空間的位置 r をパラメーターとする波動関数 $\Psi_B(r)$ で表される量子力学的状態になるとき，操作の前の状態が操作の後の状態にどのように影響するかということが，カーネル $K(r, r')$ によって表されている。ファインマン流の量子力学の解釈によれば，位置 r' から位置 r への影響は，途中であらゆる可能な経路を通って伝わっていく。経路ごとに変化する位相差によって，それぞれの経路で起きたことがどのように影響するかが表される。したがって，カーネル $K(r, r')$ は，位置 r' から位置 r への影響を，あらゆる経路を通ったことについてすべて足し合わせたものである。

このように，波動関数に対する操作においても，物理量に対応する一般的な演算子の表現と同様，量子力学の非局所性が現れてくる。このような，カーネルを用いて空間座標に関する積分で記述される状態の変化は，波動関数に関する微分方程式の境界値問題に対する解の表現に対応している。このような場合は，カーネルをグリーン関数，あるいはプロパゲータという。波動関数による表現は直截的に見えるけれども，実は，具体的な分だけ，なかなか複雑で微妙

な数学的取扱いと解釈を必要とする。

5.2.3 離散スペクトルと連続スペクトル

さて，このようにして，波動関数に対して局所的に作用させられる演算子が定義できるような物理量であれば，これに対して固有値と固有関数を考えることができる。この節では，詳しい考察を行ったので，以後は簡単に，このような演算子を

$$\hat{O} \tag{5.46}$$

と書いて波動関数に作用させる。

$$\Psi_B(t,x,y,z) = \hat{O}\Psi_A(t,x,y,z) \tag{5.47}$$

演算子を作用させても，波動関数が変わらないならば，それは演算子 $\hat{O}$ に対応する物理量の固有状態を表す波動関数，すなわち固有関数である。

物理量の固有値が離散的な値をとるか，連続的な値をとるかで，その固有関数や重ね合せ状態のつくり方が異なる。

（1） 離散スペクトル 固有値が，番号をふって1番目，2番目，3番目と数えられるような，とびとびの値をとるとき，この物理量は離散スペクトルをもつという。

$$\hat{O}\Psi_{O_j}(t,x,y,z) = O_j\Psi_{O_j}(t,x,y,z) \qquad (j=1,2,3,\cdots) \tag{5.48}$$

ここで，固有関数の規格化条件と直交性は，クロネッカーの δ を用いて

$$\int_{全空間} \Psi_{O_i}^*(t,x,y,z)\Psi_{O_j}(t,x,y,z)\mathrm{d}x\mathrm{d}y\mathrm{d}z = \delta_{ij} \tag{5.49}$$

と表現される。

このような演算子に対応する物理量の期待値は

$$\langle O \rangle = \int_{全空間} \Psi^*(t,x,y,z)\hat{O}\Psi(t,x,y,z)\mathrm{d}x\mathrm{d}y\mathrm{d}z \tag{5.50}$$

で与えられる。固有関数を用いて波動関数を展開すれば

5.2 量子力学的状態の関数表現と操作

$$\Psi(t,x,y,z) = \sum_j c_j \Psi_{O_j}(t,x,y,z) \tag{5.51}$$

となり，期待値はつぎのように表されることになる．

$$\begin{aligned}
\langle O \rangle &= \int_{\text{全空間}} \sum_i c_i^* \Psi_{O_i}^*(t,x,y,z) \hat{O} \sum_j c_j \Psi_{O_j}(t,x,y,z) \mathrm{d}x\mathrm{d}y\mathrm{d}z \\
&= \sum_i c_i^* \sum_j c_j O_j \int_{\text{全空間}} \Psi_{O_i}^*(t,x,y,z) \Psi_{O_j}(t,x,y,z) \mathrm{d}x\mathrm{d}y\mathrm{d}z \\
&= \sum_i c_i^* \sum_j c_j O_j \delta_{ij} = \sum_i c_i^* c_i O_i = \sum_i |c_i|^2 O_i
\end{aligned} \tag{5.52}$$

このことから，固有状態の重ね合せの係数 c_i の絶対値 2 乗 $|c_i|^2$ が，系がその固有状態であると観測される確率と解釈できることが確かめられる．

（2） 連続スペクトル 演算子 $\hat{O}$ に対応する物理量が，連続な値をとる固有値をもつ場合には，この物理量は連続スペクトルをもつという．固有関数を連続な値をとる固有値である α を目印として

$$\hat{O}\Psi(\alpha,t,x,y,z) = \alpha \Psi(\alpha,t,x,y,z) \tag{5.53}$$

と書くことにする．ここで，固有関数の規格化条件と直交性は，クロネッカーの δ の代わりに δ 関数を用いて

$$\int_{\text{全空間}} \Psi^*(\alpha',t,x,y,z) \Psi(\alpha,t,x,y,z) \mathrm{d}x\mathrm{d}y\mathrm{d}z = \delta(\alpha'-\alpha) \tag{5.54}$$

と表現される．ここで，δ 関数が単独で出てきたが，これは α を変数とする密度を表すので，後で積分されることが前提になっていることに注意しよう．

このような演算子に対応する物理量の期待値もまた

$$\langle O \rangle = \int_{\text{全空間}} \Psi^*(t,x,y,z) \hat{O} \Psi(t,x,y,z) \mathrm{d}x\mathrm{d}y\mathrm{d}z \tag{5.55}$$

で与えられる．固有関数を用いて波動関数を展開すれば，連続な値をもつ固有値をラベルとする重み関数 $c(\alpha)$ を用いて

$$\Psi(t,x,y,z) = \int_\alpha c(\alpha) \Psi(\alpha,t,x,y,z) \mathrm{d}\alpha \tag{5.56}$$

と書くことができる。$\boldsymbol{r}=(x,y,z),\ \mathrm{d}V=\mathrm{d}x\mathrm{d}y\mathrm{d}z$ として

$$
\begin{aligned}
\langle O \rangle &= \int_{\text{全空間}} \int_{\alpha'} c^*(\alpha')\Psi^*(\alpha',t,\boldsymbol{r})\mathrm{d}\alpha' \hat{O} \int_{\alpha} c(\alpha)\Psi(\alpha,t,\boldsymbol{r})\mathrm{d}\alpha \mathrm{d}V \\
&= \int_{\alpha'} \int_{\alpha} c^*(\alpha')c(\alpha)\alpha \int_{\text{全空間}} \Psi^*(\alpha',t,\boldsymbol{r})\Psi(\alpha,t,\boldsymbol{r})\mathrm{d}V\mathrm{d}\alpha'\mathrm{d}\alpha \\
&= \int_{\alpha'} \int_{\alpha} c^*(\alpha')c(\alpha)\alpha\delta(\alpha'-\alpha)\mathrm{d}\alpha'\mathrm{d}\alpha \\
&= \int_{\alpha} c^*(\alpha)c(\alpha)\alpha\mathrm{d}\alpha = \int_{\alpha} |c(\alpha)|^2 \alpha\mathrm{d}\alpha
\end{aligned}
\tag{5.57}
$$

となる。ここで物理量の固有値 α は実数である。これから，重み関数 $c(\alpha)$ の絶対値 2 乗 $|c(\alpha)|^2$ が，この系が固有値 α をもつ固有状態として観測される確率密度を表していることが確かめられる。

5.3 状態に対する操作と微分演算子

状態と操作ということを，時間と空間の座標をパラメーターとして表現するための，波動関数と演算子の基本的な性格づけができたので，具体的な物理量や運動を記述することに進もう。

状態が波動関数で表現されると，これに対する操作は微分演算子となる。これは，ものごとの変化を関数で表すときには，その関数の完全微分がすべての基本となることに対応する。そして，微分という極限操作は，積分されることによって現実世界と対応するものとなる。

ここで取り扱う系（システム）およびその状態は，2 章で論じたものとまったく同じでものである。

まず，x をパラメーターとする関数 $f(x)$ を考え，微分の基礎をもう一度復習しておこう。

変数 x の微小な変化 $\mathrm{d}x$ に対して，$f(x)$ が連続的な変化をするならば，その変化 $\mathrm{d}f(x)$ は $\mathrm{d}x$ に比例するというのが微分の基礎である。すなわち

$$
\mathrm{d}f(x) = f(x+\mathrm{d}x) - f(x) \propto \mathrm{d}x \tag{5.58}
$$

であり，$dx \to 0$ の極限においてその比例係数を微分と呼び，よく知っている記号で

$$df(x) = f(x+dx) - f(x) = \frac{df}{dx}dx \qquad (dx \to 0) \tag{5.59}$$

と表す．書き換えれば，微分の定義となる．

$$\frac{df(x)}{dx} = \lim_{\Delta x \to \infty} \frac{f(x+\Delta x) - f(x)}{\Delta x} \tag{5.60}$$

これを拡張して，変数 (x,y,z) の微小な変化 (dx,dy,dz) に対して $f(x,y,z)$ が連続的な変化をするならば，その変化 $df(x,y,z)$ は dx, dy, dz に比例するというのが，多変数の場合の微分の基礎である．すなわち

$$\begin{aligned} df(x,y,z) &= f(x+dx, y+dy, z+dz) - f(x,y,z) \\ &= Df_x dx + Df_y dy + Df_z dz \end{aligned} \tag{5.61}$$

であり，$dx, dy, dz \to 0$ の極限において，その比例係数 Df_x, Df_y, Df_z を偏微分と呼び，よく知っている記号 ∂/∂ で

$$\begin{aligned} df(x,y,z) &= f(x+dx, y+dy, z+dz) - f(x,y,z) \\ &= \frac{\partial f}{\partial x}dx + \frac{\partial f}{\partial y}dy + \frac{\partial f}{\partial z}dz \end{aligned} \tag{5.62}$$

と表す．ここで，偏微分というのは単なる係数であり，例えば f と x に関係する係数であるという意味で，記号 ∂/∂ に f と x の目印を付けたに過ぎないことに注意しよう．

それでは，微分を復習してしっかりその内容を確かめたところで，波動関数 $\Psi(t,x,y,z)$ に対するオペレーションを考えよう．

5.3.1 平行移動と運動量演算子

まず，x のみの変化を考えよう．x を dx ずらす操作を行えば，波動関数全体が x 方向へ dx だけずれた平行移動に対応する操作となる．このときの $\Psi(x,y,z)$ の変化は微分を用いて書くことができる．

$$\Psi(x+\mathrm{d}x,y,z) = \Psi(x,y,z) + \frac{\partial \Psi(x,y,z)}{\partial x}\mathrm{d}x \tag{5.63}$$

この操作全体を，x に関する偏微分をつくるという演算子

$$\hat{D}_x = \frac{\partial}{\partial x} \tag{5.64}$$

を定義することで，演算子に書き換えてみよう．すなわち，微分演算子を

$$\frac{\partial}{\partial x}\Psi(x,y,z) = \frac{\partial \Psi(x,y,z)}{\partial x} \tag{5.65}$$

とすると

$$\begin{aligned}\Psi(x+\mathrm{d}x,y,z) &= \left(1 + \frac{\partial}{\partial x}\mathrm{d}x\right)\Psi(x,y,z) \\ &= \left(1 + \hat{D}_x \mathrm{d}x\right)\Psi(x,y,z)\end{aligned} \tag{5.66}$$

と書けることがわかるだろう．

さらにこれを位相という書き方に直すために，変換の生成子 $\hat{G}_x$ を

$$\hat{G}_x = -\mathrm{i}\frac{\partial}{\partial x} \tag{5.67}$$

で定義して，式を書き直してみれば，

$$\begin{aligned}\Psi(x+\mathrm{d}x,y,z) &= \left\{1 + \mathrm{i}\left(-\mathrm{i}\frac{\partial}{\partial x}\right)\mathrm{d}x\right\}\Psi(x,y,z) \\ &= \left(1 + \mathrm{i}\hat{G}_x \mathrm{d}x\right)\Psi(x,y,z)\end{aligned} \tag{5.68}$$

となる．これで，前章で行ったのと同じように，x を有限の値 x_1 だけ変化させるために，まず x_1 を N 個の区間に分割して，変換を N 回繰り返し，N をかぎりなく大きな数にする極限をとることで，指数関数の肩に演算子が乗った形に書くことができる．

$$\begin{aligned}\Psi(x+x_1,y,z) &= \lim_{N\to\infty}\left(1 + \mathrm{i}\hat{G}_x\frac{x_1}{N}\right)^N \Psi(x,y,z) \\ &= e^{\mathrm{i}\hat{G}_x x_1}\Psi(x,y,z)\end{aligned} \tag{5.69}$$

である．

5.3 状態に対する操作と微分演算子

直交座標系における x, y, z の独立性を考えると，それぞれの変数に関する平行移動は独立に行うことができることになるだろう．微分に関しては

$$\Psi(x+\mathrm{d}x, y+\mathrm{d}y, z) = \left(1 + \mathrm{i}\hat{G}_x\mathrm{d}x + \mathrm{i}\hat{G}_y\mathrm{d}y\right)\Psi(x, y, z) \tag{5.70}$$

であるが，これと同時に生成子が可換であれば，これらの演算子が指数の肩に乗った演算子も，まとめて指数の肩に乗せてもよいことになる．例えば，x と y を順に変移させることを考えると

$$\begin{aligned}
&\Psi(x+\mathrm{d}x, y+\mathrm{d}y, z) \\
&= \left(1+\mathrm{i}\hat{G}_x\mathrm{d}x\right)\Psi(x, y+\mathrm{d}y, z) = \left(1+\mathrm{i}\hat{G}_x\mathrm{d}x\right)\left(1+\mathrm{i}\hat{G}_y\mathrm{d}y\right)\Psi(x, y, z) \\
&= \left(1+\mathrm{i}\hat{G}_y\mathrm{d}y\right)\Psi(x+\mathrm{d}x, y, z) = \left(1+\mathrm{i}\hat{G}_y\mathrm{d}y\right)\left(1+\mathrm{i}\hat{G}_x\mathrm{d}x\right)\Psi(x, y, z)
\end{aligned} \tag{5.71}$$

である．$\mathrm{d}x\mathrm{d}y$ などの高次の項に対しても，x と y の平行移動のどちらを先にやっても変わらないならば，生成子は可換である．

$$\left[\hat{G}_x, \hat{G}_y\right] = \hat{G}_x\hat{G}_y - \hat{G}_y\hat{G}_x = 0 \tag{5.72}$$

このとき，平行移動は一つの指数関数型演算子として書くことができる．

$$e^{\mathrm{i}\hat{G}_x x_1} e^{\mathrm{i}\hat{G}_y y_1} = e^{\mathrm{i}\left(\hat{G}_x x_1 + \hat{G}_y y_1\right)} \tag{5.73}$$

このようにして，3次元の空間を表す変数 (x, y, z) に関して，波動関数 $\Psi(x, y, z)$ で表される状態を平行移動する操作の生成子は，波動関数に作用する微分演算子として書き表される．

$$\hat{G}_x = -\mathrm{i}\frac{\partial}{\partial x}, \quad \hat{G}_y = -\mathrm{i}\frac{\partial}{\partial y}, \quad \hat{G}_z = -\mathrm{i}\frac{\partial}{\partial z} \tag{5.74}$$

これらは可換であるので，(x_1, y_1, z_1) の平行移動に相当する操作は

$$\Psi(x+x_1, y+y_1, z+z_1) = e^{\mathrm{i}\left(\hat{G}_x x_1 + \hat{G}_y y_1 + \hat{G}_z z_1\right)}\Psi(x, y, z) \tag{5.75}$$

$$\left[\hat{G}_x, \hat{G}_y\right] = \left[\hat{G}_y, \hat{G}_z\right] = \left[\hat{G}_z, \hat{G}_x\right] = 0 \tag{5.76}$$

によって書き表せる。

　前章で述べたように，平行移動の生成子には，状態に対して運動量がいくらかを出力させる運動量演算子という意味づけがされる。プランク定数 $\hbar = h/2\pi$ を係数として，運動量演算子は $\hat{\boldsymbol{p}} = \hbar \hat{\boldsymbol{G}}$ となるような演算子の組

$$\hat{p}_x = -\mathrm{i}\hbar \frac{\partial}{\partial x}, \quad \hat{p}_y = -\mathrm{i}\hbar \frac{\partial}{\partial y}, \quad \hat{p}_z = -\mathrm{i}\hbar \frac{\partial}{\partial z} \tag{5.77}$$

であり，これらは可換な演算子である。

$$[\hat{p}_x, \hat{p}_y] = [\hat{p}_y, \hat{p}_z] = [\hat{p}_z, \hat{p}_x] = 0 \tag{5.78}$$

したがって，運動量演算子を用いた平行移動の操作は，

$$\Psi(x+x_1, y+y_1, z+z1) = e^{\frac{\mathrm{i}}{\hbar}(\hat{p}_x x_1 + \hat{p}_y y_1 + \hat{p}_z z_1)} \Psi(x, y, z) \tag{5.79}$$

と書き表される。ベクトルの表記とラプラス演算子 ∇ を利用すれば，$\boldsymbol{r} = (x, y, z)$, $\boldsymbol{r}_1 = (x_1, y_1, z_1)$ として，

$$\hat{\boldsymbol{p}}_x = -\mathrm{i}\hbar \left(\frac{\partial}{\partial x}, \frac{\partial}{\partial y}, \frac{\partial}{\partial z} \right) = -\mathrm{i}\hbar \nabla \tag{5.80}$$

$$\Psi(\boldsymbol{r} + \boldsymbol{r}_1) = e^{\frac{\mathrm{i}}{\hbar} \hat{\boldsymbol{p}} \cdot \boldsymbol{r}_1} \Psi(\boldsymbol{r}) \tag{5.81}$$

と短く書き表すことができる。

　座標表示された波動関数では，位置演算子と運動量演算子の交換関係を，直接計算して導くことができる。位置演算子を波動関数に作用させることは，波動関数に位置を掛けることである。x 成分について考えると

$$\begin{aligned}[]
[\hat{x}, \hat{p}_x] \Psi(x, y, z) &= (\hat{x}\hat{p}_x - \hat{p}_x \hat{x}) \Psi(x, y, z) \\
&= x \left(-\mathrm{i}\hbar \frac{\partial}{\partial x} \right) \Psi(x, y, z) - \left(-\mathrm{i}\hbar \frac{\partial}{\partial x} \right) x \Psi(x, y, z) \\
&= x \left(-\mathrm{i}\hbar \frac{\partial \Psi(x, y, z)}{\partial x} \right) + \mathrm{i}\hbar \frac{\partial (x\Psi(x, y, z))}{\partial x} \\
&= -\mathrm{i}\hbar x \frac{\partial \Psi(x, y, z)}{\partial x} + \mathrm{i}\hbar \frac{\partial x}{\partial x} \Psi(x, y, z) + \mathrm{i}\hbar x \frac{\partial \Psi(x, y, z)}{\partial x} \\
&= \mathrm{i}\hbar \Psi(x, y, z)
\end{aligned} \tag{5.82}$$

であることがわかる。すなわち，波動関数を微分してから x を掛けたものと，波動関数に x を掛けてから微分したものの差 $i\hbar(\partial x/\partial x)\Psi(x,y,z)$ が，交換関係の右辺に残った $i\hbar\Psi(x,y,z)$ である。y, z についても同様である。また異なるパラメーターの場合は，$i\hbar(\partial y/\partial x)\Psi(x,y,z)=0$ のように，このような差の項は残らない。

ここで，演算子というものは，状態に作用させて初めて意味が出ることを再確認しておこう。しかし，計算の結果から，演算子の交換関係を演算子だけで表すことが可能となる。演算子の関係式は，対象の定められていないコンピュータのプログラムのようなもので，どんな対象に対しても，あるプログラムの組合せをつくってみると，それは別のプログラムと同等であるというような法則を示すのが，演算子のみで書かれた関係なのである。

位置演算子と運動量演算子の交換関係をまとめておこう。

$$[\hat{x},\ \hat{p}_x]=i\hbar,\quad [\hat{y},\ \hat{p}_y]=i\hbar,\quad [\hat{z},\ \hat{p}_z]=i\hbar,$$
$$[\hat{x},\ \hat{p}_y]=[\hat{x},\ \hat{p}_z]=[\hat{y},\ \hat{p}_x]=[\hat{y},\ \hat{p}_z]=[\hat{z},\ \hat{p}_x]=[\hat{z},\ \hat{p}_y]=0 \quad (5.83)$$

これは，この演算子を波動関数に作用させたときに，左辺の作用と右辺の作用が等しい結果を生むという意味において成り立つ等式である。右辺の 0 は，そういう状態は存在しないということを導く演算子である。

5.3.2 時間発展とハミルトニアン

もう一つやっておかなくてはならないことがある。時間に関する平行移動を，波動関数に作用する微分演算子で書き表すことである。

波動関数 $\Psi(t,x,y,z)$ に作用して時間をずらす操作を演算子 $\hat{\mathcal{H}}$ で表し，これをハミルトニアンという。ハミルトニアン $\hat{\mathcal{H}}$ は，時間の流れの連続性と一様性から導かれる。$\Psi(t,x,y,z)$ の時間をずらす操作は，空間の場合と同様に，空間座標 (x,y,z) を固定したときの微分から構成される。

$$\Psi(t+dt,x,y,z)-\Psi(t,x,y,z)=\frac{\partial\Psi(t,x,y,z)}{\partial t}dt \quad (5.84)$$

これを時間をずらす操作の生成子 $\hat{G}_t$ で書き換えれば

$$\begin{aligned}\Psi(t+\mathrm{d}t,x,y,z) &= \left\{1-\mathrm{i}\left(\mathrm{i}\frac{\partial}{\partial t}\right)\mathrm{d}t\right\}\Psi(t,x,y,z) \\ &= \left(1-\mathrm{i}\hat{G}_t\mathrm{d}t\right)\Psi(t,x,y,z)\end{aligned} \tag{5.85}$$

となる．ここで，生成子の前の符号をマイナスにとったことに注意しよう．これは，前の章で考察したように，時間が経つにつれて位相が巻き戻るように決めておくことに相当する．時間が経ったときの状態は，それに相当する分だけ空間を戻した状態と同じになる．そこで，時間が経てば状態全体が空間位置が正の方向に移動するという時空相関を，時間の正の方向と一致させるようにとったことに対応している．したがってこの符号は，空間の移動の生成子の符号と連動しており，これは，時空の計量がこの世界が意味があるように定まる，という要求に由来する．

時間変化の生成子に，時間の平行移動に対して保存量となるエネルギーという物理的意味をもたせるために，プランク定数 $\hbar = h/2\pi$ を用いて次元を付けたものが，ハミルトニアン $\hat{\mathcal{H}}$ である．

$$\hat{\mathcal{H}} = \hbar\hat{G}_t = \mathrm{i}\hbar\frac{\partial}{\partial t} \tag{5.86}$$

ハミルトニアンを波動関数に作用させたものはその時間微分に等しいという条件は，系の時間発展に関する最も基礎的な関係，すなわち運動方程式に相当する．

$$\hat{\mathcal{H}}\Psi(t,x,y,z) = \mathrm{i}\hbar\frac{\partial}{\partial t}\Psi(t,x,y,z) \tag{5.87}$$

系のハミルトニアンがわかれば，この方程式を環境条件の下に解いて，波動関数を定めることができる．

ここで再び，t を有限の値 t_1 だけ変化させるために，まず t_1 を N 個の区間に分割して，変換を N 回繰り返し，N をかぎりなく大きな数にする極限をとることで，指数関数の肩に演算子が乗った形に書くことができる．

$$\begin{aligned}
\Psi(t+t_1,x,y,z) &= \lim_{N\to\infty}\left(1-\mathrm{i}\hat{G}_t\frac{t_1}{N}\right)^N \Psi(t,x,y,z) \\
&= e^{-\mathrm{i}\hat{G}_t t_1}\Psi(t,x,y,z) \\
&= e^{-\frac{\mathrm{i}}{\hbar}\hat{\mathcal{H}}_t t_1}\Psi(t,x,y,z)
\end{aligned} \tag{5.88}$$

5.4　エネルギーと運動量の固有値と固有関数

　系の異なる状態のそれぞれに，t と (x,y,z) を変数とするたがいに独立な複素関数 $\Psi_j(t,x,y,z)$ を対応させると，これを適当な重みを付けて足し合わせることによって，系のどんな状態も表現することができる。確率解釈で条件づけられた独立な複素関数の集まりは，その系がとるすべての状態を表現するための，基底関数の集まりとなる。このような，基底関数すべての集合を完全系という。

　数学的にはどのような基底関数をとってもよいが，わたしたちが実際，この宇宙で起きていることを記述し，それを解釈し，理解し，利用するためには，物理量に基づいて基底関数を構成するのが便利である。例えば，エネルギーが定まった状態は，時間の平行移動で変わらないという性質をもつので，系の時間経過に対する性質を調べようとする場合には，これらを基底とした表現が便利である。また，運動量が定まった状態は，空間の平行移動に対して変わらないという性質をもつので，系の異なる位置での状態の変化や相関を調べようという場合には，これらを基底とする表現が便利である。

　そこで，運動量固有値と固有状態，エネルギー固有値と固有状態などの性質や，これに基づく基底関数の完全系，これを用いた状態の表現を研究しておこう。

5.4.1　運動量の固有状態と固有関数

　まず，運動量演算子の固有値と，固有状態の波動関数，すなわち固有関数について考察する。均質で等方的な時空間を考えると，x, y, z, t に関係する状

態の変化を，それぞれ独立に考えることができる。

例えば，x 成分を考えると，y, z, t に関して，複素関数 $\psi(t,y,z)$ で表される同じ振舞いを示す波動関数

$$\Psi(t,x,y,z) = \varphi(x)\psi(t,y,z) \tag{5.89}$$

の x をパラメーターとする関数 $\varphi(x)$ について，$\hat{p}_x$ に対する固有値をもつ固有関数を考えることができる。

空間が等方的で一様であるとすれば，どんな平行移動に対しても系は変わらないので，運動量は連続スペクトルの固有値をもつ。このとき

$$\hat{p}_x \varphi_{p_x}(x) = p_x \varphi_{p_x}(x) \tag{5.90}$$

が，$\hat{p}_x$ の固有値 p_x に対する固有関数 $\varphi_{p_x}(x)$ を決める。実際に微分演算子で書き表してみると

$$-i\hbar \frac{\partial \varphi_{p_x}(x)}{\partial x} = p_x \varphi_{p_x}(x) \tag{5.91}$$

であり，これは固有値 p_x に対する固有関数 $\varphi_{p_x}(x)$ を決める微分方程式となる。偏微分のままにしておいたのは

$$-i\hbar \frac{\partial \left(\varphi_{p_x}(x)\psi(t,y,z)\right)}{\partial x} = p_x \varphi_{p_x}(x)\psi(t,y,z) \tag{5.92}$$

としても同じ方程式が成り立つからである。この方程式を満たす解は

$$\varphi_{p_x}(x) = e^{\frac{i}{\hbar}p_x x}\varphi_0 \tag{5.93}$$

あるいは

$$\varphi_{p_x}(x)\psi(t,y,z) = e^{\frac{i}{\hbar}p_x x}\psi(t,y,z) \tag{5.94}$$

である。

固有関数が得られると，すべての固有値 p_x に対する固有関数の集合，すなわち完全系をつくって，この系の状態に関する x をパラメーターとする任意の波動関数 $\phi(x)$ を展開することができる。固有値が連続変数であるので

5.4 エネルギーと運動量の固有値と固有関数

$$\phi(x) = \int_{-\infty}^{\infty} c(p_x) \varphi_{p_x}(x) \mathrm{d}p_x \tag{5.95}$$

のように,積分を用いて書かなくてはならない.このとき,$|c(p_x)|^2$ は,系の運動量の x 成分を測定したとき,測定結果が p_x である確率密度と解釈される.すなわち,系の運動量の x 成分を測定したとき,測定結果が p_x と $p_x + \mathrm{d}p_x$ の間の値となる確率は $|c(p_x)|^2 \mathrm{d}p_x$ である.もちろんこのとき,波動関数は規格化されていなくてはならない.前の節で考察したように,このような連続変数の物理量の固有関数の規格化の方法は,その物理量の期待値を正しく与えるということによって決めなくてはならない.物理量としては,尺度の代表である恒等演算子 1 の期待値をとって,これが 1 になるようにするのが基本である.ここでは,運動量の x 成分の期待値を,固有値で展開された波動関数に対して計算してみよう.

$$\begin{aligned}
\langle p_x \rangle &= \int_{-\infty}^{\infty} \psi^*(x) \hat{p}_x \psi(x) \mathrm{d}x \\
&= \int_{-\infty}^{\infty} \left(\int_{-\infty}^{\infty} c^*(p_x') \varphi_{p_x'}^*(x) \mathrm{d}p_x' \right) \hat{p}_x \left(\int_{-\infty}^{\infty} c(p_x) \varphi_{p_x}(x) \mathrm{d}p_x \right) \mathrm{d}x \\
&= \iiint_{-\infty}^{\infty} c^*(p_x') c(p_x) p_x \varphi_{p_x'}^*(x) \varphi_{p_x}(x) \mathrm{d}p_x' \mathrm{d}p_x \mathrm{d}x \\
&= \iiint_{-\infty}^{\infty} c^*(p_x') c(p_x) p_x \varphi_0^* e^{-\frac{\mathrm{i}}{\hbar} p_x' x} \varphi_0 e^{\frac{\mathrm{i}}{\hbar} p_x x} \mathrm{d}x \mathrm{d}p_x' \mathrm{d}p_x \\
&= \iint_{-\infty}^{\infty} c^*(p_x') c(p_x) p_x |\varphi_0|^2 \left(\int_{-\infty}^{\infty} e^{-\frac{\mathrm{i}}{\hbar}(p_x' - p_x)x} \mathrm{d}x \right) \mathrm{d}p_x' \mathrm{d}p_x
\end{aligned} \tag{5.96}$$

となる.一方,重ね合せの係数が確率密度と解釈されることに関連して決まる運動量の期待値は,δ 関数を用いて変形すると

$$\begin{aligned}
\langle p_x \rangle &= \int_{-\infty}^{\infty} |c(p_x)|^2 p_x \mathrm{d}p_x \\
&= \int_{-\infty}^{\infty} \left(\int_{-\infty}^{\infty} c^*(p_x') c(p_x) p_x \delta(p_x' - p_x) \mathrm{d}p_x' \right) \mathrm{d}p_x
\end{aligned} \tag{5.97}$$

でなくてはならない.これらを比べると

であることがわかる。このように，δ 関数は，指数関数を用いて表現することができ，その定義は，

$$\delta(\alpha' - \alpha) = \frac{1}{2\pi} \int_{-\infty}^{\infty} e^{i(\alpha' - \alpha)x} dx \tag{5.99}$$

である。これを変数変換すると，

$$\delta(\alpha' - \alpha) = \frac{1}{2\pi\hbar} \int_{-\infty}^{\infty} e^{\frac{i}{\hbar}(\alpha' - \alpha)(\hbar x)} d(\hbar x) \tag{5.100}$$

となるから，運動量の固有関数の場合と比べると

$$|\varphi_0|^2 = \frac{1}{2\pi\hbar}, \quad \varphi_0 = \sqrt{\frac{1}{2\pi\hbar}} e^{i\theta_0} \tag{5.101}$$

である。これより，規格化された運動量の固有関数

$$\varphi_{p_x}(x) = \sqrt{\frac{1}{2\pi\hbar}} e^{i\theta_0} e^{\frac{i}{\hbar} p_x x} \tag{5.102}$$

が決まる。その規格直交関係を改めて示せば

$$\int_{-\infty}^{\infty} \varphi_{p_x'}^*(x) \varphi_{p_x}(x) dx = \delta(p_x' - p_x) \tag{5.103}$$

である。

これから，すぐわかるように，運動量の固有状態にある粒子に対して，その位置を測定すると，x と $x + dx$ の間で粒子が測定される確率は，

$$\begin{aligned} \varphi_{p_x}^*(x) \varphi_{p_x}(x) dx &= \sqrt{\frac{1}{2\pi\hbar}} e^{-i\theta_0} e^{-\frac{i}{\hbar} p_x x} \sqrt{\frac{1}{2\pi\hbar}} e^{i\theta_0} e^{\frac{i}{\hbar} p_x x} \\ &= \frac{1}{2\pi\hbar} dx \end{aligned} \tag{5.104}$$

のように，位置 x に依存しない。ただし，x について積分するときには，指数部を残しておかなくてはいけないことに注意しよう。すなわち，運動量の固有状態にある波動関数は，全空間に一様に広がっていることになり，これが平行移動してもまったく変化がない波動関数ということの意味である。

5.4 エネルギーと運動量の固有値と固有関数

これとは正反対に，δ 関数を位置のパラメーター x に対してつくって，これを波動関数と考えてみると

$$\Psi(x) = \delta(x - x_1)$$
$$= \frac{1}{2\pi} \int_{-\infty}^{\infty} e^{ik(x-x_1)} dk = \frac{1}{2\pi\hbar} \int_{-\infty}^{\infty} e^{\frac{i}{\hbar} p_x (x-x_1)} dp_x \qquad (5.105)$$

と書き表せることになり，粒子を発見する確率が $x = x_1$ 以外の場所ではすべてゼロとなる。すなわち，これはある位置 x_1 に局在する粒子の波動関数になっており，すべての運動量固有値をもつ固有関数の重みの等しい重ね合せ状態であることがわかる。ここで，$p = \hbar k$ の置換えをしたが，このような量 k は波数と呼ばれる。ドブロイ波長 $p = h/\lambda$ で表すと $k = 2\pi/\lambda$ であり，空間の移動に対する位相の変化を，ドブロイ波長をものさしとして測るのが波数であることがわかる。

それでは，ある運動量の固有値 p_x をもつ固有関数に，少しずつその周辺の固有値をもつ固有関数を重ね合わせていくことを考えてみよう。このとき，ある空間的位置 x_1 で位相が 0 となるように，波動関数を足していくものとしよう。このようすを図 **5.1** に示した。

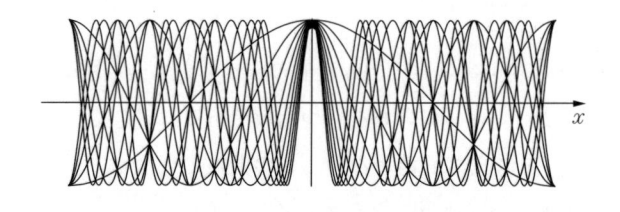

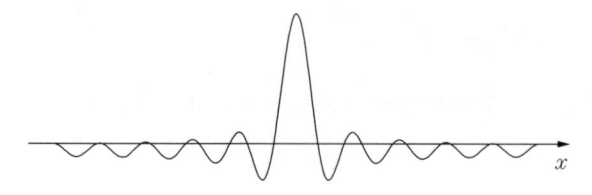

図 5.1 波動関数の重ね合せと局在

運動量が異なる波動関数を重ね合わせていくにつれ，位置 x_1 の周辺の波動関数が打ち消しあうとともに，位置 x_1 の振幅がどんどん大きくなっていく．この極限が δ 関数となるとすれば，中間の重ね合せ状態は，位置も運動量もそこそこ決まった状態となる．

　このような，相補的な量である位置と運動量が，どちらもそこそこ決まった状態は波束と呼ばれている．波束は，ウェーブパケットといったほうがわかりやすいかもしれない．情報通信に使うパケットなどは，時空間のある領域を占める波束であり，少しだけ異なる運動量の波の重ね合せでできている．それで，運動量，すなわち波長が異なる波が同じように伝わらないと，そのような波が強め合っているパケットのピークがだんだんずれて，波束が壊れてしまうことになる．それで，光ファイバーでも電線でも，通信経路の分散特性という，異なる波長ごとに伝達速度がどのぐらいずれるかという性質を，非常に気にすることになるのである．

　波束の代表的な例は，統計のときよく出てくる，ガウス分布で重みづけされた運動量固有関数の重ね合せである．ガウス分布の重み関数は

$$c_G(p) = \left(\frac{1}{\sqrt{\pi \Delta p}}\right)^{\frac{1}{2}} e^{-\frac{p^2}{2(\Delta p)^2}} \tag{5.106}$$

のように，$p = 0$ を中心として，Δp 程度の広がりをもつ領域に，二等辺三角形が少し丸みを帯びたぐらいに分布をもつ関数である．ここで，p を，平均値 p_m からの差 $p - p_m$ と考えても構わない．この関数の係数は，重みの2乗をすべて足したものが1となるようにとってある．

$$\int_{-\infty}^{\infty} |c_G(p)|^2 \, dp = 1 \tag{5.107}$$

この重みを用いて，運動量固有関数を足し合わせてみると

5.4 エネルギーと運動量の固有値と固有関数

$$\phi_G(x) = \sqrt{\frac{1}{2\pi\hbar}} \int_{-\infty}^{\infty} c_G(p) e^{\frac{i}{\hbar}px} dp$$

$$= \sqrt{\frac{1}{2\pi\hbar}} \int_{-\infty}^{\infty} \left(\frac{1}{\sqrt{\pi\Delta p}}\right)^{\frac{1}{2}} e^{-\frac{p^2}{2(\Delta p)^2}} e^{\frac{i}{\hbar}px} dp$$

$$= \left(\frac{1}{\sqrt{\pi\hbar/\Delta p}}\right)^{\frac{1}{2}} e^{-\frac{x^2}{2(\hbar/\Delta p)^2}} \tag{5.108}$$

となる。解析関数の取扱いは微妙であるので、フーリエ変換の公式を参照することによって、結果が正しいかどうか確かめておこう。この結果が示すように、運動量の幅 Δp のガウス分布で重みづけして運動量固有関数を足し合わせると、粒子の波動関数は幅 $\Delta x = \hbar/\Delta p$ のガウス分布となっている。そして、両者の幅の積は

$$\Delta x \Delta p = \hbar \tag{5.109}$$

となり、これは、運動量の分布を広くとれば位置の分布が狭くなり、運動量の分布を狭くとれば位置の分布が広がることを示している。

代表的な例を調べたので、つぎに、このような相補的な量の広がりを関係づける一般原理として、ハイゼンベルグの不確定性原理を考察することにしよう。

5.4.2 ハイゼンベルグの不確定性原理

前章で、演算子のみの関係から、ハイゼンベルグの不確定性原理を導いた。これと同じ計算を、波動関数による表現でやってみよう。計算を簡単にするために、波動関数を x のみの関数 $\Psi(x)$ と考えよう。

位置 $\hat{O}_x = x$ と運動量 $\hat{p}_x = -i\hbar\partial/\partial x$ という非可換な演算子が、任意の実数 α で結合された操作でつくられる波動関数の絶対値2乗を考え、これを全空間で積分すると、その結果は α によらず正の値をとらなくてはならない。

$$\int_{-\infty}^{\infty} \left| \alpha x \Psi(x) + \frac{\mathrm{i}}{\hbar} \hat{p}_x \Psi(x) \right|^2 \mathrm{d}x$$
$$= \int_{-\infty}^{\infty} \left| \alpha x \Psi(x) + \frac{\partial \Psi(x)}{\partial x} \right|^2 \mathrm{d}x = \int_{-\infty}^{\infty} \left| \alpha x \Psi(x) + \frac{\mathrm{d}\Psi(x)}{\mathrm{d}x} \right|^2 \mathrm{d}x \geqq 0 \tag{5.110}$$

ここでは，x のみを考えているので，偏微分を常微分に変えた。

これを実際計算してみよう。演算子の計算のときには，演算子の順序を思いどおりに並べ替えるのに交換関係が役に立ったように，積分の計算では，微分演算子の順序を並べ替えるのに部分積分が役に立つ。部分積分は，積の関数の微分

$$\mathrm{d}(f \cdot g) = (\mathrm{d}f) \cdot g + f \cdot (\mathrm{d}g) \tag{5.111}$$

をそのまま積分した関係式である。

$$\int_a^b \mathrm{d}(f \cdot g) = \int_a^b (\mathrm{d}f) \cdot g + \int_a^b f \cdot (\mathrm{d}g)$$
$$\therefore \quad [f \cdot g]_a^b = \int_a^b g \cdot \mathrm{d}f + \int_a^b f \cdot \mathrm{d}g \tag{5.112}$$

これを利用して計算を進めてみよう。

$$\int_{-\infty}^{\infty} \left(\alpha x \Psi^*(x) + \frac{\mathrm{d}\Psi^*(x)}{\mathrm{d}x} \right) \left(\alpha x \Psi(x) + \frac{\mathrm{d}\Psi(x)}{\mathrm{d}x} \right) \mathrm{d}x$$
$$= \int_{-\infty}^{\infty} \alpha^2 x^2 \Psi^*(x) \Psi(x) \mathrm{d}x + \int_{-\infty}^{\infty} \alpha x \Psi^*(x) \frac{\mathrm{d}\Psi(x)}{\mathrm{d}x} \mathrm{d}x$$
$$+ \int_{-\infty}^{\infty} \alpha \frac{\mathrm{d}\Psi^*(x)}{\mathrm{d}x} x \Psi(x) \mathrm{d}x + \int_{-\infty}^{\infty} \frac{\mathrm{d}\Psi^*(x)}{\mathrm{d}x} \frac{\mathrm{d}\Psi(x)}{\mathrm{d}x} \mathrm{d}x \tag{5.113}$$

第1項は，x^2 の期待値 $\langle x^2 \rangle$ の表式となっている。第2項，第3項は一対になっているので，これを第4項の積分と別々に考察しよう。

まず，α の1次の項の係数となっている第2項，第3項は，後者を部分積分することによって

5.4 エネルギーと運動量の固有値と固有関数

$$\int_{-\infty}^{\infty} x\Psi^*(x)\frac{\mathrm{d}\Psi(x)}{\mathrm{d}x}\mathrm{d}x + \int_{-\infty}^{\infty} \frac{\mathrm{d}\Psi^*(x)}{\mathrm{d}x}x\Psi(x)\mathrm{d}x$$

$$= \int_{-\infty}^{\infty} x\Psi^*(x)\frac{\mathrm{d}\Psi(x)}{\mathrm{d}x}\mathrm{d}x$$

$$+ [\Psi(x)^*x\Psi(x)]_{-\infty}^{\infty} - \int_{-\infty}^{\infty} \Psi^*(x)\frac{\mathrm{d}(x\Psi(x))}{\mathrm{d}x}\mathrm{d}x$$

$$= \int_{-\infty}^{\infty} x\Psi^*(x)\frac{\mathrm{d}\Psi(x)}{\mathrm{d}x}\mathrm{d}x$$

$$- \int_{-\infty}^{\infty} \Psi^*(x)\frac{\mathrm{d}x}{\mathrm{d}x}\Psi(x)\mathrm{d}x - \int_{-\infty}^{\infty} x\Psi^*(x)\frac{\mathrm{d}\Psi(x)}{\mathrm{d}x}\mathrm{d}x$$

$$= -\int_{-\infty}^{\infty} \Psi^*(x)\Psi(x)\mathrm{d}x = -1 \tag{5.114}$$

となる。ここで，考えている宇宙の端 (±∞) に近づくにつれて，波動関数もその微分も，x が大きくなるのより十分速やかに 0 になると考えてよいこと，また波動関数が規格化されていることを用いた。計算結果の 1 項目と 3 項目は同じものの引き算であるから消えるので，残りは規格化された波動関数が与える 1 のみとなる。この 1 は，規格化条件であると同時に，アイデンティティー $\hat{I} = 1$ の期待値でもあることに注意しよう。

$$\langle 1 \rangle = \int_{-\infty}^{\infty} \Psi^*(x)\hat{I}\Psi(x)\mathrm{d}x \tag{5.115}$$

そこで，式 (5.114) の 2 行目と最後の行をまとめてみると

$$\int_{-\infty}^{\infty} \Psi^*(x)x\frac{\mathrm{d}\Psi(x)}{\mathrm{d}x}\mathrm{d}x - \int_{-\infty}^{\infty} \Psi^*(x)\frac{\mathrm{d}(x\Psi(x))}{\mathrm{d}x}\mathrm{d}x$$

$$= -\int_{-\infty}^{\infty} \Psi^*(x)\hat{I}\Psi(x)\mathrm{d}x \tag{5.116}$$

となる。これに両辺に $-i\hbar$ を掛け算することで，運動量演算子の形に戻して書き直し，一つの積分にまとめてみると

$$\int_{-\infty}^{\infty} \Psi^*(x)\left\{x\left(-i\hbar\frac{d}{\mathrm{d}x}\right) - \left(-i\hbar\frac{d}{\mathrm{d}x}\right)x\right\}\Psi(x)\mathrm{d}x$$

$$= \int_{-\infty}^{\infty} \Psi^*(x)\left(i\hbar\hat{I}\right)\Psi(x)\mathrm{d}x \tag{5.117}$$

となる。すなわち

$$\int_{-\infty}^{\infty} \Psi^*(x)\left(x\hat{p}_x - \hat{p}_x x - i\hbar\right)\Psi(x)\mathrm{d}x = 0 \tag{5.118}$$

である。これが，一般的な波動関数に対して成り立つことから，交換関係が導かれているわけである。

$$x\hat{p}_x - \hat{p}_x x - i\hbar = 0 \tag{5.119}$$

このように，抽象的な演算子の計算において交換関係を利用することに対応して，波動関数の計算では部分積分が活躍することになることを覚えておくと，さまざまな場面で役に立つ。

さて，第4項の計算に進もう。ここでもまた，部分積分を用いて積分を書き換えれば

$$\begin{aligned}
&\int_{-\infty}^{\infty} \frac{\mathrm{d}\Psi^*(x)}{\mathrm{d}x}\frac{\mathrm{d}\Psi(x)}{\mathrm{d}x}\mathrm{d}x \\
&= \left[\Psi^*(x)\frac{\mathrm{d}\Psi(x)}{\mathrm{d}x}\right]_{-\infty}^{\infty} - \int_{-\infty}^{\infty} \Psi^*(x)\frac{d^2\Psi(x)}{\mathrm{d}x^2}\mathrm{d}x \\
&= \frac{1}{\hbar^2}\int_{-\infty}^{\infty} \Psi^*(x)\left\{-i\hbar\frac{d}{\mathrm{d}x}\left(-i\hbar\frac{d}{\mathrm{d}x}\Psi(x)\right)\right\}\mathrm{d}x \\
&= \frac{1}{\hbar^2}\left\langle p_x^2 \right\rangle
\end{aligned} \tag{5.120}$$

のように，結果は運動量の2乗の期待値となる。

以上をすべてまとめると

$$\alpha^2 \left\langle x^2 \right\rangle - \alpha + \frac{1}{\hbar^2}\left\langle p_x^2 \right\rangle \geqq 0 \tag{5.121}$$

となり，抽象表現を用いて行った計算と同じ結果が，波動関数と微分演算子という関数表現に基づいて行われたことになる。帰結をもう一度書いておくと，この式はαに関する2次関数なので，判別式が負になるような係数をもつとき，任意の実数αに対してこの関係が満たされ

$$1^2 - 4\left\langle x^2 \right\rangle\frac{1}{\hbar^2}\left\langle p_x^2 \right\rangle \leqq 0 \tag{5.122}$$

さらに，一般性を損なわずに，この状態における粒子のx方向の位置の期待値

を原点にとり $\langle x \rangle = 0$,さらにこの粒子の運動量の期待値が $\langle p_x \rangle = 0$ となるものと仮定できるので

$$\Delta x = \sqrt{\langle x^2 \rangle - \langle x \rangle^2}, \quad \Delta p_x = \sqrt{\langle p_x^2 \rangle - \langle p_x \rangle^2} \tag{5.123}$$

とおけば

$$\Delta x \Delta p_x \geq \frac{\hbar}{2} \tag{5.124}$$

が得られる。すなわち,x と p_x を同時に測定したとき,位置の不確定性と運動量の不確定性という,相補的な物理量の不確定性の積は $\hbar/2$ より大きいという,ハイゼンベルグの不確定性原理が得られたことになる。

このように,状態の関数表現に基づいた計算は直接的であるけれども,演算子のアジョイントやそのエルミート性,交換関係などを利用する観点からは,その性質が関数のもつ性質に置き換えられているので,微分や積分を実際やってみる必要があり,計算の意味も理解しにくくなっていることがわかるだろう。

量子力学は,ブラケットによる抽象表現,波動関数による表現,経路積分による表現によって取り扱われることが主流である。それぞれ,論理性,代数的性質,物理的性質,計算技巧などの観点から,特徴をもつ。それぞれの基本的性質をおおよそ理解しておいて,取り扱うべき問題の性質に応じて使い分けるのがよい。

5.4.3 エネルギーの固有状態と固有関数

一様な時間の流れとともに空間を運動する量子力学的粒子を考えよう。エネルギーの固有値を $\mathcal{E}$,対応する固有関数を $\psi_{\mathcal{E}}(t)$ とすれば

$$\hat{\mathcal{H}} \psi_{\mathcal{E}}(t) = \mathcal{E} \psi_{\mathcal{E}}(t) \tag{5.125}$$

であり,これはハミルトニアンを微分演算子で書き表すと

$$i\hbar \frac{\partial}{\partial t} \psi_{\mathcal{E}}(t) = \mathcal{E} \psi_{\mathcal{E}}(t) \tag{5.126}$$

である。この偏微分方程式を満たす波動関数は

$$\psi_{\mathcal{E}}(t) = \psi_0 e^{-\frac{i}{\hbar}\mathcal{E}t} \tag{5.127}$$

のような形の関数であり，ここで ψ_0 は，(x,y,z) をパラメーターとする任意の複素関数である．

　一様に時間が流れる宇宙においては，エネルギー固有関数の重ね合せによって，任意の状態の時間発展を記述することができる．エネルギー固有値が連続変数の場合は連続スペクトル，エネルギーがとびとびの値のみをとる場合は離散スペクトルという．エネルギーがとびとびになるのは，後で考察するように，粒子が空間的に制限された領域に束縛されている場合である．粒子を束縛する環境は，古典力学と同じように，ポテンシャルエネルギー $V(\boldsymbol{r})$ として表現される．これに対して連続スペクトルをとる場合は，空間的な束縛がない，自由粒子の場合である．このような系の置かれた環境の違いは，ハミルトニアンの中に書き込まれている．一般に，空間的に束縛されている場合にも，粒子のエネルギーが束縛のポテンシャルエネルギーより大きくなると，束縛から逃れ自由粒子の状態に移行する．したがって，離散スペクトルと連続スペクトルをすべて用意して，はじめて系の完全系を構成することができる．このような完全系を用いて任意の波動関数 $\Psi(t)$ を展開すると

$$\Psi(t) = \sum_j c_j \psi_{\mathcal{E}_j}(t) + \int_{\mathcal{E}_C}^{\infty} c(\mathcal{E}) \psi_{\mathcal{E}}(t) \mathrm{d}\mathcal{E} \tag{5.128}$$

となる．ここで，$\mathcal{E}_C$ を連続スペクトルが現れる最低のエネルギーとした．ここで，粒子を束縛するポテンシャルエネルギー $V(x)$ の，無限遠方での値をエネルギーの原点にとる $V_{\pm\infty}=0$ ならば，$\mathcal{E}_C=0$ となるので，束縛状態は負エネルギー，自由粒子は正エネルギーとすることもできる．

　波動関数の規格化は，離散スペクトルの場合は，クロネッカーの δ を用いて，連続スペクトルの場合は δ 関数を用いて書き表すことができる．

$$\int_{\text{全空間}} \psi_{\mathcal{E}_i}^*(t,\boldsymbol{r})\psi_{\mathcal{E}_j}(t,\boldsymbol{r})\mathrm{d}V = \delta_{ij} \qquad (\mathcal{E} \leq \mathcal{E}_C) \tag{5.129}$$

$$\int_{\text{全空間}} \psi^*(\mathcal{E}',t,\boldsymbol{r})\psi(\mathcal{E},t,\boldsymbol{r})\mathrm{d}V = \delta(\mathcal{E}'-\mathcal{E}) \qquad (\mathcal{E} \geq \mathcal{E}_C) \tag{5.130}$$

また，これらの関係から重ね合せの係数の規格化条件は

$$1 = \sum_j c_j^* c_j + \int_{\mathcal{E}_C}^{\infty} c^*(\mathcal{E}) c(\mathcal{E}) \mathrm{d}\mathcal{E} \tag{5.131}$$

となる．これは例えば，重ね合せの波動関数を用いて，恒等演算子 1 の期待値を計算し，これを規格直交関係を用いて整理すれば得られるので，練習のためにやってみよう．エネルギーの期待値も同様に

$$\langle \mathcal{E} \rangle = \sum_j c_j^* c_j \mathcal{E} + \int_{\mathcal{E}_C}^{\infty} c^*(\mathcal{E}) c(\mathcal{E}) \mathcal{E} \mathrm{d}\mathcal{E} \tag{5.132}$$

である．

5.4.4 エネルギーと時間の不確定性原理

非相対論的な宇宙の性質，あるいはわたしたちの認識の性質として，時間に対しては，連続的でない流れや一様でない流れを考えることは難しい．それゆえ，エネルギーと時間という変数についての相補性は，運動量と位置の場合とは多少意味づけが違ってくるけれども，形式的には同じことになる．

過去から未来に延びる時間座標を考え，粒子のエネルギーを測る測定器が，ある時刻 t_1 から別の時刻 t_2 の間の，間隔 Δt の区間に置かれているものとしよう．これは，この時間間隔 Δt において，測定器が働いたということである．この，Δt の間だけ働いた測定器によってエネルギーを測るとそこには原理的に $\Delta \mathcal{E}$ の不確定さが生ずる，というのがエネルギーと測定の時間間隔に関する不確定性原理である．時間を平行移動させる生成子とハミルトニアンが，空間の平行移動の生成子と運動量演算子と同じように，微分演算子で書かれているので，エネルギーと測定の時間間隔についての不確定性原理も

$$\Delta \mathcal{E} \Delta t \geq \frac{\hbar}{2} \tag{5.133}$$

となる．

測定時間とエネルギースペクトルに関しては，不確定性原理が適用されるのかどうか，よく考えてみないといけないような状況がしばしば生ずる．

例えば，非常に短い時間の間に起きる現象なのだが，それがいつ起きるかわからないので，測定器を長時間働かせていた，という場合を考えてみよう．この場合は，エネルギースペクトルをきちっと測ることと，きわめて短時間に起きた現象との間の時間的な相関をきっちり測ることが両立する．この場合の時間的な相関は，きちんと定まったエネルギー固有状態の間の相関関係として，表現できるようなものである．非常に短時間の時間相関であっても，注目している量子系は，測定時間の間ずっと，量子力学的位相関係を保ったまま時間発展しているのである．

反対に，同じ系のエネルギーを観測する時間をいくら延ばしても，エネルギースペクトルの不確定さが少しも減らないような現象がある．これは，注目する系の量子力学的位相関係が，外乱などによって乱れてしまう場合である．また，測定器はずっと働いているように見えても，測定器自身と測っている系の位相関係が途中で乱れてしまうような場合には，測定時間を長くしても，エネルギースペクトルの不確定性は減らない．

ここで，測定器というのは，いったいどういう役割を果たすものであるか，という考察が必要になってくる．

5.4.5 ローレンツ分布のエネルギー固有状態の重ね合せ

エネルギー固有関数の重ね合せによって，時間的に限られた領域に集中した波動関数をつくることができる．

例えば，運動量のところで考察したのと同様に，ガウス分布の重み関数で重ね合わされたエネルギー固有関数によって，ある時間領域に集中した波束をつくることができる．ところが，運動量の固有関数自体は全空間で定義されているので，時間について同様のことを考えると，時間の全領域に広がった波動関数を足し合わせなければ，このような時間的な波束をつくることができない．そうするとこれは時間的に限られた現象ではなく，過去から未来までずっと続いている現象が重ね合せになって波束のように見えていることになる．すなわち，時間幅の狭い波束をつくろうとすればするほど，長い時間持続するエネ

ギーの定まった状態を足し合わせなくてはならないのである。したがって，これはエネルギーと測定時間の不確定性原理とはまったく異なる，時間とエネルギースペクトルの広がりの関係を論じていることになる。このように，ごく短時間に起きる現象を分析したいと思って，きわめて狭い時間領域に集中する波束をつくろうとすれば，幅広いエネルギースペクトルをもつエネルギー固有関数の重ね合せを，長時間維持しなくてはならないのである。

これとはまったく異なり，ごく短時間しか量子力学的系の時間発展を維持できないために，現象が短時間で終わってしまう場合，あるいは測定器と量子系との相互作用がごく短時間しかとれないために，現象の観測がごく短時間で終わってしまうような場合には，不確定性原理に従うような，エネルギースペクトルの幅と観測時間の幅の関係が出てくる。その意味を考察するうえで重要な重みづけの一つが，ローレンツ分布である。ローレンツ分布の重み関数は

$$c_L(\mathcal{E}) = \left(\frac{2\gamma}{\pi\hbar}\right)^{\frac{1}{2}} \frac{\gamma}{\gamma^2 + \left(\frac{\mathcal{E}-\mathcal{E}_m}{\hbar}\right)^2} \tag{5.134}$$

で与えられ，$\mathcal{E} = \mathcal{E}_m$ を中心として $\Delta\mathcal{E} = \hbar\gamma$ 程度の広がりをもつ領域に，釣鐘状のややすその長い分布をもつ関数である。この関数の係数も，重みの2乗をすべて足したものが1となるようにとってある。

$$\int_{-\infty}^{\infty} |c_L(\mathcal{E})|^2 \, d\mathcal{E} = 1 \tag{5.135}$$

この重みを用いて，エネルギー固有関数を足し合わせてみると

$$\begin{aligned}
\phi_L(t) &= \sqrt{\frac{1}{2\pi\hbar}} \int_{-\infty}^{\infty} c_L(\mathcal{E}) e^{-\frac{i}{\hbar}\mathcal{E}t} d\mathcal{E} \\
&= \sqrt{\frac{1}{2\pi\hbar}} \int_{-\infty}^{\infty} \left(\frac{2\gamma}{\pi\hbar}\right)^{\frac{1}{2}} \frac{\gamma}{\gamma^2 + \left(\frac{\mathcal{E}-\mathcal{E}_m}{\hbar}\right)^2} e^{-\frac{i}{\hbar}\mathcal{E}t} d\mathcal{E} \\
&= \sqrt{\gamma} e^{-\gamma|t|}
\end{aligned} \tag{5.136}$$

となる。この計算も，解析関数の取扱いが多少微妙であるので，フーリエ変換の公式を参照して確かめておこう。この結果が示すように，エネルギーの幅 $\Delta\mathcal{E}$ の

ローレンツ分布で重みづけしてエネルギー固有関数を足し合わせると，$\Delta t = 1/\gamma$ を時定数として指数関数的に減衰する波動関数が得られる．これは，そのような現象が時間とともに消えていくようなものであるか，あるいはそれを測定する過程で，測定器と観測対象とする量子力学的系との相互関係が，時間とともに失われていくようなものであることを表している．

このような，時間の流れという，わたしたちにとって特殊な意味をもつ軸の方向に関する現象の解釈の違いが，エネルギーと時間間隔との不確定性についての多様で微妙な解釈をもたらすことになる．これを一般的に解釈するとすれば，測定器と量子力学的系とが，系の特徴を表す位相関係を保ったまま，相互に作用し合う時間間隔が $\Delta t = 1/\gamma$ 程度であれば，それが量子力学的系の特徴であれ，測定器のせいであれ，この測定によって決まるエネルギーの不確定性は $\Delta \mathcal{E} = \hbar\gamma$ 程度である，ということになる．

量子力学的な系と測定器の相互作用の時間が十分長くとれて，エネルギーの不確定性が少なくなれば，そのようなエネルギー固有関数をたくさん足し合わせて，時間的に狭い範囲に局在する波束をつくることができる．このとき，この波束の幅程度の，短時間の時間相関を分析することができる．そのような現象がどの時刻に起きたかを特定しようと，測定器が働く時間間隔を狭くすると，このような条件は崩れてしまう．

このような複雑な事情は，勉強するときには厄介だが，応用するときには多様なアイデアの源泉となる．

5.5　波動関数に対する量子力学の方程式

これで，波動関数を用いて量子力学を記述する準備が整ったので，波動関数を具体的に計算するための条件について考察しよう．

5.5.1　シュレーディンガー方程式

考えている宇宙が，一様な時間の流れと，一様で等方的な空間から構成され

5.5 波動関数に対する量子力学の方程式

ている場合には，質量 m の粒子の非相対論的な運動のものさしを用いて，時間と空間の平行移動という操作に対する関係式が与えられる．

$$\hat{\mathcal{H}} = \frac{\hat{\boldsymbol{p}}^2}{2m} = \frac{1}{2m}\left(\hat{p}_x^2 + \hat{p}_y^2 + \hat{p}_z^2\right) \tag{5.137}$$

操作を微分演算子で表現し，波動関数に作用させた形で書けば，シュレーディンガー方程式が得られる．

$$i\hbar\frac{\partial \Psi(t,x,y,z)}{\partial t} = -\frac{\hbar^2}{2m}\left(\frac{\partial^2}{\partial x^2} + \frac{\partial^2}{\partial y^2} + \frac{\partial^2}{\partial z^2}\right)\Psi(t,x,y,z) \tag{5.138}$$

$$i\hbar\frac{\partial \Psi(t,\boldsymbol{r})}{\partial t} = -\frac{\hbar^2 \nabla^2}{2m}\Psi(t,\boldsymbol{r}) \tag{5.139}$$

シュレーディンガー方程式は，時間に関して1階，空間に関して2階の偏微分方程式となっている．時間に関して1階であるのは，非相対論的な計量を用いたためである．

ここで，空間的に制約のある場合には，古典力学と同じく，それを粒子に対するポテンシャル $V(\boldsymbol{r}) = V(x,y,z)$ として，自由粒子のハミルトニアン $\mathcal{H}_0$ に付け加えて

$$\mathcal{H} = \mathcal{H}_0 + V(\boldsymbol{r}) \tag{5.140}$$

とすればよい．ポテンシャルを含むシュレーディンガー方程式は

$$i\hbar\frac{\partial \Psi(t,\boldsymbol{r})}{\partial t} = -\frac{\hbar^2 \nabla^2}{2m}\Psi(t,\boldsymbol{r}) + V(\boldsymbol{r})\Psi(t,\boldsymbol{r}) \tag{5.141}$$

となる．

このように，波動関数で表現された量子力学では，具体的に与えられた環境条件，すなわちポテンシャル $V(x,y,z)$ に対して，解析的な方法，あるいは数値計算による方法でシュレーディンガー方程式を解いて，系の振舞いを評価することができる．以下では，シュレーディンガー方程式が含むさまざまな条件や，モデルとなる環境条件に対するシュレーディンガー方程式の解を考察し，量子力学のさまざまな側面を探求しよう．

5.5.2 保存則と確率の流れ

シュレーディンガー方程式が内包する，保存則について考察しておこう。シュレーディンガー方程式に複素共役な波動関数を掛けたもの

$$\Psi^*(t,\boldsymbol{r})\mathrm{i}\hbar\frac{\partial \Psi(t,\boldsymbol{r})}{\partial t} = -\Psi^*(t,\boldsymbol{r})\frac{\hbar^2\nabla^2}{2m}\Psi(t,\boldsymbol{r}) + \Psi^*(t,\boldsymbol{r})V(\boldsymbol{r})\Psi(t,\boldsymbol{r})$$
(5.142)

から，複素共役なシュレーディンガー方程式に波動関数を掛けたもの

$$\Psi(t,\boldsymbol{r})(-\mathrm{i})\hbar\frac{\partial \Psi^*(t,\boldsymbol{r})}{\partial t} = -\Psi(t,\boldsymbol{r})\frac{\hbar^2\nabla^2}{2m}\Psi^*(t,\boldsymbol{r}) + \Psi(t,\boldsymbol{r})V(\boldsymbol{r})\Psi^*(t,\boldsymbol{r})$$
(5.143)

を差し引きしてみると

$$\mathrm{i}\hbar\left(\Psi^*(t,\boldsymbol{r})\frac{\partial \Psi(t,\boldsymbol{r})}{\partial t} + \Psi(t,\boldsymbol{r})\frac{\partial \Psi^*(t,\boldsymbol{r})}{\partial t}\right)$$
$$= -\frac{\hbar^2}{2m}\left(\Psi^*(t,\boldsymbol{r})\nabla^2\Psi(t,\boldsymbol{r}) - \Psi(t,\boldsymbol{r})\nabla^2\Psi^*(t,\boldsymbol{r})\right) = 0 \quad (5.144)$$

となる。ここで

$$\Psi^*(t,\boldsymbol{r})\frac{\partial \Psi(t,\boldsymbol{r})}{\partial t} + \Psi(t,\boldsymbol{r})\frac{\partial \Psi^*(t,\boldsymbol{r})}{\partial t} = \frac{\partial \Psi^*(t,\boldsymbol{r})\Psi(t,\boldsymbol{r})}{\partial t} \quad (5.145)$$

であるから，式を整理すると

$$\frac{\partial |\Psi^*(t,\boldsymbol{r})|^2}{\partial t} - \frac{\mathrm{i}\hbar}{2m}\nabla\cdot\left(\Psi^*(t,\boldsymbol{r})\nabla\Psi(t,\boldsymbol{r}) - \Psi(t,\boldsymbol{r})\nabla\Psi^*(t,\boldsymbol{r})\right) = 0$$
(5.146)

という関係式が得られる。第1項は，観測を行ったとき粒子を発見する確率密度の時間変化である。確率密度が時間変化するということは，その変化に等しい分だけ，粒子がそこから流れ出ていることに対応する。確率密度の流出を表す量もまた密度であるから，確率の流れの密度と呼んで $\boldsymbol{j}$ で表す。確率密度を ρ とすれば

$$\rho = |\Psi^*(t,\boldsymbol{r})|^2 \quad (5.147)$$

であり，粒子が保存するということを表す式

$$\frac{\partial \rho}{\partial t} + \nabla \cdot \boldsymbol{j} = 0 \tag{5.148}$$

いわゆる連続の式が導かれる。これを，シュレーディンガー方程式から導かれた確率密度の時間変化の式と比べると，確率の流れの密度 $\boldsymbol{j}$ は

$$\begin{aligned}\boldsymbol{j} &= -\frac{\mathrm{i}\hbar}{2m}\left(\Psi^*(t,\boldsymbol{r})\nabla\Psi(t,\boldsymbol{r}) - \Psi(t,\boldsymbol{r})\nabla\Psi^*(t,\boldsymbol{r})\right)\\&= \Re\left\{\Psi^*(t,\boldsymbol{r})\left(\frac{-\mathrm{i}\hbar\nabla}{m}\right)\Psi(t,\boldsymbol{r})\right\}\end{aligned} \tag{5.149}$$

でなくてはならない。$\Re$ は実部を表す。ここで，$\hat{\boldsymbol{p}} = -\mathrm{i}\hbar\nabla$ であるから，確率の流れの密度は，運動量の期待値を質量で割ったもの，すなわち古典的な速度

$$\langle \boldsymbol{j} \rangle = \frac{\langle \boldsymbol{p} \rangle}{m} = \langle \boldsymbol{v} \rangle \tag{5.150}$$

に対応していることがわかる。したがって，ここでシュレーディンガー方程式から得られた，確率密度と確率の流れの密度の間の連続の式は，古典的な粒子の運動の描像と，シュレーディンガー方程式を満たす波動関数の意味づけを対応させるものとなっている。

5.6 相対論的波動方程式とスピノール

確率密度と，確率の流れの密度が出てきたところで，相対論的な波動方程式について考察してみよう。

5.6.1 相対論的波動方程式と非相対論的近似

時間を測る尺度と空間を測る尺度から構成される不変のものさしは

$$\frac{\mathcal{E}^2}{c^2} - |\boldsymbol{p}|^2 = m^2 c^2 \tag{5.151}$$

でなくてはならないということが，相対性理論において，物質の運動が意味をもつために要求される。3章で抽象表現を用いて論じたとおり，これを量子力

学の方程式に書き直すならば，エネルギー $\mathcal{E}$ と運動量 $\boldsymbol{p}$ を，それぞれハミルトニアン $\hat{\mathcal{H}}$ と運動量演算子 $\hat{\boldsymbol{p}}$ に置き換え，これを状態に作用させればよい．時空間の座標 (t,x,y,z) をパラメーターとする波動関数を状態の表現として用いれば，ハミルトニアンと運動量演算子は微分演算子で書かれるので，相対論的な波動方程式

$$-\frac{\hbar^2}{c^2}\frac{\partial^2 \Psi(t,\boldsymbol{r})}{\partial t^2} + \hbar^2 \nabla^2 \Psi(t,\boldsymbol{r}) = m^2 c^2 \Psi(t,\boldsymbol{r}) \tag{5.152}$$

が得られる．この方程式は，クライン・ゴルドン方程式と呼ばれている．

クライン・ゴルドン方程式は，ダランベール演算子

$$\Box^2 = -\frac{1}{c^2}\frac{\partial^2}{\partial t^2} + \nabla^2 \tag{5.153}$$

を用いて，簡単に

$$\hbar^2 \Box^2 \Psi = m^2 c^2 \Psi \tag{5.154}$$

と書くことができる．これから，前節で確率密度と確率の流れの密度を導いたのと同様の操作として

$$\hbar(\Psi^* \Box^2 \Psi - \Psi \Box^2 \Psi^*) = 0 \tag{5.155}$$

をつくってみれば

$$\begin{aligned}&\frac{1}{c}\frac{\partial}{\partial t}\left\{\Psi^*\left(\frac{i\hbar}{c}\frac{\partial}{\partial t}\right)\Psi - \Psi\left(\frac{i\hbar}{c}\frac{\partial}{\partial t}\right)\Psi^*\right\}\\&+\nabla\cdot\{\Psi^*(-i\hbar\nabla)\Psi - \Psi(-i\hbar\nabla)\Psi^*\} = 0\end{aligned} \tag{5.156}$$

が得られる．これは

$$\left.\begin{aligned}\rho c &= \Psi^*\left(\frac{i\hbar}{c}\frac{\partial}{\partial t}\right)\Psi - \Psi\left(\frac{i\hbar}{c}\frac{\partial}{\partial t}\right)\Psi^*\\ \boldsymbol{j} &= \Psi^*(-i\hbar\nabla)\Psi - \Psi(-i\hbar\nabla)\Psi^*\end{aligned}\right\} \tag{5.157}$$

として，連続の式

$$\frac{\partial \rho}{\partial t} + \nabla\cdot\boldsymbol{j} = 0 \tag{5.158}$$

5.6 相対論的波動方程式とスピノール

を満たす，密度と流れの密度の形式をとっている。

ところが，相対論的なクライン・ゴルドン方程式から出発すると，時間に関して 2 階の微分方程式であるために，密度 ρ に時間微分が含まれることになり，この結果密度 ρ は正の値も負の値もとるようになり，これを確率密度と解釈することができなくなってしまう。このように，相対性理論から出発する量子力学をつくろうとすると，時間についての 2 階微分が現れるために，波動関数とその時間微分を指定してはじめて力学変数が決まるということになる。これが，相対論的量子力学が波動関数の 2 価性を生む根源である。このような観点から，シュレーディンガーとディラックは，密度が正の値をとるようにして，確率解釈を可能にするためには，時間に関して 1 階の微分方程式を用いなくてはならないと考えた。

シュレーディンガーの場合は，非相対論的なエネルギーと運動量の関係から，シュレーディンガー方程式をつくり上げた。これは，波動関数を，質量エネルギー mc^2 に対応する尺度できわめて細かく時間軸を刻む位相と，ゆっくり変化する包絡線関数で表されるドブロイ波とに分けて表現し

$$\Psi(t, \boldsymbol{r}) = \phi_0(\boldsymbol{r})\psi(t)e^{-\frac{i}{\hbar}mc^2 t} \tag{5.159}$$

これをクライン・ゴルドン方程式に代入して，時間微分に対する項

$$-\frac{\hbar^2}{c^2}\frac{\partial^2}{\partial t^2}\Psi = \phi_0(\boldsymbol{r})\left(-\frac{\hbar^2}{c^2}\frac{\partial^2 \psi(t)}{\partial t^2} + 2im\hbar\frac{\partial \psi(t)}{\partial t} + m^2 c^2 \psi(t)\right)e^{-\frac{i}{\hbar}mc^2 t} \tag{5.160}$$

において，非相対論的近似として

$$\left|\frac{\hbar^2}{c^2}\frac{\partial^2 \psi(t)}{\partial t^2}\right| \ll \left|m\hbar\frac{\partial \psi(t)}{\partial t}\right| \tag{5.161}$$

の条件を課したことに相当する。この結果，前に述べたように，ドブロイ波を記述する慣性系を取り替えると，$mc^2/\hbar$ のきわめて高い周波数をもつ波からのドップラーシフトが生じ，ドブロイ波の波長が変わってしまうのである。

5.6.2 ディラック方程式とスピノール

ディラックは，相対論的要請を満たしつつ，方程式を時間に関して 1 階にするために，ハミルトニアン $\mathcal{H}_D$ を

$$\mathcal{H}_D = \boldsymbol{\alpha} \cdot \hat{\boldsymbol{p}} + \beta mc \tag{5.162}$$

と仮定して，これから

$$i\hbar \frac{\partial \Psi}{\partial t} = \mathcal{H}_D \Psi \boldsymbol{\alpha} \cdot \hat{\boldsymbol{p}} + \beta mc \tag{5.163}$$

すなわち，ディラック方程式と呼ばれる，

$$\left\{ i\hbar \frac{\partial}{\partial t} - (\boldsymbol{\alpha} \cdot \hat{\boldsymbol{p}} + \beta mc) \right\} \Psi = 0 \tag{5.164}$$

をつくり，これを相対論的な量子力学の基本方程式とした。そして，これを満たすような波動関数と，$\boldsymbol{\alpha} = (\alpha_x, \alpha_y, \alpha_z)$, β はどのようなものかと考察して，輝かしい結果を導いた。ディラックは，この方程式に

$$\left\{ i\hbar \frac{\partial}{\partial t} + (\boldsymbol{\alpha} \cdot \hat{\boldsymbol{p}} + \beta mc) \right\} \tag{5.165}$$

を作用させたときに，クライン・ゴルドン方程式が得られるものと考えて，その条件が

$$\alpha_i^2 = 1, \ \beta^2 = 1, \ \alpha_i \alpha_j + \alpha_j \alpha_i = 0, \ \alpha_k \beta + \beta \alpha_k = 0 \tag{5.166}$$

であれば満たされることが必要であり，そしてこのような関係を満たすためには波動関数が少なくとも 4 成分からなり

$$\Psi = \begin{pmatrix} \psi_1 \\ \psi_2 \\ \psi_3 \\ \psi_4 \end{pmatrix} \tag{5.167}$$

そのときの $\boldsymbol{\alpha} = (\alpha_x, \alpha_y, \alpha_z)$, β は，4 行 4 列の行列で，パウリのスピン行列を使って書き表され

5.6 相対論的波動方程式とスピノール

$$\alpha_i = \begin{pmatrix} 0 & \sigma_i \\ \sigma_i & 0 \end{pmatrix}, \quad \beta = \begin{pmatrix} I & 0 \\ 0 & -I \end{pmatrix} \tag{5.168}$$

となることを見出した。このようにしてディラックは，時間に関して1階微分の方程式を用いることによって，確率密度の解釈ができる，相対論的量子力学の方程式を構成したのである。この方程式は，この宇宙で最も重要な素粒子である，電子の量子力学的運動方程式である。

4成分の波動関数は，パウリ行列に対応する2成分波動関数 ϕ, χ のペアとして

$$\Psi = \begin{pmatrix} \psi \\ \chi \end{pmatrix}; \quad \phi = \begin{pmatrix} \psi_1 \\ \psi_2 \end{pmatrix}, \quad \chi = \begin{pmatrix} \psi_3 \\ \psi_4 \end{pmatrix} \tag{5.169}$$

のように書かれ，Ψ は4成分スピノール，ϕ, χ は2成分スピノールと呼ばれる。3章では，二つのとびとびの状態を考えて，その重ね合せからスピン空間を考えたが，電子のディラック方程式の場合は，その波動関数自体が本質的に2価性を持つスピノールなのである。波動関数のアジョイント，すなわちエルミート共役な波動関数

$$\Psi^\dagger = \begin{pmatrix} \psi_1^* & \psi_2^* & \psi_3^* & \psi_4^* \end{pmatrix} = \begin{pmatrix} \phi^\dagger & \chi^\dagger \end{pmatrix} \tag{5.170}$$

を用いて

$$\frac{\partial \rho}{\partial t} + \nabla \cdot \boldsymbol{j} = 0 \tag{5.171}$$

$$\rho = \Psi^\dagger \Psi, \quad \boldsymbol{j} = \Psi^\dagger \boldsymbol{\alpha} \Psi$$

の連続の式が導かれる。$\boldsymbol{\sigma} = (\sigma_x, \sigma_y, \sigma_z)$ とし，2成分スピノールを使ってディラック方程式を書き表すと

$$\frac{i\hbar}{c} \frac{\partial}{\partial t} \begin{pmatrix} \phi \\ \chi \end{pmatrix} = \begin{pmatrix} mc\boldsymbol{I} & \boldsymbol{\sigma} \cdot \hat{\boldsymbol{p}} \\ \boldsymbol{\sigma} \cdot \hat{\boldsymbol{p}} & -mc\boldsymbol{I} \end{pmatrix} \begin{pmatrix} \phi \\ \chi \end{pmatrix} \tag{5.172}$$

となる。
　エネルギー固有状態 $\mathcal{E}$ は

$$\frac{\mathcal{E}}{c}\begin{pmatrix}\phi\\ \chi\end{pmatrix}=\begin{pmatrix}mc\boldsymbol{I} & \boldsymbol{\sigma}\cdot\hat{\boldsymbol{p}}\\ \boldsymbol{\sigma}\cdot\hat{\boldsymbol{p}} & -mc\boldsymbol{I}\end{pmatrix}\begin{pmatrix}\phi\\ \chi\end{pmatrix} \tag{5.173}$$

すなわち 2 成分スピノールの連立方程式

$$\left.\begin{array}{l}\left(\dfrac{\mathcal{E}}{c}-mc\right)\phi=\boldsymbol{\sigma}\cdot\hat{\boldsymbol{p}}\chi\\[2mm] \left(\dfrac{\mathcal{E}}{c}+mc\right)\chi=\boldsymbol{\sigma}\cdot\hat{\boldsymbol{p}}\phi\end{array}\right\} \tag{5.174}$$

から定まる。ここで $\hat{\boldsymbol{I}}$ は1を掛けることと同じであるので省略した。これより χ の形式解を求めて

$$\chi=\frac{\boldsymbol{\sigma}\cdot\hat{\boldsymbol{p}}}{\left(\frac{\mathcal{E}}{c}+mc\right)}\phi \tag{5.175}$$

これをもう一方に代入すれば,

$$\left(\frac{\mathcal{E}}{c}+mc\right)\left(\frac{\mathcal{E}}{c}-mc\right)\phi=(\boldsymbol{\sigma}\cdot\hat{\boldsymbol{p}})(\boldsymbol{\sigma}\cdot\hat{\boldsymbol{p}})\phi \tag{5.176}$$

となる。ここで,運動量固有状態を考えて,$(\boldsymbol{\sigma}\cdot\hat{\boldsymbol{p}})^2=\boldsymbol{p}^2\boldsymbol{I}$ の関係を用いると,対応するエネルギー固有値は

$$\frac{\mathcal{E}^2}{c^2}-m^2c^2=\boldsymbol{p}^2,\quad \frac{\mathcal{E}}{c}=\pm\sqrt{m^2c^2+\boldsymbol{p}^2} \tag{5.177}$$

で与えられる。このように,ディラック方程式は,確率解釈のできる密度と流れの密度を与えるけれども,負のエネルギー状態を含んでいる。ディラックは,この負のエネルギーもなんとか始末してしまわなければならないとは考えず,正負両方のエネルギーをとる状態が電子の量子力学的状態であるとした。このまま放っておけば,電子はすべてエネルギーの低い負のエネルギー状態に落ちてしまうことになるので,ディラックは負のエネルギー状態がすべて電子で埋め尽くされていると考えることにした。そして,たまにそこから電子が正エネルギー側に移ったときに,そこに空いた電子の抜け穴が,正の電荷をもつ陽電子として振舞うという仮説を立てたところ,これが見事に当たって,陽電子が後に発見されたのである。ディラックは,量子力学の表現空間を,スピノール

という2価性を持った空間に拡張し，電子のスピンという内部自由度の2価性を説明するとともに，陽電子を予言して新しい宇宙の側面，すなわち新しい物理学を切り拓くことになった．この考えは，半導体における，いまではポピュラーな，電子の抜け穴を正孔とする考え方に先駆けるものとなった．後に，ファインマンによって，陽電子というのは電子が過去に向かって運動している状態であるという解釈が与えられ，場の理論としての意味づけが明らかになった．すなわち，量子力学ではあらゆる経路を通って運動するという性質のため，いい換えれば，光速を超えた時空相関までも状態の記述に含むために，時空座標の決め方を取り替えるローレンツ変換を行ったときに，未来向きの運動と過去向きの運動の入替えが起こる．これは，時間の未来の方向のみを認識するわたしたちから見ると，粒子が生成したり消滅したりするように見えるということになり，相対論的量子力学は粒子の生成消滅を含む多粒子系の量子力学となる．多粒子系の量子力学は，3章で取り扱ったように，粒子を産み出す場である真空 $|0\rangle$ によって性格が決まるので，このような量子力学は場の理論と呼ばれる．

このような解説はともかくとして，ディラック方程式は，量子力学的な電子の理論である．そしてそれが基本とする波動関数のスピノールという性質は，古典的近似を行っても変わらない．すなわち，私たちが量子力学で最も頻繁に取り扱うべき電子は，本質的に相対論的な要請から生ずる2価性である，スピンという性質をもっている．この節でディラック方程式を取り扱うのも，このスピンという性質を非相対論的極限において取り扱うためである．これは，電磁相互作用におけるスピンの振舞いについて，ハミルトニアンを書き下すことである．

5.6.3 電磁相互作用とスピンハミルトニアン

非相対論的であるということは，粒子のエネルギーと質量エネルギーとの違いがごくわずかである

$$\frac{\mathcal{E}}{c} - mc \ll mc, \quad \frac{\mathcal{E}}{c} + mc \sim 2mc \tag{5.178}$$

ということである．この関係を踏まえて，先ほど求めた χ の形式解をよく見ると

$$\chi = \frac{\boldsymbol{\sigma} \cdot \hat{\boldsymbol{p}}}{\left(\frac{\mathcal{E}}{c} + mc\right)} \phi \tag{5.179}$$

の分母には非相対論的近似においては $\mathcal{E}/c + mc \sim 2mc$ の値に近似される，大きな量がきているので，電子の波動関数を構成する4成分スピノールの，片方の2成分スピノール χ は，他方 ϕ に比べてごく小さい成分となる．このことから，非相対論的な近似においては，2成分スピノール ϕ のみを考察すればよい．そこで，この形式解で χ を置き換えて，ϕ の運動方程式

$$\left(\frac{\hat{\mathcal{H}}}{c} - mc\right)\psi = \boldsymbol{\sigma} \cdot \hat{\boldsymbol{p}} \chi \tag{5.180}$$

に代入すれば，ϕ の非相対論的近似における運動方程式を得る．

$$\left(\frac{\hat{\mathcal{H}}}{c} - mc\right)\phi = \frac{1}{2mc}\left(\boldsymbol{\sigma} \cdot \hat{\boldsymbol{p}}\right)\left(\boldsymbol{\sigma} \cdot \hat{\boldsymbol{p}}\right)\phi \tag{5.181}$$

ここで，3章においてパウリ行列の積に対してつくった公式を思い出そう．

$$\sigma_i \sigma_j = \boldsymbol{I}\delta_{ij} + \mathrm{i}\epsilon_{ijk}\sigma_k \tag{5.182}$$

これより，

$$\left(\boldsymbol{\sigma} \cdot \hat{\boldsymbol{p}}\right)\left(\boldsymbol{\sigma} \cdot \hat{\boldsymbol{p}}\right)\phi$$
$$= \sigma_i p_i \sigma_j p_j = \boldsymbol{I}\delta_{ij}p_i p_j + \mathrm{i}\epsilon_{ijk}\sigma_k p_i p_j = \boldsymbol{p}^2 \boldsymbol{I} + \mathrm{i}\boldsymbol{p} \times \boldsymbol{p} \cdot \boldsymbol{\sigma} \tag{5.183}$$

となる．同じ添字が出てきたら和をとる約束である．

ここで1章で述べたように，ゲージ場としての電磁場を導入しよう．波動関数で書けばいっそう意味が明瞭(りょう)になる．波動関数の位相には任意の位相を付け加えても

$$\Psi \to \Psi' = e^{\mathrm{i}\theta}\Psi \tag{5.184}$$

波動関数の絶対値2乗には影響しない，という不変性がある．

$$\int_{全空間} \Psi'^* \Psi' \mathrm{d}V = \int_{全空間} e^{-\mathrm{i}\theta}\Psi^* e^{\mathrm{i}\theta}\Psi \mathrm{d}V = \int_{全空間} \Psi^* \Psi \mathrm{d}V \tag{5.185}$$

5.6 相対論的波動方程式とスピノール

そこで，これをさらに，波動関数の位相を時空間の各点で勝手に選んでも

$$\Psi \to \Psi' = e^{i\theta(t,x,y,z)}\Psi \tag{5.186}$$

波動関数の絶対値2乗には影響しないという不変性に拡張しよう。これは，ゆがんだ時空間の座標系で状態を表したことに相当する。物理学では，ある変換に対する不変性のことを系の対称性という。このような連続関数で書かれるような位相を付け加えると，時空間の各点ごとに，時間と空間を測る尺度が変わる。

$$i\hbar\frac{\partial}{\partial t}\left(e^{i\theta(t,x,y,z)}\Psi\right) = e^{i\theta(t,x,y,z)}\left(i\hbar\frac{\partial}{\partial t} - \hbar\frac{\partial\theta(t,x,y,z)}{\partial t}\right)\Psi \tag{5.187}$$

$$-i\hbar\nabla\left(e^{i\theta(t,x,y,z)}\Psi\right) = e^{i\theta(t,x,y,z)}\left(-i\hbar\nabla + \hbar\nabla\theta(t,x,y,z)\right)\Psi \tag{5.188}$$

物理法則そのものは不変であることを要請すると，時空間を位相として測る演算子であるハミルトニアンと運動量演算子を，各点における位相のとり方の変化も含めた，より一般化された形であるとしなくてはならない。すなわち，位相のとり方を時空間の各点で変えても変わらないような，一般化されたハミルトニアンと運動量演算子は，位相変換によって時空間を測る尺度に付け加えられるような量をあらかじめ含んでおり，位相変化によって生じた変化をこれらの場の量がキャンセルして，不変性を保つようになっていなければならない。一般化されたハミルトニアンと運動量演算子は，電子の電荷 e ($e<0$) を作用の尺度として

$$\hat{\mathcal{H}} = i\hbar\frac{\partial}{\partial t} - e\varphi, \quad \hat{\boldsymbol{p}} = -i\hbar\nabla - e\boldsymbol{A} \tag{5.189}$$

のように，ゲージ場と呼ばれる φ, $\boldsymbol{A}$ を伴った形で定義される。このように定義すると

$$\Psi \to \Psi' = e^{i\theta(t,x,y,z)}\Psi \tag{5.190}$$

に対応して，一般化されたハミルトニアンと運動量の不変性を保つための場の変換規則は

$$e\varphi \to e\varphi - \hbar\frac{\partial\theta(t,x,y,z)}{\partial t} \tag{5.191}$$

$$e\boldsymbol{A} \to e\boldsymbol{A} - \hbar\nabla\theta(t,x,y,z) \tag{5.192}$$

であるとしなくてはならない。このような局所的な位相変換を肩代わりする場をゲージ場，位相を取り替えたときの変換をゲージ変換という。場というのは，時空間の各点に物理量を表す空間が貼り付いており，そこに各点での物理量が書き込まれているような世界をいう。ここに現れたゲージ場は

$$A_\mu = \left(\frac{\varphi}{c}, A_x, A_y, A_z\right) \tag{5.193}$$

を4元ベクトルとするゲージ場となっている。物理学では，この宇宙に存在する4元ベクトル場を電磁場と呼んでいる。ゲージ場 φ, $\boldsymbol{A}$ は，それぞれ電磁気学のスカラーポテンシャルとベクトルポテンシャルに対応する。ゲージ場に対応する位相の変化を測る係数が電荷であると解釈される。

このようなことから，ディラック方程式から非相対論的近似で得た，2成分スピノール ϕ に対する運動方程式を，電磁場をゲージ場とする一般化されたハミルトニアンと運動量演算子で書き直せば

$$\left(\frac{\hat{\mathcal{H}}}{c} - e\frac{\varphi}{c} - mc\right)\phi = \frac{1}{2mc}\{\boldsymbol{\sigma}\cdot(\hat{\boldsymbol{p}} - e\boldsymbol{A})\}\{\boldsymbol{\sigma}\cdot(\hat{\boldsymbol{p}} - e\boldsymbol{A})\}\phi \tag{5.194}$$

となる。ここで先ほど行った $(\boldsymbol{\sigma}\cdot\boldsymbol{p})^2$ の計算を，一般化した運動量に対して適用すれば

$$\text{右辺} = \frac{1}{2mc}\left\{(\hat{\boldsymbol{p}} - e\boldsymbol{A})^2\boldsymbol{I}\phi + i\boldsymbol{\sigma}\cdot(\hat{\boldsymbol{p}} - e\boldsymbol{A})\times(\hat{\boldsymbol{p}} - e\boldsymbol{A})\right\}\phi \tag{5.195}$$

となる。第2項のベクトル積は注意して計算する必要がある。特に微分演算子である $\hat{\boldsymbol{p}}$ は，それより右にあるものすべてに作用する微分演算であるから，波動関数 ϕ までしっかり視野に入れて微分するように気を付けないといけない。まず同じ方向を向いたベクトルの外積はゼロになるので

$$\begin{aligned}(\hat{\boldsymbol{p}} - e\boldsymbol{A})\times(\hat{\boldsymbol{p}} - e\boldsymbol{A}) &= -e\hat{\boldsymbol{p}}\times\boldsymbol{A}\phi - e\boldsymbol{A}\times\hat{\boldsymbol{p}}\phi \\ &= ie\hbar\nabla\times\boldsymbol{A}\phi + ie\hbar\boldsymbol{A}\times\nabla\phi\end{aligned} \tag{5.196}$$

である。この第1項は，うっかりすると間違えるので，こういうときは ϵ_{ijk} を用いて書き下してしまうのがよい。

$$(\nabla \times \boldsymbol{A}\phi)_i = \epsilon_{ijk}\nabla_j(A_k\phi) = \epsilon_{ijk}(\nabla_j A_k)\phi + \epsilon_{ijk}A_k\nabla_j\phi$$
$$= (\epsilon_{ijk}\nabla_j A_k)\phi - \epsilon_{ikj}A_k\nabla_j\phi = (\nabla \times \boldsymbol{A})_i\phi - (\boldsymbol{A} \times \nabla)_i\phi \quad (5.197)$$

これを元に戻して代入すれば

$$(\hat{\boldsymbol{p}} - e\boldsymbol{A}) \times (\hat{\boldsymbol{p}} - e\boldsymbol{A})$$
$$= ie\hbar(\nabla \times \boldsymbol{A})\phi - ie\hbar(\boldsymbol{A} \times \nabla)\phi + ie\hbar\boldsymbol{A} \times \nabla\phi$$
$$= ie\hbar(\nabla \times \boldsymbol{A})\phi \quad (5.198)$$

となる。これを用いて

$$\left(\frac{\hat{\mathcal{H}}}{c} - e\frac{\varphi}{c} - mc\right)\phi = \frac{1}{2mc}(\hat{\boldsymbol{p}} - e\boldsymbol{A})^2\phi + \frac{e\hbar}{2mc}\boldsymbol{\sigma} \cdot \nabla \times \boldsymbol{A}\phi \quad (5.199)$$

が得られる。ここで，磁場 $\boldsymbol{B}$ とボーア磁子 μ_B

$$\boldsymbol{B} = \nabla \times \boldsymbol{A}, \quad \mu_B = \frac{|e|\hbar}{2m} \quad (5.200)$$

を用いて書き直すと

$$\hat{\mathcal{H}}\phi = mc^2\phi + \frac{1}{2m}(\hat{\boldsymbol{p}} - e\boldsymbol{A})^2\phi - \mu_B\boldsymbol{\sigma} \cdot \boldsymbol{B}\phi + e\varphi\phi \quad (5.201)$$

となる。ここで質量エネルギーを横によけて，非相対論的な電磁場中の電子のハミルトニアンを書くと

$$\hat{\mathcal{H}} = \frac{1}{2m}(\hat{\boldsymbol{p}} - e\boldsymbol{A})^2 - \mu_B\boldsymbol{\sigma} \cdot \boldsymbol{B} + e\varphi \quad (5.202)$$

となり，2成分スピノールを波動関数とする電子は，ボーア磁子の大きさの磁気モーメントのように磁場と相互作用することがわかる。一般に，3章で論じたように，2価性を表現するスピン s は

$$s = \frac{\hbar}{2}\boldsymbol{\sigma} \quad (5.203)$$

となる。これに対して，ボーア磁子を単位として，電子の磁気モーメントがその何倍になっているかを表す因子 g 用いて

$$\mu_B \boldsymbol{\sigma} \cdot \boldsymbol{B} = \frac{\mu_B}{\hbar} g \frac{\hbar}{2} \boldsymbol{\sigma} \cdot \boldsymbol{B} = \frac{\mu_B}{\hbar} g \boldsymbol{s} \cdot \boldsymbol{B} \tag{5.204}$$

のように書き表す。g は電子の磁気回転比あるいはそのまま電子の g と呼ばれる。

ここで取り扱った電子を点電荷とするディラックの理論では，$g = 2$ であるが，実験的に測ってみるとこれが 2 よりもわずかに違った値になる。この値のわずかなずれは，実は 20 世紀後半の物理学が，この宇宙の仕組みを明らかにする鍵となったのである。これは量子電磁力学と呼ばれる，電磁相互作用の本格的な量子力学理論である。量子電磁力学は，私たちがただ一つの電子と思っている素粒子も，実際には，この宇宙で起きている電子と光のあらゆる可能な電磁相互作用が，すべてその中に繰り込まれた多体系の量子状態であるということを明らかにするとともに，これを素晴らしく高精度に計算する理論体系を作り上げた。この理論の構築には，ファインマンが大きな貢献をしたが，これと並んで，シュウィンガー，朝永振一郎がこの理論によってノーベル賞をもらった。このとき日本の物理学者たちは，朝永振一郎を中核として，たいへん特色ある独自の物理学を築き上げ，量子電磁力学はそれが生み出した輝かしい成果であった。また，この電子の磁気モーメントを測るという実験は，量子力学が始まって以来のきわめて大きな課題であった。そもそも，量子力学やスピンの物理学を基礎づけたボーアもパウリも，たった 1 個の電子の磁気モーメントを測ることができるなどとはまったく考えていなかった。量子力学の理論はたった 1 個の電子も取り扱うことができるが，これはバーチャルな世界のことで，現実の世界ではせいぜい，たくさんの電子の平均的な磁気モーメントを計算するといったようなことで，現実の実験と量子力学の理論とが比較されるのだろうと考えていたと思われる。ところが，20 世紀の後半，理論がそうであるならば，たった 1 個の電子の磁気モーメントも測れるはずだとして，それに挑戦した科学者がいた。デーメルトはヴァン・ダイクとともに，20 年以上の歳月を費やして，ついに電子をたった 1 個だけ捕まえて 10 箇月も保持するような，ペニングトラップという装置を創出して，きわめて高精度にこの g を測ったのである。これに対して，キノシタは，最新鋭のコンピューターを駆使して量子電

磁力学の計算をとことんきわめ，計算によって高次の電磁相互作用が繰り込まれた電子の g を精密に計算した。この電子の g についての実験結果と理論計算は，現在の科学技術で成し得るかぎりの最も高精度な測定の範囲で，完全に一致した結果を与えている。しかも，ディラック理論において電子と対で現れた陽電子についても，電子とまったく同じ g をもつことが最高の測定精度で確かめられている。現在も，g の測定は，わたしたち人類が成し得た最も高精度の測定の一つとなっている。そして，量子電磁力学という理論体系が，どれほど正確にこの宇宙を記述しているかを，端的に示しているのである。そしてスピンはいま，21世紀の量子機能素子をつくるための素材として，最も有力な候補である。普通は学部レベルの教科書には出てこない，スピンの本格的な量子力学に力を入れたのは，この本が21世紀に書かれているからである。バーチャル世界に強い皆さんには，バーチャルな思考の素晴らしさを十分認識して，どんどんこういう方向にチャレンジしていってほしい。

5.7　多数の粒子の波動関数と第二量子化

粒子が生成したり消滅したりする場合を取り扱う量子力学では，状態そのものが生じたり消えたりするので，これに対応して波動関数そのものも演算子として表さなくてはならない。ここでは，量子力学で出てくる波動関数そのものをさらに演算子とする，第二量子化の手続きを簡単に紹介しておこう。これによって，電磁場あるいは光の場の量子力学が構成される形式であるので，そこに少しでも足を踏み入れておくのは有意義である。

まず，粒子があるかないかしか特徴のない宇宙を考えると，1粒子がその宇宙にあるときにその状態を表す波動関数を Ψ とすれば，3章で導入した消滅演算子 $\hat{a}$ と生成演算子 $\hat{a}^\dagger$ を用いて，波動関数演算子 $\hat{\Psi}$ はつぎのように定義される。

$$\hat{\Psi} = \hat{a}\Psi + \hat{a}^\dagger \Psi^* \tag{5.205}$$

この波動関数演算子の意味は，真空から一つ粒子を生み出して，波動関数演算

子を作用させ，これを真空のブラベクトルを作用させて確認するという操作によって，波動関数が出力されるような演算子であると定義される。

$$
\begin{aligned}
\langle 0 | \hat{\Psi} \hat{a}^\dagger | 0 \rangle &= \langle 0 | \left(\hat{a} \Psi + \hat{a}^\dagger \Psi^* \right) \hat{a}^\dagger | 0 \rangle \\
&= \Psi \langle 0 | \hat{a} \hat{a}^\dagger | 0 \rangle + \Psi^* \langle 0 | \hat{a}^\dagger \hat{a}^\dagger | 0 \rangle \\
&= \Psi \langle 0 | \hat{a} \sqrt{1} | 1 \rangle + \Psi^* \langle 0 | \hat{a}^\dagger \sqrt{1} | 1 \rangle \\
&= \Psi \langle 0 | 1 | 0 \rangle + \Psi^* \langle 0 | \sqrt{2} | 2 \rangle \\
&= \Psi
\end{aligned}
\tag{5.206}
$$

この意味は，観測と結び付けると明瞭である。この宇宙にただ1個の粒子があるときに，その粒子がどんな状態にあるのかを観測しようとすると，Ψであるという状態にマッチする出口，すなわちΨであるという状態を測定する装置を経由してこの粒子を取り出してみて，取り出すことが可能であったら，波動関数Ψという状態にあったということがわかり，宇宙は粒子が1個もない真空になってしまうからである。このように考えると，波動関数演算子の中の生成演算子がついた項，$\Psi^* \hat{a}^\dagger$の意味も納得がいくだろう。つまり，この宇宙に粒子を入れてみようとするときに，Ψ^*であるという状態にマッチする入口からこの粒子を入れてみて，それが可能であったら，波動関数Ψという状態がそこにあることがわかり，宇宙は粒子が1個増えた状態になるのである。

この宇宙が，さまざまな形態の粒子が入りうるものだとすると，そのような宇宙のすべてが含む状態を記述するための基底関数をすべてそろえて，そのそれぞれに対して波動関数を決め，消滅演算子と生成演算子を定義し，波動関数演算子を構成すればよい。粒子が入りうるそれぞれの形態をモードという。このような基底がすべてそろって，それが規格化され，たがいに直交する基底になっているとき，これをノーマルモードという。ノーマルモードの基底を目印kで区別するものとすれば，まずそれぞれに対して，波動関数と，真空と，生成消滅演算子，および交換関係を定める必要がある。

$$
\Psi_k, \quad |0_k\rangle, \quad \hat{a}_k, \quad \hat{a}_k^\dagger, \quad \left[\hat{a}_k, \hat{a}_{k'}^\dagger \right] = \delta_{kk'}
\tag{5.207}
$$

このとき，この宇宙の真空はあらゆるモードの真空の直積である。

$$|0\rangle = |0_1\rangle |0_2\rangle \cdots |0_k\rangle \cdots = \prod_k |0_k\rangle \tag{5.208}$$

これで波動関数演算子を定義することができる。

$$\hat{\Psi} = \sum_k \left(\hat{a}_k \Psi_k + \hat{a}_k^\dagger \Psi_k^* \right) \tag{5.209}$$

その意味は

$$\langle 0| \hat{\Psi} \hat{a}_1^\dagger \hat{a}_2^\dagger \cdots \hat{a}_k^\dagger \cdots |0\rangle = \langle 0| \hat{\Psi} \prod_k \hat{a}_k^\dagger |0\rangle = \Psi \tag{5.210}$$

である。

6 基本的な量子力学系とその振舞い

量子力学的な振舞いをするミクロな系を表現し，把握するために，十分な準備が整ったので，後は具体的な問題に当たるか，あるいはさらによい教科書に取り組んで深く掘り下げるかである．ここでは，きわめて簡単かつ代表的な例を考察することによって，これだけ知っていると量子力学にかかわる問題についてさまざまな発展的思考ができるのではないかという程度に，手っ取り早く勉強してしまおう．

この本で取り扱うのは，数ある重要かつ面白い基本的量子系のごく一部である．量子力学の概要をつかんだら，積極的に，この宇宙の量子力学的領域の探究に進んでいただきたい．序にも述べたように，敷居は高いが，困ったときの助けとなる名著は数多くあるのが量子力学である．この本を勉強したみなさんは，容易にその敷居をまたぐことができるはずである．

6.1 箱の中に閉じ込められた粒子

コンピューターグラフィックスをつくるように，あるいは舞台装置をつくるように，空間を構成してそこにオブジェクトを置き，それを活躍させるさまざまな手法を，これまでの章で勉強してきた．量子力学を活用するということは，そのオブジェクトが活躍する環境をさまざまに設定して，量子力学の効果が顕著に現れるような舞台を演出し，そこで量子力学的な振舞いがどのような帰結をもたらすか，あるいは観測や環境とのかかわりによって，それがどう認識さ

れるかというような点を考察することである。

　ここでは代表的な例として，簡単な箱に閉じ込められた粒子を中心に，そこで起こる特徴的な現象を考察しよう。最近は，さまざまな物質制御や加工の技術が，ミクロな領域に手が届くほど発達している。また反対に，量子系をマクロなサイズにまで大きくする新技術が展開するとともに，さらに多種多様な分子系，バイオ系なども量子力学的考察の対象となってきている。量子力学そのものが，たとえごく単純な二つの状態のみからなる系であっても，そこにきわめてたくさんの物事を盛り込むことができるので，量子的な系を自由自在につくれるならば，シンプルであるほど有用性も高い。そういうわけで，いまや電子1個，原子1個をマクロな電磁気的ポテンシャルで捕獲したり，半導体の精密な構造やきれいな構造の分子などを使って，等価的に量子力学的粒子として振る舞うような準粒子が活躍する環境を生み出し，ここで取り扱うようなきわめて単純な系を作り出し，これを使って量子素子やシステムを構築することや，それをレーザー光などのきわめてきれいな操作方法によって制御することなど，幅広い応用展開がなされようとしている。系の複雑性にだまされずに，単純な系の量子的性質を追求するために，こんな系がほしいと注文が出せるような世の中になっているので，ここで考察する例だけでも，十分に，21世紀の科学技術のバックグラウンドとなるはずである。

6.1.1　井戸型ポテンシャル中の粒子の状態

　箱の中に閉じ込められた粒子という環境条件がどのように表現されるのかを，波動関数で書かれたシュレーディンガー方程式を用いて考察してみよう。

　粒子が活躍する環境を決めるのは，ポテンシャルである。ポテンシャルはもちろん，他の粒子との作用によって，粒子が時空を測るものさしがその場その場で変わっていることを表すものである。電磁気的な力が荷電粒子に及ぼす作用が，ポテンシャルの代表である。これは，時空を測るものさしが，時空の変移に比例して変わるような，ベクトル場と呼ばれるこの4次元宇宙で実現しうる最も単純な相互作用の形態である。大きい世界では重力ポテンシャル，ミク

ロの極限の世界には、原子核の中で活躍している弱い相互作用と強い相互作用がある。弱い相互作用と強い相互作用は、電磁場と同様、時空の各点ごとにものさしが変わる、ゲージ場としてとらえることができることが知られているが、その変化の様子が、時空の変移に対して2階および3階のテンソルになっている、なかなか複雑な場である。テンソルというのは、例えばゴムでできたサイコロのようなものを、一方に押し縮めれば他方が伸びるというような性質を現すようなものである。重力は、時空そのもののゆがみであるので、その量子力学的な取扱いはきわめて難しい。これ以外の作用については、もしそれがあるとしても、この地球上の人間にはまだよく知られていない。

いずれにしてもポテンシャルを与えれば、数学的には粒子の振る舞いが決まってしまう。後は、与えられた問題が解けるかどうかというのが課題である。このために、すでにわかっている状態から出発して、補正を加えて解の正確さを上げるようなさまざまな近似法や、系の対称性や周期性などの性質を援用して、問題を整理して必要な部分だけ解く方法など、さまざまなテクニックが用意されている。読者は、それぞれ出会った問題に適した方法を、文献を調べて知識の貯金を利用するか、あるいは新たに独自の方法を開発して後世に貯金を残すかしながら、探して行くことになる。理論的な問題はこのような具合であるが、一般に、系がシンプルになるほど、実験でそれを実現しようとするときには、高度な科学技術と道具が必要になるという、漠然とした経験則がある。

ここではまず、図 **6.1** のような、空間的に1次元の問題を考えよう。これに対応する座標を x とする。スカラーポテンシャル $V(x)$ を与えて、量子系の振舞いを調べよう。箱に閉じ込められた粒子は、その領域の外には出られないが、箱の中では自由に振る舞うことができるとする。箱の領域を $x = -L/2$ から $x = +L/2$ とすれば、このような環境を表すスカラーポテンシャル $V(x)$ は、

6.1 箱の中に閉じ込められた粒子

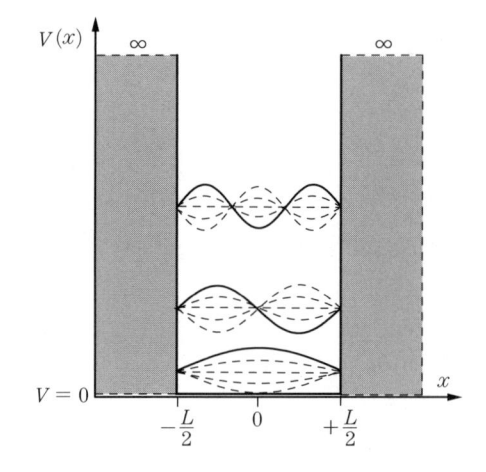

図 6.1 井戸に閉じ込められた量子力学的粒子の状態

$$V(x) = \begin{cases} \infty & \left(x \leq -\dfrac{L}{2}\right) \\ 0 & \left(-\dfrac{L}{2} < x < \dfrac{L}{2}\right) \\ \infty & \left(\dfrac{L}{2} \leq x\right) \end{cases} \tag{6.1}$$

であり，井戸型ポテンシャルあるいはポテンシャル井戸という。

スカラーポテンシャル $V(x)$ 中の質量 m の粒子の量子力学的状態を，時間 t と位置 x をパラメーターとする波動関数 $\Psi(t,x)$ によって表現すれば，これは環境条件をスカラーポテンシャルとするシュレーディンガー方程式に従う。

$$i\hbar \frac{\partial \Psi(t,x)}{\partial t} = \hat{\mathcal{H}} \Psi(t,x) = -\frac{\hbar^2}{2m} \frac{\partial^2 \Psi(t,x)}{\partial x^2} + V(x)\Psi(t,x) \tag{6.2}$$

粒子が，その箱の中にすでに入っていて，その運動も落ち着いているとすると，そのような状態は時間をずらしても変わらないような運動状態にあると考えることができる。このような状態を定常状態という。定常状態は，粒子の動きがないのではなく，つねに同じような運動をしていることを指す。このとき時間をずらす操作に対して変わらない量である，エネルギー $\mathcal{E}$ が保存する。すなわち，私たちはシュレーディンガー方程式の，エネルギー固有状態を求める問題に取り組んでいる。

$$\mathrm{i}\hbar\frac{\partial \Psi(t,x)}{\partial t} = \hat{\mathcal{H}}\Psi(t,x) = \mathcal{E}\Psi(t,x) \tag{6.3}$$

この解は容易にわかるように

$$\Psi(t,x) = \phi_{\mathcal{E}}(x)e^{-\frac{\mathrm{i}}{\hbar}\mathcal{E}t} \tag{6.4}$$

である。これをシュレーディンガー方程式に代入すると，x についての微分方程式が得られる。

$$\mathcal{E}\phi_{\mathcal{E}}(x) = -\frac{\hbar^2}{2m}\frac{d^2\phi_{\mathcal{E}}(x)}{dx^2} + V(x)\phi_{\mathcal{E}}(x) \tag{6.5}$$

これを箱の外と中という領域ごとに解いてみれば，定常状態の波動関数が得られるだろう。箱の外ではポテンシャルが無限大であるので，粒子は存在することができないと考えよう。そうすると

$$\Psi(t,x) = 0 \qquad \left(x \leq -\frac{L}{2},\ \frac{L}{2} \leq x\right) \tag{6.6}$$

でなければならない。箱の中では，$V(x) = 0$ であるので

$$\frac{\mathrm{d}^2\phi_{\mathcal{E}}(x)}{\mathrm{d}x^2} = -\frac{2m\mathcal{E}}{\hbar^2}\phi_{\mathcal{E}}(x) \tag{6.7}$$

となる。これはよく知られた，x に関して振動する解をもつ微分方程式である。そこで粒子の状態を

$$\phi_{\mathcal{E}}(x) = Ae^{\frac{\mathrm{i}}{\hbar}p_{\mathcal{E}}x} \tag{6.8}$$

と，エネルギー固有値 $\mathcal{E}$ に対応する運動量 $p_{\mathcal{E}}$ をもつ波動関数で表現しておいて，これを微分方程式に代入してみれば

$$p_{\mathcal{E}}^2 = 2m\mathcal{E}, \quad p_{\mathcal{E}} = \pm\sqrt{2m\mathcal{E}} \tag{6.9}$$

が得られる。2階の微分方程式であるから，一般解はこの二つの運動量をもつ状態の重ね合せとして

$$\phi_{\mathcal{E}}(x) = c_+ e^{\frac{\mathrm{i}}{\hbar}\sqrt{2m\mathcal{E}}x} + c_- e^{-\frac{\mathrm{i}}{\hbar}\sqrt{2m\mathcal{E}}x} \tag{6.10}$$

と書くことができる。このような二つの解を組み合わせて，別の独立な関数をつくることもできる。例えば

$$\left.\begin{array}{l}\cos\left(\dfrac{\sqrt{2m\mathcal{E}}}{\hbar}x\right)=\dfrac{1}{2}\left(e^{\frac{\mathrm{i}}{\hbar}\sqrt{2m\mathcal{E}}x}+e^{-\frac{\mathrm{i}}{\hbar}\sqrt{2m\mathcal{E}}x}\right)\\[2mm]\sin\left(\dfrac{\sqrt{2m\mathcal{E}}}{\hbar}x\right)=\dfrac{1}{2\mathrm{i}}\left(e^{\frac{\mathrm{i}}{\hbar}\sqrt{2m\mathcal{E}}x}-e^{-\frac{\mathrm{i}}{\hbar}\sqrt{2m\mathcal{E}}x}\right)\end{array}\right\} \quad (6.11)$$

から一般解をつくれば

$$\phi_{\mathcal{E}}(x) = c_1 \cos\left(\frac{\sqrt{2m\mathcal{E}}}{\hbar}x\right) + c_2 \sin\left(\frac{\sqrt{2m\mathcal{E}}}{\hbar}x\right) \quad (6.12)$$

となる。どちらが便利かは，ポテンシャルが変わる境界のところで，解をつなぐときに計算が簡単になるかどうかで決まる。実は，箱を $x=0$ から $x=L$ とすれば，三角関数の表現が便利になる。$x=0$ で波動関数が 0 になるのは，sin のほうだけだからである。ここでは，箱を $x=-L/2$ から $x=L/2$ ととったので，どちらの三角関数も対等である。

指数関数の表現を用いて，境界での条件を満たす係数を決めてみよう。$x=-L/2$ と $x=L/2$ で波動関数を接続するためには，$\phi_{\mathcal{E}}(-L/2)=0$ でかつ $\phi_{\mathcal{E}}(L/2)=0$ でもなければならない。これより

$$\left.\begin{array}{l}\phi_{\mathcal{E}}\left(-\dfrac{L}{2}\right)=c_+e^{-\frac{\mathrm{i}}{2\hbar}\sqrt{2m\mathcal{E}}L}+c_-e^{\frac{\mathrm{i}}{2\hbar}\sqrt{2m\mathcal{E}}L}=0\\[2mm]\phi_{\mathcal{E}}\left(+\dfrac{L}{2}\right)=c_+e^{\frac{\mathrm{i}}{2\hbar}\sqrt{2m\mathcal{E}}L}+c_-e^{-\frac{\mathrm{i}}{2\hbar}\sqrt{2m\mathcal{E}}L}=0\end{array}\right\} \quad (6.13)$$

が得られ，まず

$$c_+^2 = c_-^2, \quad c_+ = \pm c_- \quad (6.14)$$

であることがわかる。$c_+ = c_- = A/2$ ならば，解は cos となるので，n を整数として，0 になる位相は $\pi/2 + n\pi = (2n+1)\pi/2$ であり，$c_+ = -c_- = B/2$ ならば，解は sin となるので，0 になる位相は $n\pi = 2n\pi/2$ となる。

$$\left.\begin{array}{l}c_+ = c_- = \dfrac{A}{2}, \quad \dfrac{\sqrt{2m\mathcal{E}}}{2\hbar}L = (2n+1)\dfrac{\pi}{2} \\[2mm] c_+ = -c_- = \dfrac{B}{2}, \quad \dfrac{\sqrt{2m\mathcal{E}}}{2\hbar}L = 2n\dfrac{\pi}{2}\end{array}\right\} \qquad (6.15)$$

これから，エネルギー固有値はとびとびの値しかとれないことがわかる．

$$\mathcal{E}_N = \frac{\pi^2 \hbar^2}{2mL^2} N^2 \qquad (N = 1, 2, 3, 4, 5, \cdots) \qquad (6.16)$$

これは，それ以外のエネルギーという時間を測るものさしをもった，あらゆる可能な運動をする粒子をこの井戸の中で考えると，干渉し合ってすべて消えてしまうような状態にあることを意味している．

このとき波動関数の空間成分 $\phi_{\mathcal{E}N}(x)$ は

$$\phi_{\mathcal{E}N}(x) = \begin{cases} \sqrt{\dfrac{2}{L}} \cos\left(\dfrac{\pi N}{L}x\right) & (N = 2n+1 = 1, 3, 5, \cdots) \\[2mm] \sqrt{\dfrac{2}{L}} \sin\left(\dfrac{\pi N}{L}x\right) & (N = 2n = 2, 4, 6, \cdots) \end{cases} \qquad (6.17)$$

となる．ここで波動関数は，この粒子を観測したときに，x と $x + \mathrm{d}x$ の間で観測される確率が，$\psi^*(t,x)\psi(t,x)\delta x = \phi^*_{\mathcal{E}N}(x)\phi_{\mathcal{E}N}(x)\mathrm{d}x$ であるので，これをポテンシャル井戸の中の全区間で足し合わせたら 1 となるように規格化した．

$$\int_{-\frac{L}{2}}^{\frac{L}{2}} \phi^*_{\mathcal{E}N}(x)\phi_{\mathcal{E}N}(x)\mathrm{d}x = 1 \qquad (6.18)$$

これらの結果を総合すると，ポテンシャル井戸の中の粒子の波動関数は，

$$\Psi(t,x) = \begin{cases} e^{-i\frac{\pi^2 \hbar N^2}{2mL^2}t} \sqrt{\dfrac{2}{L}} \cos\left(\dfrac{N\pi}{L}x\right) & (N = 2n+1 = 1, 3, 5, \cdots) \\[2mm] e^{-i\frac{\pi^2 \hbar N^2}{2mL^2}t} \sqrt{\dfrac{2}{L}} \sin\left(\dfrac{N\pi}{L}x\right) & (N = 2n = 2, 4, 6, \cdots) \end{cases} \qquad (6.19)$$

と表現されることになる．この解を見て，なんだそういうことだったのかと思うだろう．粒子が空間を測る尺度である運動量 p を，ドブロイ波 $p = 2\pi\hbar/\lambda$ という，位相を波長で測る尺度に置き換えて考えれば，端で波動関数が 0 になるという条件の付いた井戸の中に納まるのは，ドブロイ波が $x = \pm L$ を固定端とする定在波になるときだけである．この条件を満たすドブロイ波長 λ_N は

6.1 箱の中に閉じ込められた粒子

$$\frac{\lambda_N}{2}N = L, \quad \lambda_N = \frac{2L}{N} \quad (N = 1, 2, 3, \cdots) \tag{6.20}$$

と，とびとびの値しかとることができない。箱の中は $V = 0$ なので自由な運動であるから，これに対応するとびとびの許される運動量には，とびとびのエネルギーが対応する。

$$|p_N| = \frac{2\pi\hbar}{\lambda_N} = \frac{\pi\hbar}{L}N, \quad \mathcal{E}_N = \frac{p_N^2}{2m} = \frac{\pi^2\hbar^2}{2mL^2}N^2 \quad (N = 1, 2, 3, \cdots) \tag{6.21}$$

これから $x = -L/2$ から $x = L/2$ の井戸にフィットする定在波を，N が奇数と偶数の場合に分けて作ると

$$\left.\begin{aligned}\phi_{\mathcal{E}_n}(x) &= \sqrt{\frac{2}{L}}\left(e^{i\frac{(2n+1)\pi\hbar}{L}x} + e^{-i\frac{(2n+1)\pi\hbar}{L}x}\right) \\ \phi_{\mathcal{E}_n}(x) &= \sqrt{\frac{2}{L}}\left(e^{i\frac{2n\pi\hbar}{L}x} - e^{-i\frac{2n\pi\hbar}{L}x}\right)\end{aligned}\right\} \tag{6.22}$$

となり，これは先ほど求めた三角関数の解と同じものである。

なぜ，エネルギーがとびとびの値になったのかを，改めて考察してみよう。もし，ポテンシャル井戸の中の定在波にならないような運動量やエネルギーをもつ粒子の運動を考えたら，どのようになるだろうか。粒子であるから，x に沿って運動し，$x = L/2$ にある壁で反射して運動の方向を変え，また $x = -L/2$ の壁で反射されてという具合に，井戸の中に存在してもよさそうである。実際，そういう風に粒子が運動しているものとすると，量子力学的粒子の場合には，この井戸の中で可能な経路をすべてたどって運動するために，ある時刻に，井戸の中のある場所に居ることと，別の場所にいることに相関ができ，もしそのドブロイ波が井戸の中で定在波をつくる条件を満たしていないとすると，量子力学的干渉の効果で，粒子の状態が井戸の中ですっかり消えてしまうのである。したがって，そういう粒子があるということをこの井戸の中で観測することはないことになる。別の見方をすれば，そのような定在波の条件を満たさない状態に粒子を入れようとしても，それに対応する終状態がこの井戸の中には存在しないので，私たちはそういう粒子を井戸の中に入れることができないのである。

このように，私たちが，定常状態において，井戸の中で観測する可能性のある粒子の状態を考えたので，量子力学的干渉の効果によって，その粒子のとりうる状態は，エネルギーがとびとびの値をとる状態しかないということになったのである．

このように量子力学的干渉の効果によって，ドブロイ波が定在波となる状態しかとりえないということが，物質を構成する基本である原子の安定性を説明することになる．すなわち，このように閉じ込められた状態で，最も低いエネルギーは

$$\mathcal{E}_1 = \frac{\pi^2 \hbar^2}{2mL^2} \tag{6.23}$$

であり，それより低いエネルギーにこの粒子が入ることは，量子力学的干渉の効果でできないようになっているのである．できないようになっているというよりも，低いエネルギーに落ち込んでいくような波動関数は，干渉して消えてしまうのである．ここで考えたポテンシャル井戸の場合と同様，原子核の正の電荷がつくるクーロンポテンシャルの中に閉じ込められた，負の電荷をもつ電子は，原子核に引き付けられているのだけれども，このような最低エネルギーを与える定常状態をもち，そこよりも下のエネルギーに落ち込んで，原子核のプラスの電荷と一緒になってしまうことができないのである．この本では取り扱わないが，水素原子の問題を解いている量子力学の教科書はたくさんあるので，必要と興味に応じて参照してみると，角運動量というたいへん有用なことについての知見が得られる．

6.1.2 箱に閉じ込められた粒子とノーマルモード

ここで考察した1次元ポテンシャル井戸の系で，残された空間の2次元 y, z 方向が自由空間であれば，シュレーディンガー方程式を3次元に拡張して

$$\begin{aligned}
i\hbar \frac{\partial \Psi(t,x,y,z)}{\partial t} &= \hat{\mathcal{H}} \Psi(t,x,y,z) \\
&= -\frac{\hbar^2}{2m}\left(\frac{\partial^2}{\partial x^2} + \frac{\partial^2}{\partial y^2} + \frac{\partial^2}{\partial z^2}\right)\Psi(t,x,y,z) + V(x)\Psi(t,x,y,z)
\end{aligned} \tag{6.24}$$

6.1 箱の中に閉じ込められた粒子

を解けばよい．エネルギー固有値 $\mathcal{E}$ の固有状態に対して，波動関数を

$$\Psi(t,x,y,z) = \phi_{\mathcal{E}}(x,y,z)e^{-\frac{i}{\hbar}\mathcal{E}t} \tag{6.25}$$

とおけば，これをシュレーディンガー方程式に代入して，$\phi_{\mathcal{E}}(x,y,z)$ の性質を決める微分方程式が得られる．

$$\begin{aligned}&\mathcal{E}\phi_{\mathcal{E}}(x,y,z)\\&=-\frac{\hbar^2}{2m}\left(\frac{\partial^2}{\partial x^2}+\frac{\partial^2}{\partial y^2}+\frac{\partial^2}{\partial z^2}\right)\phi_{\mathcal{E}}(x,y,z)+V(x)\phi_{\mathcal{E}}(x,y,z)\end{aligned} \tag{6.26}$$

この系では，x, y, z の運動が独立であるので

$$\phi_{\mathcal{E}}(x) = Ae^{\frac{i}{\hbar}(p_x x + p_y y + p_z z)} \tag{6.27}$$

であることがわかるので，これを代入して

$$p_x^2 + p_y^2 + p_z^2 = 2m\mathcal{E} \tag{6.28}$$

が得られる．x 方向については，ポテンシャル井戸の境界条件によって，p_x に先ほどと同じ制約が付き，y, z 方向については制約がないので，エネルギー固有値は

$$\mathcal{E}_N(p_x, p_y) = \frac{\pi^2 \hbar^2}{2mL^2}N^2 + \frac{1}{2m}\left(p_y^2 + p_z^2\right) \qquad (N=1,2,3,\cdots) \tag{6.29}$$

のように，とびとびの値に連続関数が付いた値をとることになる．このような運動量とエネルギーの関係を分散関係，あるいはエネルギーバンドという．粒子が電子のとき，このような 1 方向に閉じ込められ，2 次元に自由な運動のできる系は，2 次元電子と呼ばれる．

このような考察から，z を除く 2 次元方向に閉じ込められている場合には，x 方向の閉込め範囲を $-L_x/2 < x < L_x/2$，y 方向の閉込め範囲を $-L_y/2 < y < L_y/2$ とし，井戸の深さを無限大とすれば，エネルギー固有値は

$$\mathcal{E}_{N_x,N_y}(p_z) = \frac{\pi^2 \hbar^2}{2mL_x^2}N_x^2 + \frac{\pi^2 \hbar^2}{2mL_y^2}N_y^2 + \frac{1}{2m}p_z^2 \ (N_x,\ N_y = 1,2,3,\cdots) \tag{6.30}$$

となる。このような2方向に閉じ込められた系は、量子細線とも呼ばれる。

さらに z も、$-L_z/2 < z < L_z/2$ に閉じ込められているとすれば、同じようにエネルギー固有値は、

$$\mathcal{E}_{N_x,N_y N_z} = \frac{\pi^2 \hbar^2}{2mL_x^2} N_x^2 + \frac{\pi^2 \hbar^2}{2mL_y^2} N_y^2 + \frac{\pi^2 \hbar^2}{2mL_z^2} N_z^2$$
$$(N_x,\ N_y,\ N_z = 1, 2, 3, \cdots) \quad (6.31)$$

となる。このような3方向に閉じ込められた系は、量子ドット、量子箱などと呼ばれる。このとき3次元のそれぞれの方向 ξ に対して、波動関数はそれぞれ

$$\left.\begin{array}{l}\varphi(\xi)_{\mathcal{E}\xi} = \sqrt{\dfrac{2}{L_\xi}} \left(e^{i\frac{(2n_\xi+1)\pi\hbar}{L_\xi}\xi} + e^{-i\frac{(2n_\xi+1)\pi\hbar}{L_\xi}\xi} \right) \\ \varphi(\xi)_{\mathcal{E}\xi} = \sqrt{\dfrac{2}{L_\xi}} \left(e^{i\frac{2n_\xi\pi\hbar}{L_\xi}\xi} - e^{-i\frac{2n\pi\hbar}{L_\xi}\xi} \right)\end{array}\right\} \quad (6.32)$$

となるので、3次元の箱の中に閉じ込められた粒子の波動関数は、これらの積として

$$\Psi(t, x, y, z) = \varphi_{\mathcal{E}x}(x) \varphi_{\mathcal{E}y}(y) \varphi_{\mathcal{E}z}(z) e^{-\frac{i}{\hbar}\mathcal{E}t} \quad (6.33)$$

で表される。このように3次元の箱に閉じ込められた粒子の状態は、整数の組 $[N_x, N_y, N_z]$ によって指定されることになり、これによってエネルギー固有値と波動関数が定まる。このような波動関数の集合が、この系を記述するノーマルモードである。波動関数をこのノーマルモードのラベルを付けて区別することにすれば

$$\iiint_{-\infty}^{\infty} \Psi^*_{[M_x, M_y, M_z]} \Psi_{[N_x, N_y, N_z]} \mathrm{d}x \mathrm{d}y \mathrm{d}z = \delta_{M_x, N_x} \delta_{M_y, N_y} \delta_{M_z, N_z}$$
$$(6.34)$$

であり、ノーマルモードは規格化された直交基底である。

6.1.3 状態の重ね合せと古典的な粒子の描像

このように、井戸に閉じ込められたという条件を満たす、エネルギー固有状

態の粒子の波動関数は，井戸の中全体に広がっている．粒子がどこにいるかを観測したとすれば，ドブロイ波の定在波が節となるところでは，粒子を発見する確率が 0 となるが，それ以外のところではどこでも，粒子を発見する可能性がある．このように，井戸に閉じ込められた粒子が外界から孤立しているときには，その井戸のサイズがどんなに大きくても，それがマクロなサイズでも，エネルギー固有状態にあるかぎり，粒子の波動関数は井戸全体に広がっているのである．それでは，古典的に考えるような，粒子が井戸の中で粒のように見えるような運動は，量子力学的状態とどのように関係するのだろうか．

この疑問に答えるのが，量子力学的な状態の重ね合せである．異なるエネルギー固有値の波動関数を，最低エネルギーの状態から始めて，次第に節と節の間隔が狭い高いエネルギーの状態を重ね合わせていくと，重ね合わせられた波が干渉して 5 章で考察した波束の状態をつくることになる．重ね合わされた波動関数の位相に応じて，この粒子の位置を観測したときに，その波束の範囲内で粒子を発見する確率がほぼ 1 であるような，古典的な粒としての粒子の状態が作られるのである．このことから，エネルギーが高いときではなく，高いエネルギーにまでエネルギー分布がある量子力学的な粒子の状態において，古典的な粒のような粒子の状態が現れることになる．ここで，このポテンシャルに閉じ込められている量子系が，原子などのように大きさをもつ複合的な粒子である場合には，波動関数のパラメーターとなっている粒子の位置というのは，複合粒子の重心運動の座標であることに注意しよう．

この系が，もし孤立する以前に，温度が T 〔K〕の外界と接触していたことがあるとしよう．このような外界を熱浴あるいはリザーバーという．温度 T 〔K〕のリザーバーというのは，エネルギーが $\mathcal{E}$ である状態をとる確率が

$$p(\mathcal{E}) \propto e^{-\frac{\mathcal{E}}{k_B T}} \tag{6.35}$$

となるようなエネルギー分布をもっているので，これと接触することによって，この井戸の中の粒子も，リザーバーと同様のエネルギー固有状態の重ね合せ状態となる．ここで k_B はボルツマン定数である．このように熱浴と接触してか

ら切り離された井戸の中の粒子は，温度が高いときには古典的粒子のような波束の波動関数をもつことができる．このようなリザーバーとの接触も，2章で舞台裏も含めた量子力学的記述として考察した，密度演算子の方法で表現することもできる．このような取扱いは量子統計力学と呼ばれている．本書では取り扱わないが，そこに進むべき準備は整っている．

リザーバーとの接触と対照的に，箱に閉じ込められて孤立した粒子からなんらかの方法でエネルギーを奪うと，粒子の波動関数は空間的により広がった重ね合せ状態になり，最低エネルギーの状態に近くなるまでエネルギーを奪うと，波動関数は井戸全体に広がって，粒子を観測する確率が箱全体に広がった状態になる．したがって，かなりマクロな系においても，温度を十分下げてやると，巨視的なサイズで量子効果を示すような系をつくることができる．最近は，例えばレーザー光線をポテンシャルに捕まえられた原子に散乱させることによって，効率よく運動エネルギーを奪い，10^{-8}〔K〕程度の極低温にまで冷却することができ，これによって数 cm も広がった量子系を実現できるまでに，量子系を扱う技術が進歩している．

一方，巨視的なサイズの物体は，質量がたいへん大きいので，わずかに速度が揺らぐだけでその運動量の揺らぎはたいへん大きな値となる．運動量が大きいということは，それが量子系として振る舞う場合のドブロイ波長が短いということであるので，巨視的な物体をいくら冷やしても，その位置がわからなくなってくるというようなことは，この宇宙の環境ではまず起こらない．

6.2 浅い井戸に閉じ込められた粒子の状態とトンネル現象

粒子が閉じ込められたポテンシャル井戸が，それほど深くない場合にも，前節と同様にエネルギー固有状態を考えて，この系の定常状態における振舞いを調べることができる．形式的には，無限に深い井戸に閉じ込められた場合と似たような解が得られるけれども，その振舞いは，ポテンシャル井戸の外側でた

6.2 浅い井戸に閉じ込められた粒子の状態とトンネル現象

いへん性質の異なるものとなる．この問題は量子力学のたいへん重要な側面を明らかにすると同時に，量子力学的性質を生かした応用を生み出す．

空間的に 1 次元の問題を考え，対応する座標を x，井戸の領域を $x = -L/2$ から $x = +L/2$ として，深さが $V_1 - V_0$ のポテンシャル井戸 $V(x)$ を考えよう．

$$V(x) = \begin{cases} V_1 & \left(x \leq -\dfrac{L}{2}\right) \\ V_0 & \left(-\dfrac{L}{2} < x < \dfrac{L}{2}\right) \\ V_1 & \left(\dfrac{L}{2} \leq x\right) \end{cases} \tag{6.36}$$

質量 m の粒子の量子力学的状態を波動関数 $\Psi(t,x)$ によって表現し，粒子が井戸の中にすでに入っていて，その運動も落ち着いていると考え，シュレーディンガー方程式のエネルギー固有状態を求めよう．

$$i\hbar \frac{\partial \Psi(t,x)}{\partial t} = \hat{\mathcal{H}} \Psi(t,x) = \mathcal{E} \Psi(t,x) \tag{6.37}$$

解は前節の問題と同様に，

$$\Psi(t,x) = \phi_\mathcal{E}(x) e^{-\frac{i}{\hbar}\mathcal{E}t} \tag{6.38}$$

となり，シュレーディンガー方程式に代入して

$$\mathcal{E}\phi_\mathcal{E}(x) = -\frac{\hbar^2}{2m} \frac{d^2 \phi_\mathcal{E}(x)}{dx^2} + V(x)\phi_\mathcal{E}(x) \tag{6.39}$$

を，井戸の外と中の領域ごとに解いてみれば，定常状態の波動関数が得られる．

前節同様，エネルギー固有値 $\mathcal{E}$ に対応する運動量 $p_\mathcal{E}$ をもつ状態

$$\phi_\mathcal{E}(x) = A e^{\frac{i}{\hbar} p_\mathcal{E} x} \tag{6.40}$$

として，微分方程式に代入してみれば

$$p_\mathcal{E}^2 = 2m\mathcal{E} - V(x) \tag{6.41}$$

が得られる．井戸の中に閉じ込められている場合は $V_0 < \mathcal{E} < V_1$ であるから，井戸の中の運動量は実数，井戸の外の運動量は虚数となり

$$p_\mathcal{E} = \begin{cases} \pm\sqrt{2m(\mathcal{E}-V_0)} & \left(-\dfrac{L}{2} < x < \dfrac{L}{2}\right) \\ \pm\mathrm{i}\sqrt{2m(V_1-\mathcal{E})} & \left(x \leq -\dfrac{L}{2},\ \dfrac{L}{2} \leq x\right) \end{cases} \tag{6.42}$$

となる．井戸の中では，実数の二つの運動量をもつ状態の重ね合せとして

$$\phi_\mathcal{E}(x) = c_+ e^{\frac{\mathrm{i}}{\hbar}\sqrt{2m(\mathcal{E}-V_0)}x} + c_- e^{-\frac{\mathrm{i}}{\hbar}\sqrt{2m(\mathcal{E}-V_0)}x} \tag{6.43}$$

であるが，運動量が虚数となる，井戸の外の解は，位相を表す虚数と運動量の虚数の積が指数部に乗るので

$$e^{-\frac{1}{\hbar}\sqrt{2m(V_1-\mathcal{E})}x}, \qquad e^{+\frac{1}{\hbar}\sqrt{2m(V_1-\mathcal{E})}x} \tag{6.44}$$

のように，指数関数的な大きさの変化を示す，振動しない解をもつ．波動関数が発散してしまわないように，

$$\phi_\mathcal{E}(x) = \begin{cases} c_- e^{+\frac{1}{\hbar}\sqrt{2m(V_1-\mathcal{E})}x} & \left(x \leq -\dfrac{L}{2}\right) \\ c_+ e^{-\frac{1}{\hbar}\sqrt{2m(V_1-\mathcal{E})}x} & \left(\dfrac{L}{2} \leq x\right) \end{cases} \tag{6.45}$$

とするべきであろう．そうして，解いた方程式が 2 階の微分方程式であるから，井戸の境界のところで，波動関数とその微分が連続になるように，井戸の外と中の解を接続すると，全体の解が得られる．これは練習問題としておこう．

このように，井戸の外側で虚数の運動量をもつということは，その領域に指数関数的に浸み出している波動関数をもつことに対応する．このような純虚数の運動量に対応する波動関数は，浸み出す波という意味のエバネッセント波と呼ばれ

$$e^{-\frac{x}{\lambda_\mathrm{pen}}}, \qquad \lambda_\mathrm{pen} = \frac{\hbar}{\sqrt{2m(V_1-\mathcal{E})}} \tag{6.46}$$

と書いたときの λ_pen を浸み出し深さ，浸み込み深さ，あるいは浸み出し距離な

6.2 浅い井戸に閉じ込められた粒子の状態とトンネル現象

どという．これは，いままで出会ったことのない奇妙な状況である．というのは，井戸の外の領域では，粒子のエネルギーが井戸の高さには足りないので，粒子はそこに存在することができないのにもかかわらず，観測したらそこに発見する確率ということになっている $|\Psi|^2 dx$ を与える，波動関数の 2 乗はゼロではないのである．このことから，単に確率のみではなく，そこで観測されるという結果があるかどうかという，終状態の数が，そこで粒子が観測されるかどうかを決めていることがわかる．

このような解は無意味かというと，境界で $\Psi = 0$ の無限に深い井戸の解と比べてみれば，少なくとも井戸の中の波動関数は，この浸み出しがあるかないかで異なるものとなっている．このように，粒子が存在できない領域の状況にも粒子の振舞いが影響されることは，古典力学には現れない大きな特徴である．エバネッセント波のもっと驚くべき意味は，このポテンシャル井戸から少し離れたところに，同じ深さと幅のポテンシャル井戸を掘ってみると，わかることになる．例えば，$L < x < 2L$ に深さ V_0 の井戸を掘ったとすれば，この新しく掘った井戸の中にも，エネルギー固有値 $\mathcal{E}$ の状態はあるので，これを最初の井戸から浸み出して行ったエバネッセント波と接続してみると，新しく掘った井戸の中の粒子とつながってしまうのである．さらに，新しく掘った井戸の中の状態は，x の正の向きに進む波と負の向きに進む波との重ね合せであるから，新しい井戸からも両側に減衰するエバネッセント波がつくられ，これが最初の井戸の中の状態とつながって戻ってくることにもなるのである．このように，たった一つの量子力学的粒子が，井戸と井戸の間には存在することができないにもかかわらず，二つの井戸を行ったり来たりするような状態をとるのである．これを，量子力学ではトンネル現象と呼んでいる．トンネルしているように見える領域を，トンネルバリアーという．

ここで考察しているトンネル現象というのは，量子力学的な定常状態であるので，粒子は二つの井戸を行ったり来たりするように振る舞いながら，両方の井戸に同時にまたがって存在する．その意味は，この粒子がどちらの井戸にいるかを観測すると，実験を行うたびに，粒子はどちらか一方の井戸で観測され

るのだけれども,同じ条件で実験を繰り返すと,それぞれの井戸で発見される確率が,シュレーディンガー方程式の解となる波動関数の絶対値2乗で決まる値になっている,ということである。井戸の途中で観測されることはないので,二つの井戸で発見される確率の和は1になる。

定常状態の観測ではなく,粒子を一方の井戸に入れては,他方の井戸から取り出すような実験を行うと,たいへん面白いことになる。入れるたびに粒子は井戸の間を通り抜けて,入れたほうとは別の井戸から取り出されることになる。しかも井戸の途中で観測されるということはないのである。こういう状況で,確率の流れの密度を計算してみることは,有用な練習問題となる。前の章で導いたように,確率の流れの密度は,1次元の場合の波動関数を用いて

$$j = -\frac{i\hbar}{2m}\left(\Psi^*\frac{\partial}{\partial x}\Psi - \Psi\frac{\partial}{\partial x}\Psi^*\right) \tag{6.47}$$

である。トンネルバリアーの領域で確率の流れの密度を計算するので,波動関数は左の井戸からのエバネッセント波と,右の井戸からのエバネッセント波の重ね合せの解をもつ。浸み出し距離 $\lambda_\mathrm{pen} = \hbar/\sqrt{2m(V_1 - \mathcal{E})}$ を用いて書き表せば

$$\Psi(t,x) = e^{-\frac{i}{\hbar}\mathcal{E}t}\left(c_+ e^{-\frac{x}{\lambda_\mathrm{pen}}} + c_- e^{+\frac{x}{\lambda_\mathrm{pen}}}\right) \tag{6.48}$$

である。これを確率の流れの密度に代入すれば,時間変化を表す位相の部分は x の微分と無関係だから,複素共役な波動関数との積をつくると消えてしまう。空間部分については,重ね合せの係数のみが位相をもつ複素数であることに注意して,確率の流れの密度を計算すれば,残る項は

$$\begin{aligned}j &= -\frac{i\hbar}{2m\lambda_\mathrm{pen}}\left(c_+^* c_- - c_-^* c_+ - c_+ c_-^* + c_- c_+^*\right) \\ &= -\frac{i\hbar}{m\lambda_\mathrm{pen}}\left(c_+^* c_- - c_-^* c_+\right)\end{aligned} \tag{6.49}$$

のみである。

もしここで,重ね合せの係数 c_+ と c_- の間に位相差がないとすると,確率の流れの密度は $j = 0$ となってしまう。これは,この二つのポテンシャル井戸の

間に正味の粒子の行き来がない場合に相当するので，井戸から粒子を出し入れしない場合に対応することがわかる．

重ね合せの係数 c_+ と c_- の間に位相差がある場合には

$$\frac{c_-}{|c_-|} = e^{i\theta} \frac{c_+}{|c_+|} \tag{6.50}$$

とおけば

$$\begin{aligned}
j &= -\frac{i\hbar}{m\lambda_{\text{pen}}} |c_+|^2 |c_-|^2 \left(e^{i\theta} - e^{-i\theta}\right) \\
&= \frac{2\hbar}{m\lambda_{\text{pen}}} |c_+|^2 |c_-|^2 \sin\theta
\end{aligned} \tag{6.51}$$

が得られ，トンネルバリアーにおける確率の流れの密度は実数で，位置に依存せず一定値をとる．これは，もし x 軸に対して，左側のポテンシャル井戸に粒子を入れ，右側のポテンシャル井戸から取り出すとしたら，トンネルバリアーの中の確率の流れの密度は正の値，反対に，右側のポテンシャル井戸に粒子を入れ，左側のポテンシャル井戸から取り出すとしたら，トンネルバリアーの中の確率の流れの密度は負の値をとることと，それぞれつじつまが合うことになる．したがって，二つのポテンシャル井戸の中の粒子の状態の位相差を決めるのは，実は粒子を出し入れする操作であることがわかる．このことから改めて，量子力学における観測の意味がわかってくることになる．すなわち，ポテンシャル井戸に粒子を出し入れして観測することによって，ポテンシャル井戸中の粒子の状態が変わるということである．

6.3　外乱を受けたときの量子力学的な系の状態の変化

もう一度，1次元の場合の井戸に閉じ込められた粒子を考えよう．このようなとびとびのエネルギーをもつ固有状態をもつ粒子に，外からなんらかの作用を及ぼすとしたら，どのようなことができるだろうか．

例えば，この宇宙で，なにもない星間を運動する原子があったとすれば，これは原子核のクーロンポテンシャルに閉じ込められた，とびとびのエネルギーを

もつ電子に作用を及ぼすというようなことに対応する.原子のポテンシャルと,ここで考えた1次元の無限に深い井戸型のポテンシャルは形が違うけれども,井戸型ポテンシャルの問題のついでにいろいろ考えておくことは有用である.

この宇宙にある最も身近な相互作用は電磁気的な相互作用である.特に,原子が光のエネルギーを吸収したり放出したりするような相互作用は,あらゆる現象の基本となっている.このとき,私たちが望遠鏡などで観測できる可視光を考えると,その波長はほぼ $0.5\,\mu\mathrm{m}(= 5 \times 10^{-7}\,\mathrm{m})$ 前後であって,原子のサイズである $1\,\mathrm{Å}\,(= 1 \times 10^{-10}\,\mathrm{m})$ に比べるとはるかに大きい.つまり原子のサイズで見ると,空間を伝わる光の電場や磁場は,ほとんど一様な分布をもって,ただ時間的に変化しているように見えることになる.そうすると,原子核につかまった電子がどのように光の電場を感じるかは,原子の中心の位置,すなわち原子核の位置で見たときの光の一様な電場の中で,電子がどのようなエネルギーをもつかで決まることになる.空間を伝わる光を平面波の電磁波と考え,光の電場は一方向を向いていると考えよう.そこでこの電場の方向を x とし,光の電場を正弦波 $E \sin \omega t$ とすれば,ポテンシャルの原点を中心にした電子の位置は x であり,電荷は $-e$ であるので,電子のエネルギーが電場の存在によって変化する量は

$$V_{EM}(x,t) = -exE\sin\omega t = -ex\frac{E}{2\mathrm{i}}\left(e^{\mathrm{i}\omega t} - e^{-\mathrm{i}\omega t}\right) \tag{6.52}$$

である.このようなポテンシャルを原子の中の電子が感じれば,光の電場と原子の中の電子は相互に作用し,エネルギーのやり取りをすることができるだろう.このような相互作用を,電気双極子相互作用という.原子核の正電荷と電子の負電荷が $\mu = ex$ という電気双極子のように振る舞うからである.

6.3.1 波動関数の対称性と外界との相互作用の特徴

そこで,電気双極子相互作用の性質を知るために,原子をより簡単なポテンシャル井戸の中の粒子に置き換えて考察してみよう.井戸型ポテンシャルの中の電子の状態は,とびとびのエネルギー固有値に対応する,cos と sin の波動関

数の重ね合せで表現することができるので，これに対して V_{EM} の期待値を考えてみよう．期待値は，V_{EM} を波動関数とその複素共役な関数で挟んで積分することで得られる．

$$\langle V_{EM} \rangle = \int_{-\frac{L}{2}}^{\frac{L}{2}} \Psi^*(t,x) V_{EM}(x,t) \Psi(t,x) \mathrm{d}x \tag{6.53}$$

これに，とびとびのエネルギー固有関数の重ね合せとして書き表した波動関数を代入すると，エネルギー固有値状態のいろいろな組合せに対して期待値を計算したものの和となる．

そこで，どのような固有関数の組合せに対して，期待値が 0 でない値をもつかを考えよう．V_{EM} は空間的な電気双極子の部分 $\mu = ex$ と，時間的な振動 $e^{\mathrm{i}\omega t}$ からなる．まず，空間部分の $\mu = ex$ は，$x = 0$ を境に正負が変わる奇関数であるので，偶関数を掛けて積分すれば 0 になってしまう．したがって，0 でない期待値をもつのは，これを挟む固有関数の組合せが奇関数になる，すなわち，図 **6.2** に例を示したように，sin で表される状態と，cos で表される状態間で V_{EM} を挟んだ場合のみが，振動する電気双極子モーメントを生み出すことになる．そこで，この組合せの固有関数を積分に代入してみよう．

$$\langle M | V_{EM} | N \rangle$$
$$= \int_{-\frac{L}{2}}^{\frac{L}{2}} e^{\frac{\mathrm{i}\mathcal{E}_M}{\hbar}t} \sqrt{\frac{2}{L}} \cos\left(\frac{M\pi\hbar}{L}x\right) \left\{-ex\frac{E}{2\mathrm{i}}\left(e^{\mathrm{i}\omega t} - e^{-\mathrm{i}\omega t}\right)\right\}$$
$$\times e^{-\frac{\mathrm{i}\mathcal{E}_N}{\hbar}t} \sqrt{\frac{2}{L}} \sin\left(\frac{N\pi\hbar}{L}x\right) \mathrm{d}x$$
$$= \frac{\mathrm{i}eE}{L} \left(e^{\frac{\mathrm{i}}{\hbar}(\mathcal{E}_M - \mathcal{E}_N + \hbar\omega)t} - e^{\frac{\mathrm{i}}{\hbar}(\mathcal{E}_M - \mathcal{E}_N - \hbar\omega)t}\right)$$
$$\times \int_{-\frac{L}{2}}^{\frac{L}{2}} \cos\left(\frac{M\pi\hbar}{L}x\right) x \sin\left(\frac{N\pi\hbar}{L}x\right) \mathrm{d}x \tag{6.54}$$

これからわかるように，振動する指数関数が含まれているので，その指数が 0 でなければ，量子系が光の場と十分長い時間相互作用したとき，この期待値は時間平均として消えてしまう．したがって，電子と光が相互作用してその結果なにか変化が観測できるとすれば

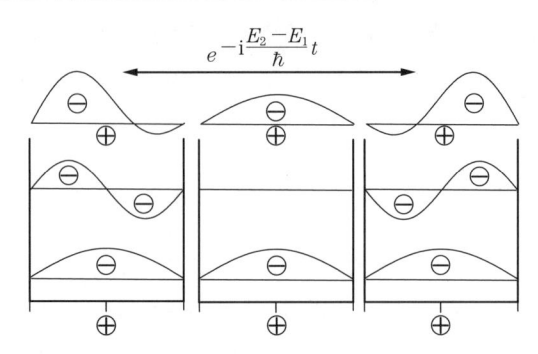

図 6.2 状態の重ね合せと振動電気双極子モーメント

$$\frac{\mathcal{E}_N - \mathcal{E}_M}{\hbar} = \omega, \quad \frac{\mathcal{E}_M - \mathcal{E}_N}{\hbar} = \omega \tag{6.55}$$

を満たすような,偶数の M と奇数の N, あるいは奇数の M と偶数の N をもつ,エネルギー固有状態が関与する成分についてのみであることがわかる。この条件は,一方が光の場から束縛された電子にエネルギーが移ること,他方は束縛された電子から光の場にエネルギーが移ることに対応する。

6.3.2 時間変化する外乱を受けたときの量子力学的状態の変化

　一般的に,ある量子力学的な系が,時間変化する外乱を受けたとき,その状態がどのように変化するかという基本的問題を考察しておくことは,たいへん有用である。

　量子力学的な運動は,ある観測からつぎの観測までの間に,量子力学系がどのように振る舞うかを記述している。したがって,私たちが問題にすべきことは,ある観測で系がある状態にあったことを確認して,その後,この状態に時間変化する外乱が加わったとき,つぎの観測で状態がどう観測されるかということを問題にしなくてはならない。このように,量子力学では,問題設定をするときに,量子力学で取り扱うことに意味があるような条件を整えておかなければならない。もちろん,そうするためには舞台裏が必要である。

　さらに,それぞれの描像において成り立つ,量子力学的運動方程式は,このような観測からつぎの観測までの間に,外界から孤立している量子力学的な系

6.3 外乱を受けたときの量子力学的な系の状態の変化

が，あらゆる可能な経路を全部いっぺんにたどって運動している，ということを記述したものである．したがって，外乱を受けるときも，あらゆる可能な外乱の受け方をすべてするのである．このような条件が満たされるためには，系に影響を与えている外乱が，考察の対象としている量子力学的な系からの反作用を受けるとすれば，それさえも観測されてしまうことがないという条件が必要なのである．もし外乱の側に反作用で生じた変化を通じて，量子力学的な系の振舞いについての情報がわずかでも得られるならば，系はあらゆる可能なことをすることができなくなり，量子力学の問題にならないことに注意しよう．

例えば，宇宙空間に孤立しているような原子に光を当てる場合に，原子の状態変化に関して量子力学的な問題設定ができるとすれば，光の系も外界から孤立しているか，あるいは原子との相互作用が光に対して及ぼす影響を観測できないほど，光がマクロな系として振舞う状況でなくてはならない．光の系が外界から孤立した量子系である場合には，ここで取り扱うように光を単純に外乱というわけにはいかないので，ここでは光がマクロな系として振る舞うような古典的な場合のみを考えることにする．光が量子系である場合にも，3章で取り扱った生成消滅演算子に基づく第二量子化の形式を用いて，問題を取り扱うことができる．

量子力学的な問題になるための条件は，なかなか微妙である．しかしその微妙さに注意深く対処すれば，量子力学的な系の運動は，あらゆる経路をたどるという，非局所的な時空相関，あるいは超並列性をもつ，マクロな系では実現できないような際立った特徴を見せてくれるのである．

前置きが長くなったが，このような条件が整うものとして，問題を設定しよう．

まず，外乱がないときのハミルトニアン $\hat{\mathcal{H}}_0$ のエネルギー固有状態 $|\Psi_{\mathcal{E}_i}\rangle$ を考えよう．

$$\hat{\mathcal{H}}_0 |\Psi_{\mathcal{E}_i}\rangle = \mathcal{E}_i |\Psi_{\mathcal{E}_i}\rangle \tag{6.56}$$

そして，最初，時刻 $t = t_0$ に，この量子系がその一つの状態 $|\Psi(t_0)\rangle = |\Psi_{\mathcal{E}_i}\rangle$ にあったとしよう．

これに対して，時間変化する弱い外乱 $\lambda\hat{V}(t)$ が加わって，ハミルトニアンが $\hat{\mathcal{H}} = \hat{\mathcal{H}}_0 + \lambda\hat{V}(t)$ となり，系が量子力学的な時間発展をしたときに状態

$$|\Psi(t_1)\rangle = \hat{U}(t_1, t_0)|\Psi(t_0)\rangle \tag{6.57}$$

がどのように変化するかを考えよう。ここで，$\hat{V}(t)$ は $\hat{\mathcal{H}}_0$ と同程度の大きさをもつものとして，λ を外乱が小さいということを表す，小さい値のパラメーターとしておく。このように，時間軸を測る尺度であるハミルトニアンに，時間変化する項が付け加わるというのは，時間軸を測るものさしが時々刻々変わっているということである。この宇宙でも，バーチャル世界でも，物質相互の作用によって，このように時間や空間を測るものさしが変化することによって，そこでのさまざまな現象が生み出されているということを，改めて思い起こしておこう。

時間軸を測るものさしが時々刻々変わるというのは，たいへん複雑な状況である。このように量子力学系でありながら，保存系でなくなってしまったのは，量子力学系からの反作用が観測できないようなマクロな系からの作用を，量子系に加えた外場として取り扱うような近似を行っているためである。

そこで，ハミルトニアンが時間に依存するような場合でも，時間軸方向の状態の変化は連続的なものとして記述できると仮定して，量子力学的な系の近似的な振舞いを求めるための考察を進めることにしよう。すなわち，時間発展演算子 $\hat{U}(t_1, t_0)$ についても，時間のわずかな変化 Δt による時間発展演算子の変化が，Δt に比例すると考えるのである。

$$\hat{U}(t + \Delta t, t_0) - \hat{U}(t, t_0) \propto \Delta t \quad (\Delta t \to 0) \tag{6.58}$$

そして，時間発展演算子の時間変化そのものが，時間変化するハミルトニアンを変換の生成子として書かれると仮定すると，時間発展演算子の方程式が得られる。

$$i\hbar\frac{\partial}{\partial t}\hat{U}(t, t_0) = \hat{\mathcal{H}}\hat{U}(t, t_0) \tag{6.59}$$

ここで，時間発展演算子の微分というのは

$$\frac{\partial}{\partial t}\hat{U}(t,t_0) = \lim_{\Delta t \to 0} \frac{\hat{U}(t+\Delta t, t_0) - \hat{U}(t,t_0)}{\Delta t} \tag{6.60}$$

のような極限値である．時刻 $t = t_0$ におけるこの系の任意の状態に，時間発展演算子を作用させたものが，時刻 t における系の状態であるので，時間発展演算子についての方程式は，状態ベクトルに対するシュレーディンガー方程式が成り立つと仮定することと同等である．

$$i\hbar \frac{d}{dt} |\Psi(t)\rangle = \hat{\mathcal{H}} |\Psi(t_0)\rangle \tag{6.61}$$

時間発展演算子については，時刻 $t = t_0$ に $\hat{U}(t_0, t_0) = 1$ でなくてはならないという初期条件があるので，シュレーディンガー方程式を形式的に解けば，

$$\hat{U}(t, t_0) = 1 - \frac{i}{\hbar} \int_{t_0}^t \hat{\mathcal{H}}(\tau) \hat{U}(\tau, t_0) d\tau \tag{6.62}$$

が得られる．

このような準備をしたところで，時間変化のないハミルトニアンの固有状態が小さい外乱によってどのように変化するかを計算するためには，3章で勉強した相互作用表示を用いるのが便利である．外乱を除くハミルトニアン $\hat{\mathcal{H}}_0$ に対応する時間発展演算子 $\hat{U}_0(t, t_0)$ を考えれば，その運動は

$$i\hbar \frac{\partial}{\partial t} \hat{U}_0(t, t_0) = \hat{\mathcal{H}}_0 \hat{U}_0(t, t_0) \tag{6.63}$$

の方程式で書き表される．これは，外乱のある場合の系の時間発展演算子の近似解であるから，これを用いて外乱のある場合の時間発展演算子が

$$\hat{U}(t, t_0) = \hat{U}_0(t, t_0) \hat{U}_I(t, t_0) \tag{6.64}$$

と書かれるものとしよう．これを $\hat{U}(t, t_0)$ の運動方程式に代入すると

$$\begin{aligned}
i\hbar \frac{\partial}{\partial t} \left(\hat{U}_0(t,t_0) \hat{U}_I(t,t_0) \right) &= \hat{\mathcal{H}} \hat{U}_0(t,t_0) \hat{U}_I(t,t_0) \\
&= i\hbar \frac{\partial}{\partial t} \left(\hat{U}_0(t,t_0) \right) \hat{U}_I(t,t_0) + \hat{U}_0(t,t_0) i\hbar \frac{\partial}{\partial t} \left(\hat{U}_I(t,t_0) \right)
\end{aligned} \tag{6.65}$$

となる．これにユニタリ演算子 $\hat{U}_0(t, t_0)$ のアジョイント $\hat{U}_0^\dagger(t, t_0) = \hat{U}_0^{-1}(t, t_0)$ を作用させて整理すると

$$i\hbar\frac{\partial}{\partial t}\hat{U}_I(t,t_0) = \hat{U}_0^\dagger(t,t_0)\left(\hat{\mathcal{H}}\hat{U}_0(t,t_0) - i\hbar\frac{\partial}{\partial t}\hat{U}_0(t,t_0)\right)\hat{U}_I(t,t_0)$$
$$= \hat{U}_0^\dagger(t,t_0)\left\{\left(\hat{\mathcal{H}}_0 + \lambda\hat{V}(t)\right)\hat{U}_0(t,t_0) - \hat{\mathcal{H}}_0\hat{U}_0(t,t_0)\right\}\hat{U}_I(t,t_0)$$
$$= \hat{U}_0^\dagger(t,t_0)\lambda\hat{V}(t)\hat{U}_0(t,t_0)\hat{U}_I(t,t_0) \tag{6.66}$$

これより，相互作用表示の時間発展演算子に関する方程式が得られる．

$$i\hbar\frac{\partial}{\partial t}\hat{U}_I(t,t_0) = \lambda\hat{V}_I(t)\hat{U}_I(t,t_0) \tag{6.67}$$
$$\hat{V}_I(t) = \hat{U}_0^\dagger(t,t_0)\hat{V}(t)\hat{U}_0(t,t_0)$$

これより $\hat{U}(t,t_0)$ の形式解と同様にして

$$\hat{U}_I(t,t_0) = 1 - \frac{i\lambda}{\hbar}\int_{t_0}^{t}\hat{V}_I(\tau)\hat{U}_I(\tau,t_0)\mathrm{d}\tau \tag{6.68}$$

の形式解が得られる．この形式解は，$\hat{U}(\tau,t_0)$ に対して入れ子の形になっているので，右辺の積分の中にある $\hat{U}_I(t,t_0)$ に $\hat{U}_I(t,t_0)$ の形式解を代入すれば

$$\hat{U}_I(t,t_0) = 1 - \frac{i\lambda}{\hbar}\int_{t_0}^{t}\hat{V}_I(\tau)\mathrm{d}\tau$$
$$+ \left(\frac{i\lambda}{\hbar}\right)^2\int_{t_0}^{t}\left(\int_{t_0}^{\tau}\hat{V}_I(\tau)\hat{V}_I(\tau')U(\tau',t_0)\mathrm{d}\tau'\right)\mathrm{d}\tau \tag{6.69}$$

のように，より高い次数の近似解が得られることになる．ここで積分の範囲を決める時間の順序は，$t > \tau > t_0$ である．これを繰り返し行えば，時間発展演算子を，小さいパラメーター λ のべきを係数とする，時間発展演算子の高次の近似解が得られる．λ^n の項は

$$\left(-\frac{i\lambda}{\hbar}\right)^n\int_{t_0}^{t}\int_{t_0}^{\tau_n}\cdots\int_{t_0}^{\tau_1}\hat{V}_I(\tau_n)\cdots\hat{V}_I(\tau_2)\hat{V}_I(\tau_1)\mathrm{d}\tau_1\tau_2\cdots\mathrm{d}\tau_n \tag{6.70}$$

となり，近似を打ち切った最後の項に $\hat{U}(\tau,t_0)$ が残ることになる．時間の順序は，$t > \tau_n > \tau_{n-1} > \cdots > \tau_2 > \tau_1 > t_0$ である．この式を，相互作用表示からもとの表示に戻してみると，例えば

$$\hat{V}_I(\tau_2)\hat{V}_I(\tau_1) = \hat{U}_0^\dagger(\tau_2,t_0)V(\tau_2)\hat{U}_0(\tau_2,t_0)\hat{U}_0^\dagger(\tau_1,t_0)V(\tau_1)\hat{U}_0(\tau_1,t_0)$$
$$\tag{6.71}$$

6.3 外乱を受けたときの量子力学的な系の状態の変化

となるが，ユニタリ演算子の性質から

$$\hat{U}_0(\tau_2, t_0)\hat{U}_0^\dagger(\tau_1, t_0) = \hat{U}_0(\tau_2, t_0)\hat{U}_0(t_0, \tau_1) = \hat{U}_0(\tau_2, \tau_1) \qquad (6.72)$$

であるので

$$\hat{V}_I(\tau_2)\hat{V}_I(\tau_1) = \hat{U}_0^\dagger(\tau_2, t_0)V(\tau_2)\hat{U}_0(\tau_2, \tau_1)V(\tau_1)\hat{U}_0(\tau_1, t_0) \qquad (6.73)$$

のように，$V(\tau_2)$ と $V(\tau_1)$ に挟まれた時間発展演算子は，τ_1 と τ_2 の間の時間発展演算子 $\hat{U}_0(\tau_2, \tau_1)$ となっている．このことから，たいへん面白い結果が得られることになる．ここで，$\hat{U}_I(t, t_0)$ を $\hat{U}_0(t, t_0)$ を作用させて相互作用表示からもとに戻して，形式解を

$$\hat{U}(t, t_0) = 1 + \sum_{n=1}^{\infty} \left(-\frac{i\lambda}{\hbar}\right)^n \hat{U}_n \qquad (6.74)$$

とおくことにすれば，λ^n の項は

$$\hat{U}_n = \int_{t_0}^{t}\int_{t_0}^{\tau_n}\cdots\int_{t_0(t>\tau_n>\tau_{n-1}>\cdots>\tau_2>\tau_1>t_0)}^{\tau_1} \\ \hat{U}_0(t, \tau_n)\hat{V}(\tau_n)\hat{U}_0(\tau_n, \tau_{n-1})\hat{V}(\tau_{n-1})\hat{U}_0(\tau_{n-1}, \tau_{n-2})\cdots \\ \times \hat{U}_0(\tau_3, \tau_2)\hat{V}(\tau_2)\hat{U}_0(\tau_2, \tau_1)\hat{V}(\tau_1)\hat{U}_0(\tau_1, t)\mathrm{d}\tau_1\mathrm{d}\tau_2\cdots\mathrm{d}\tau_n \qquad (6.75)$$

のように書き表すことができる．ここで，$\hat{U}_I(t, t_0)$ をもとに戻すときに，$\hat{U}_0^\dagger(t, t_0)$ を作用させたので，一番左側の時間発展のところで

$$\hat{U}_0(t, t_0)\hat{U}_0^\dagger(\tau_n, t_0) = \hat{U}_0(t, t_0)\hat{U}_0(t_0, \tau_n) = \hat{U}_0(t, \tau_n) \qquad (6.76)$$

となったのである．この式は，時間変化のある外乱を受けたときの量子力学的な系の時間発展が，外乱のない時間発展を t_0 から τ_1 まで行って $\hat{U}_0(\tau_1, t)$，時刻 τ_1 でポテンシャルが作用し $\hat{V}(\tau_1)$，その後また外乱のない時間発展を τ_1 から τ_2 まで行って $\hat{U}_0(\tau_2, \tau_1)$，時刻 τ_2 でポテンシャルが作用し $\hat{V}(\tau_2)$，という過程を時間の順序に n 回繰り返して，時刻 t まで時間発展したことを，λ^n のオーダーの素過程 $(-i\lambda/\hbar)^n \hat{U}_n$ として表現している．そして $\hat{U}(t, t_0)$ の形式解が示

すように，系の運動の様子はあらゆる可能な回数だけ外乱と相互作用をした過程のすべてを重ね合わせたものとなる，ということをいっているのである．

$$\hat{U}(t,t_0) = 1 + \sum_{n=1}^{\infty} \left(-\frac{\mathrm{i}\lambda}{\hbar}\right)^n \hat{T}\left\{\hat{U}_0\left[\hat{V}\hat{U}_0\right]^n\right\} \tag{6.77}$$

のように書き表せば，$\hat{T}\{\cdots\}$ は，括弧の中の素過程を時間順序に従って，あらゆる組合せで行うという操作になる．このような操作は時間順序積とも呼ばれる．このように，ここで取り扱った時間変化のある外乱を受けて運動する量子力学的運動の記述は，本書を通じて量子力学の特徴と考えてきた，観測から観測までの間に量子力学的な系はあらゆる可能な経路をたどる，ということを端的に表す結果を与えている．

量子力学的な運動を計算したときに，それに意味を与えるのは，つぎの観測の結果である．そこで，最初，時刻 $t=t_0$ に状態 $|\phi_i(t_0)\rangle$ にあった系が，外乱を受けた後の時刻 t_1 に観測を行ったとき，外乱がないときのハミルトニアン $\hat{\mathcal{H}}_0$ のエネルギー固有状態 $|\Psi_{\mathcal{E}_i}\rangle$ のうちの，状態 $|\psi_f(t_1)\rangle = |\Psi_{\mathcal{E}_f}(t_1)\rangle$ に見出される確率を求めよう．これは，3章で考察した，量子力学的な状態の遷移を取り扱う問題の具体例である．この答えは簡単である．時間発展演算子が求まってしまったら

$$\langle\psi_f(t_1)|\hat{U}(t_1,t_0)|\phi_i(t_0)\rangle \tag{6.78}$$

を遷移振幅として，その絶対値2乗に終状態が何通りあるかを掛けたものが，遷移確率となる．遷移確率は，$\hat{U}_0(\tau_{i+1},\tau_i)\hat{V}(\tau_i)\hat{U}_0(\tau_i,\tau_{i-1})$ の形の時間順序積からできている．この間に，外乱のないエネルギー固有状態の集合がつくるアイデンティティーを挟み込めば

$$\sum_{M,N} \hat{U}_0(\tau_{i+1},\tau_i)|\Psi_{\mathcal{E}_M}\rangle\langle\Psi_{\mathcal{E}_M}|\hat{V}(\tau_i)|\Psi_{\mathcal{E}_N}\rangle\langle\Psi_{\mathcal{E}_N}|\hat{U}_0(\tau_i,\tau_{i-1}) \tag{6.79}$$

のように展開することができ，ポテンシャルが系に作用する度に

$$V_{MN} = \langle\Psi_{\mathcal{E}_M}|\hat{V}(\tau_i)|\Psi_{\mathcal{E}_N}\rangle \tag{6.80}$$

6.3 外乱を受けたときの量子力学的な系の状態の変化

という，ポテンシャルの遷移行列要素が遷移振幅に含まれることになる。これはまさに，前節で，井戸型ポテンシャルを例にして計算したものである。さらにアイデンティティーを挟み込んだ，外乱との作用のこの形式は，状態 $|\Psi_{\mathcal{E}_N}\rangle$ が外乱 $\hat{V}$ の作用によって消滅し，新たに状態 $|\Psi_{\mathcal{E}_M}\rangle$ が生み出される，という過程とみなすことができる。そうすると，外乱の作用は，状態 $|\Psi_{\mathcal{E}_K}\rangle$ に対する消滅演算子 $\hat{b}_K$ と生成演算子 $\hat{b}_K^\dagger$ を用いて

$$|\Psi_{\mathcal{E}_M}\rangle V_{MN} \langle\Psi_{\mathcal{E}_N}| = V_{MN} \hat{b}_M^\dagger \hat{b}_N \tag{6.81}$$

と書き表すことができる。

　実はこれを発展させて考えると，ポテンシャルとして外乱を与えている系が，例えば第二量子化された光の場であったときに，閉じ込められた電子の系とどのような相互作用をするかが書けることになる。この過程では，周波数 ω の光の場と，そのエネルギーを遷移によって吸ったり吐いたりできる共鳴条件 $\mathcal{E}_M - \mathcal{E}_N = \pm\hbar\omega$ を満たす電子との相互作用によって，電子のエネルギー固有状態の間で遷移が起きるたびに，モード k で特徴づけられた光の系から，光子が一つ取り出されたり $\hat{a}_k$，付け加えられたり $\hat{a}_k^\dagger$ するのであるから，その素過程は

$$\hat{V} = \sum_{M,N} V_{MN} \left(\hat{b}_M^\dagger \hat{b}_N \hat{a}_k + \hat{b}_M^\dagger \hat{b}_N \hat{a}_k^\dagger \right) \tag{6.82}$$

と書き表されるはずである。

　このように，本書で考察したさまざまなことを組み合わせて，ミクロな系とその相互作用についての考察を展開すれば，21世紀の科学技術あるいは文化文明を生み出す重要な要素となる，量子力学的な系のさまざまな振舞いを理解することができる。そこから私たちは，さらにこの宇宙のことをよく知って，そこに生きる私とはなにかを考察し，また私たちが宇宙に働きかけるための新しい方法を生み出すことができるだろう。

引用・参考文献

1) 小出昭一郎：解析力学（物理入門コース 2），岩波書店（1983）
   解析力学の物理的意味と使い方が自然に頭に入ってくる。

2) ファインマン（砂川重信 訳）：ファインマン物理学 5　量子力学，岩波書店 (1986)
   量子力学の本質を理解するために，気軽にページをめくることもでき，またじっくり考えることもできる，すばらしい本である。

3) 市村宗武，大西直毅：改訂新版　量子力学，放送大学教育振興会 (2005)
   量子力学の実験的背景や歴史が，系統だって書かれており，放送大学で授業も聴講できる。

4) 中嶋貞雄，吉岡大二郎：例解　量子力学演習（物理入門コース/演習 3），岩波書店 (1991)
   量子力学の要点が，たいへん簡潔にまとめてあって便利である。

5) 古澤　明：量子光学と量子情報科学，数理工学社 (2005)
   量子通信，量子情報などに関する理論から実験系まで，たいへん具体的に解説されている。

6) メシア（小出昭一郎，田村二郎 訳）：量子力学 1, 2, 3，東京図書 (1971,1972,1972)
   量子力学のあらゆることを知ることができ，その内容もつねにリファレンスとなる緻密さで書かれている。つねに参照すべき本である。

7) C. Cohentannoudji, B. Diu and F. Laloë：Quantum Mechanics, vol.1,2, John Wiley & Sons (1977)
   メシアの本と同様，量子力学のあらゆる基礎的事項が，現代的にがっちりと書かれており，分厚いけれども読みやすい本である。初心者にもわかりやすく，内容の構成もたいへん素晴らしい，手元にいつもセットで置いておきたい本である。

8) 清水 明：新版 量子論の基礎，サイエンス社 (2004)
量子力学の本質をじっくり考えるために，ぜひ読んでおきたい本である。

9) ファインマン，ヒッブス（北原和夫 訳）：量子力学と経路積分，みすず書房 (1995)
量子力学を深く理解するために，ぜひ読んでほしい本である。

ここからは名著のリストである。入手しにくくなっているものも多いが，是非手にとってほしい本を挙げる。

10) 朝永振一郎：量子力学 1, 2（第 2 版），みすず書房（1969, 1997）
量子力学の展開と意味づけから内容まで，わかりやすく深く書かれた名著である。

11) ディラック（朝永振一郎 訳）：量子力学，岩波書店 (2004)
量子力学の原典である。困難な問題にぶつかったときに，再び開く本でもある。

12) ランダウ，リフシッツ（佐々木 健 訳）：量子力学 1, 2, 改訂新版，東京図書 (1983)
敷居は高く入手しにくいが，頑張って読み込むと得るものはたいへん大きい。

13) 中西 襄：場の量子論 (新物理学シリーズ 19)，培風館 (1975)
場の理論について本質的な事項が簡潔に書き表された本である。

最後に，本書で取扱った内容のすべてのエッセンスが，誰にでも読める言葉とわかりやすい絵だけで記述された名著があることを紹介しておこう。位相でものごとを測ることが理解しにくい人も，目からうろこが落ちるにちがいない。

14) リチャード，フィリップ，ファインマン（釜江常好，大貫昌子 訳）：光と物質のふしぎな理論，岩波現代文庫，岩波書店 (2007).

索　引

【あ】
アイデンティティー　　46
アジョイント　　41, 48

【い】
位　相　　12, 36, 65, 128
位相差　　118
一般化座標　　19
一般相対性理論　　8

【う】
ウェーブパケット　　178
運動量　　10
運動量演算子　　170

【え】
エネルギー　　10
エネルギー固有関数　　184
エネルギー固有状態　　209
エバネッセント波　　220
エルミート演算子　　52
演算子　　42, 160

【お】
オペレーション　　40
オペレーター　　42
温　度　　217

【か】
カーネル　　163
外　乱　　226
ガウス分布　　178
可逆過程　　108
確　率　　41, 56, 165

──の流れの密度　　190
確率解釈　　31, 56, 116
確率密度　　158
重ね合せ状態　　69
可視光　　224
可能な経路　　36
干　渉　　212
関数表現　　153, 156
完全系　　54
完全反対称テンソル　　75
完全微分　　17
観　測　　34, 56, 97, 106,
　　　　　108, 158, 223, 232
──の問題　　14, 54
観測装置　　58, 110

【き】
期待値　　103, 162, 164, 165
基底関数　　156
基底行列　　71
基底ベクトル　　153
軌道角運動量　　148
逆演算子　　49
Qビット　　73
境　界　　211
境界条件　　215
共役な運動量　　19

【く】
クライン・ゴルドン方程式
　　　　　　　　　146, 192
グリーン関数　　163
クロネッカーのδ　　53

【け】
計　量　　6
経　路　　113
ゲージ場　　200
ゲージ変換　　200
ケットベクトル　　41
原子の安定性　　214

【こ】
交換関係　　50, 75, 91, 143
交換子　　50
光　速　　6
恒等演算子　　46, 185
古典的　　93
古典的世界の認識　　23
古典的粒子の運動　　124
コヒーレント状態　　92
固有状態　　51
固有値　　51
混合状態　　104
コンプトン波長　　133

【さ】
座標系　　4
散　逸　　34, 111

【し】
ジェネレーター　　63
時間順序積　　232
時間発展　　107
時間発展演算子　　142, 228
時期回転比　　202
磁気モーメント　　201
始状態　　95, 106

索　引　237

指数関数	64
指数関数型演算子	64
質量	9, 10
浸み込み深さ	220
射影	29
射影演算子	45, 109
捨象	101, 103
写像	23
終状態	95, 107, 221, 232
終状態モード密度	98
終状態モード数	97
周波数	13
縮退した状態	51
シュレーディンガーの波動力学	159
シュレーディンガー方程式	133, 189, 214
純粋状態	105
状態	39
——の回転	81
——の重ね合せ	29, 43
——の時間変化	140
——の遷移	232
消滅演算子	83, 89, 203
初期状態	95, 106
真空	84, 205
振幅	47

【す】

スカラーポテンシャル	200
スピノール	80, 195
スピン	71, 197
スピン演算子	79
スピン軌道相互作用	151

【せ】

正準交換関係	136
正準方程式	19
生成演算子	83, 89, 203
生成子	63, 168
積分核	163
遷移確率	96, 232
遷移行列要素	233

| 遷移振幅 | 96, 109, 116, 158, 232 |

【そ】

相互作用表示	230
操作	40
相対論的波動方程式	192
相対論的量子力学	147
双対空間	48
相補的な物理量	136, 183
相補的な量	28
素過程	232

【た】

| 第二量子化 | 84 |
| ダランベール演算子 | 192 |

【ち】

| 中間状態 | 126 |
| 直交関係 | 43 |

【て】

定在波	212
定常状態	209
ディラックの δ 関数	161
ディラック方程式	194
電気双極子	224
電気双極子-相互作用	224
電子	195

【と】

特殊相対性理論	6
ドブロイ波長	134
トレース	103
トンネル現象	221
トンネルバリアー	222

【に】

| 2価性 | 71 |
| 2準位系 | 73 |

【ね】

| ネーターの定理 | 149 |

| 熱浴 | 111, 217 |

【の】

| ノーマルモード | 204, 216 |

【は】

場	85
ハイゼンベルグの不確定性原理	138, 179
ハイゼンベルグ方程式	143
パウリ行列	70
パウリの排他原理	89
波数	13
波束	178, 188, 217
波動	13
波動関数	159
——の規格化	159
波動関数演算子	203
ハミルトニアン	18, 142, 144, 171, 172
ハミルトン力学	16
反交換関係	75, 84
反粒子	146

【ひ】

非可換	51
光	147
非局所性	35
非相対論的	10
非相対論的近似	198
微分演算子	166
秒	7
表現の基底	47
描像	33, 67

【ふ】

ファインマン	163
負エネルギー状態	196
フェルミのゴールデンルール	98
フェルミ粒子	84, 88
不可逆	34
不確定性	138, 183

不確定性原理	185	ポテンシャル	14, 189, 207
複素数	12	ポテンシャル井戸	219
物質波	132	ポテンシャルエネルギー	184
物理量	161, 162		
部分空間	45	**【ま】**	
部分積分	180	マクロな粒子	125
ブラベクトル	42		
プランク定数	129	**【み】**	
プロジェクション	29	ミクロな世界	27
プロジェクションオペレーター	45	ミクロな粒子	125
		密度演算子	103, 145
プロパゲーター	163		
分散関係	215	**【め】**	
		メートル	7
【へ】			
平行移動	167, 170	**【ゆ】**	
ベクトル	10	ユニタリ演算子	49, 107
ベクトルポテンシャル	200		
変換	25	**【よ】**	
		陽電子	146, 196
【ほ】		4元ベクトル	10
ポアソン括弧式	18, 143		
ボーア磁子	201	**【ら】**	
ボース粒子	89	ラプラス演算子	170

【り】	
力学変数	140
リザーバー	111, 217
離散スペクトル	164
粒子の交換	88
量子コンピューター	73
量子細線	216
量子電磁力学	202
量子ドット	216
量子力学的運動	106
量子力学的干渉	37, 117, 119
量子力学的観測	109
量子力学的真空	84
量子力学的遷移	94
量子力学的な問題	227
【れ】	
連続スペクトル	165
連続の式	191, 195
【ろ】	
ローレンツ分布	187

―― 著者略歴 ――

1978 年　京都大学工学部電子工学科卒業
1980 年　京都大学大学院博士前期課程修了（電子工学専攻）
1983 年　京都大学大学院博士後期課程修了（電子工学専攻）
　　　　 工学博士
1983 年　山梨大学講師
1986 年　山梨大学助教授
1988 年　University of Washington 客員准教授
2003 年　山梨大学教授
　　　　 現在に至る

電子・通信・情報のための量子力学
Quantum Mechanics for Electronics, Communication and
Information Technology　　　　　　Ⓒ Hirokazu Hori 2008

2008 年 3 月 18 日　初版第 1 刷発行

| 検印省略 |

著　者　堀　　　裕　和
発行者　株式会社　コロナ社
　代表者　牛来辰巳
印刷所　三美印刷株式会社

112-0011　東京都文京区千石 4-46-10
発行所　株式会社　コロナ社
CORONA PUBLISHING CO., LTD.
Tokyo Japan
振替 00140-8-14844・電話(03)3941-3131(代)
ホームページ http://www.coronasha.co.jp

ISBN 978-4-339-01357-3　（金）　（製本：染野製本所）
Printed in Japan

無断複写・転載を禁ずる
落丁・乱丁本はお取替えいたします

電子情報通信レクチャーシリーズ

■(社)電子情報通信学会編　　（各巻B5判）

共通

記号	配本順	書名	著者	頁	定価
A-1		電子情報通信と産業	西村吉雄著		
A-2	(第14回)	電子情報通信技術史 —おもに日本を中心としたマイルストーン—	「技術と歴史」研究会編	276	4935円
A-3		情報社会と倫理	辻井重男著		
A-4		メディアと人間	原島博／北川高嗣 共著		
A-5	(第6回)	情報リテラシーとプレゼンテーション	青木由直著	216	3570円
A-6		コンピュータと情報処理	村岡洋一著		
A-7		情報通信ネットワーク	水澤純一著	192	3150円
A-8		マイクロエレクトロニクス	亀山充隆著		
A-9		電子物性とデバイス	益一哉著		

基礎

記号	配本順	書名	著者	頁	定価
B-1		電気電子基礎数学	大石進一著		
B-2		基礎電気回路	篠田庄司著		
B-3		信号とシステム	荒川薫著		
B-4		確率過程と信号処理	酒井英昭著		
B-5		論理回路	安浦寛人著		
B-6	(第9回)	オートマトン・言語と計算理論	岩間一雄著	186	3150円
B-7		コンピュータプログラミング	富樫敦著		
B-8		データ構造とアルゴリズム	今井浩著		
B-9		ネットワーク工学	仙石正和／田村裕 共著		
B-10	(第1回)	電磁気学	後藤尚久著	186	3045円
B-11		基礎電子物性工学 —量子力学の基本と応用—	阿部正紀著		近刊
B-12	(第4回)	波動解析基礎	小柴正則著	162	2730円
B-13	(第2回)	電磁気計測	岩崎俊著	182	3045円

基盤

記号	配本順	書名	著者	頁	定価
C-1	(第13回)	情報・符号・暗号の理論	今井秀樹著	220	3675円
C-2		ディジタル信号処理	西原明法著		
C-3		電子回路	関根慶太郎著		
C-4		数理計画法	山下信雄／福島雅夫 共著		近刊
C-5		通信システム工学	三木哲也著		
C-6	(第17回)	インターネット工学	後藤滋樹／外山勝保 共著	162	2940円
C-7	(第3回)	画像・メディア工学	吹抜敬彦著	182	3045円
C-8		音声・言語処理	広瀬啓吉著		
C-9	(第11回)	コンピュータアーキテクチャ	坂井修一著	158	2835円

配本順			頁	定価
C-10		オペレーティングシステム	徳田 英幸 著		
C-11		ソフトウェア基礎	外山 芳人 著		
C-12		データベース	田中 克己 著		
C-13		集積回路設計	浅田 邦博 著		
C-14		電子デバイス	舛岡 富士雄 著		
C-15	(第8回)	光・電磁波工学	鹿子嶋 憲一 著	200	3465円
C-16		電子物性工学	奥村 次徳 著		

展開

D-1		量子情報工学	山崎 浩一 著		
D-2		複雑性科学	松本 隆 編著		
D-3		非線形理論	香田 徹 著		
D-4		ソフトコンピューティング	山川 烈／堀尾 恵一 共著		
D-5		モバイルコミュニケーション	中川 正雄／大槻 知明 共著		
D-6		モバイルコンピューティング	中島 達夫 著		
D-7		データ圧縮	谷本 正幸 著		
D-8	(第12回)	現代暗号の基礎数理	黒澤 馨／尾形 わかは 共著	198	3255円
D-9		ソフトウェアエージェント	西田 豊明 著		
D-10		ヒューマンインタフェース	西田 正吾／加藤 博一 共著		
D-11	(第18回)	結像光学の基礎	本田 捷夫 著	174	3150円
D-12		コンピュータグラフィックス	山本 強 著		
D-13		自然言語処理	松本 裕治 著		
D-14	(第5回)	並列分散処理	谷口 秀夫 著	148	2415円
D-15		電波システム工学	唐沢 好男 著		
D-16		電磁環境工学	徳田 正満 著		
D-17	(第16回)	VLSI工学 —基礎・設計編—	岩田 穆 著	182	3255円
D-18	(第10回)	超高速エレクトロニクス	中村 徹／島 友義 共著	158	2730円
D-19		量子効果エレクトロニクス	荒川 泰彦 著		
D-20		先端光エレクトロニクス	大津 元一 著		
D-21		先端マイクロエレクトロニクス	小柳 光正 著		
D-22		ゲノム情報処理	高木 利久／小池 麻子 編著		
D-23		バイオ情報学	小長谷 明彦 著		
D-24	(第7回)	脳工学	武田 常広 著	240	3990円
D-25		生体・福祉工学	伊福部 達 著		
D-26		医用工学	菊地 眞 編著		
D-27	(第15回)	VLSI工学 —製造プロセス編—	角南 英夫 著	204	3465円

定価は本体価格+税5%です。
定価は変更されることがありますのでご了承下さい。

図書目録進呈◆

電子・通信・情報の基礎コース

(各巻A5判)

コロナ社創立80周年記念出版
〔創立1927年〕

■編集・企画世話人　大石進一

			頁	定価
1.	数　値　解　析	大石進一著		
2.	基礎としての回路	西　哲生著		近刊
3.	情　報　理　論	松嶋敏泰著		
4.	信号と処理（上）	石井六哉著	192	2520円
5.	信号と処理（下）	石井六哉著	200	2625円
6.	情報通信の基礎	中川正雄・大槻知明共著		
7.	電子・通信・情報のための量　子　力　学	堀　裕和著	254	3360円

光エレクトロニクス教科書シリーズ

(各巻A5判)

コロナ社創立70周年記念出版
■企画世話人　西原　浩・神谷武志

配本順			頁	定価
1.(7回)	光エレクトロニクス入門（改訂版）	西原　浩・裏　升吾共著	224	3045円
2.(2回)	光　波　工　学	栖原敏明著	254	3360円
3.	光デバイス工学	小山二三夫著		
4.(3回)	光通信工学（1）	羽鳥光俊監修・青山友紀・小林郁太郎編著	176	2310円
5.(4回)	光通信工学（2）	羽鳥光俊監修・青山友紀・小林郁太郎編著	180	2520円
6.(6回)	光　情　報　工　学	黒川隆志編著・滝沢國治・徳丸春樹・渡辺英一共著	226	3045円
7.(5回)	レーザ応用工学	小原實・荒井恒憲・川克美共著	272	3780円

定価は本体価格+税5%です。
定価は変更されることがありますのでご了承下さい。

図書目録進呈◆